高职工程数学

（第二版）

赵伟良 高华 齐林明
主 编

GAOZHI GONGCHENG SHUXUE

ZHEJIANG UNIVERSITY PRESS
浙江大学出版社
·杭州·

内容提要

本书是按照新形势下高职高专数学教学改革的精神，针对高职高专学生学习的特点，结合编者多年的教学实践编写而成的. 全书分为三篇，包括微积分基础、线性代数初步及概率统计基础. 具体分为10章，包括：函数、极限与连续，导数及其应用，积分及其应用，常微分方程，无穷级数，空间解析几何与向量代数，行列式，矩阵，随机事件与概率，统计初步，此外还有相关数学文化等内容.

本书可作为高等职业院校工科类各专业的教学教材与参考书，也可作为其他专业高职工程数学课程学习的课程资料.

图书在版编目（CIP）数据

高职工程数学 / 赵伟良等主编. -- 2版. -- 杭州：浙江大学出版社，2024. 8(2025.7重印). -- ISBN 978-7-308-25131-0

Ⅰ. TB11

中国国家版本馆CIP数据核字第2024PT8038号

高职工程数学(第二版)

赵伟良　高　华　齐林明　主编

责任编辑　王　波
责任校对　吴昌雷
封面设计　雷建军
出版发行　浙江大学出版社
（杭州市天目山路148号　邮政编码310007）
（网址：http://www.zjupress.com）
排　　版　杭州青翊图文设计有限公司
印　　刷　杭州宏雅印刷有限公司
开　　本　787mm×1092mm　1/16
印　　张　16.5
字　　数　380千
版 印 次　2024年8月第2版　2025年7月第2次印刷
书　　号　ISBN 978-7-308-25131-0
定　　价　56.00元

第二版前言

本教材自2021年9月由浙江大学出版社首次出版发行以来，被许多高职高专院校选用，深受广大读者的喜爱. 为扎实推进党的二十大精神进教材、进课堂、进头脑，编者根据教育部相关文件要求，对本教材进行了修订.

《高职工程数学（第二版）》是以教育部《"十四五"职业教育规划教材建设实施方案》和《高等职业学校数学课程教学大纲》为指导，围绕高职高专学生学习数学的实际需要，基于高职高专数学教学改革经验，深化工学结合的人才培养模式，服务理工类专业人才的培养目标进行编写的.

1. 删繁就简，侧重基础，注重学科专业融合

本教材以数学知识内容"够用、能用、适用、实用"为原则，以培养学生可持续发展为目的，强调知识体系构建，夯实数学理论基础，关注数学方法训练，注重数学技能培养，聚焦数学思维养成，传授数学思想文化；同时，强调教材内容与专业学习有机融合、案例专业化、习题应用化，从而更加适合高职院校理工类相关专业学生学习使用.

2. 模块教学，微课详解，满足学生精准需求

本教材分为三大篇，第一篇共6章，分别为函数、极限与连续，导数及其应用，积分及其应用，常微分方程，无穷级数，空间解析几何与向量代数；第二篇共2章，分别为行列式、矩阵；第三篇共2章，分别为随机事件与概率、统计初步. 在编写过程中，每个模块都配有微课详解视频，可辅助学生进行学习和理解，满足学生个性化、精准化学习的需求.

3. 融入思政，培养素质，体悟数学文化哲思

数学是普遍适用的基础科学，是充满智慧的思维科学，是强调逻辑思考的深刻哲学，是注重美感的精神美学，数学有文化的力量. 因此，我们在教材编写过程中，将相通相融的数学原理与学理和哲理融合，即通过讲授数学原理，介绍数学学理，阐明数学文化的精神、思维、故事、哲理，使学生树立辩证唯物主义和历史唯物主义的世界观、人生观和价值观.

本教材由浙江工业职业技术学院的赵伟良、高华、齐林明任主编，潘春平、王红玉、吴力荣任副主编. 其中第1章和第6章由高华编写，第2章由赵伟良编写，第3章由潘春平编写，第4章和第5章由王红玉编写，第7章和第8章由齐林明编写，第9章和第10章由吴力荣编写. 所有编者均为高等院校具有丰富教学经验的一线教师，全书最后由赵伟良负责统稿和校对.

本教材的出版得到了浙江大学出版社的大力支持和帮助,在此表示衷心感谢!由于作者水平有限和时间紧迫,本书难免存在欠缺和不妥之处,敬请读者谅解并提出宝贵意见,以备改正.

编者

2024年4月

第一版前言

本教材是在充分研究高职高专大众化发展趋势的情况下，依照教育部《高职高专教育数学课程的基本要求》与《高职高专教育人才培养目标及规格》，结合高职高专教学改革的经验及高职数学学习的实际需要，围绕高等职业教育工学结合的人才培养模式，服务理工类专业人才的培养目标进行编写的.

本教材以知识内容"必需、够用"为原则，以培养学生"可持续发展"为目的. 选题重基础，注意知识点的覆盖面，强化基本理论、方法和技能的训练，以此夯实基础；力求符合高职学生掌握工程数学的教学要求，便于任课教师日常教学、布置作业以及学生期末复习，同时对提高运用数学知识及思路方法的能力有一定的促进作用.

本教材由浙江工业职业技术学院赵伟良、高华、齐林明任主编，潘春平、王红玉、吴力荣任副主编. 其中第 1 章和第 6 章由高华编写，第 2 章由赵伟良编写，第 3 章由潘春平编写，第 4 章和第 5 章由王红玉编写，第 7 章和第 8 章由齐林明编写，第 9 章和第 10 章由吴力荣编写. 所有编者均为高职院校具有丰富教学经验的一线教师，全书最后由赵伟良负责统稿和校对.

本教材的出版得到了浙江大学出版社的大力支持和帮助，在此表示衷心感谢！由于作者水平有限和时间紧迫，本书难免存在欠缺和不妥之处，敬请读者谅解并提出宝贵意见，以备改正.

编者

2021 年 8 月

目　录

第一篇　微积分基础

第二篇　线性代数初步

第三篇　概率统计基础

第一篇

微积分基础

第1章 函数、极限与连续

知识概要

基本概念:函数、定义域、单调性、奇偶性、有界性、周期性、分段函数、反函数、复合函数、基本初等函数、函数的极限、左极限、右极限、数列的极限、无穷小量、无穷大量、等价无穷小、连续性、间断点、第一类间断点、第二类间断点.

基本公式:两个重要极限公式.

基本方法:利用函数的连续性求极限,利用四则运算法则求极限,利用两个重要极限求极限,利用无穷小替换定理求极限,利用分子、分母消去共同的非零公因子求极限,利用分子、分母同除以自变量的最高次幂求极限,利用连续函数的函数符号与极限符号可交换次序的特性求极限,利用"无穷小量与有界变量的乘积仍为无穷小量"求极限.

基本定理:左右极限与极限的关系、极限的四则运算法则、极限与无穷小的关系、无穷小的运算性质、无穷小的替换定理、无穷小与无穷大的关系、初等函数的连续性、闭区间上连续函数的性质.

§1.1 函 数

学习目标

1. 理解函数的定义,会求函数的定义域;

2. 掌握分段函数的概念;

3. 掌握基本初等函数的定义域、值域和图像以及它们的基本性质(单调性、奇偶性、周期性和有界性);

4. 掌握复合函数的复合结构.

学习重点

1. 掌握基本初等函数的图像与性质;

2. 求函数的定义域、分解复合函数.

学习难点

1. 求函数的定义域;

2. 分解复合函数.

一、函数的概念

1. 函数的定义

定义1 设 x 和 y 是两个变量,D 是一个给定的数集,如果对于每个数 $x\in D$,变量 y 按照一定法则总有唯一确定的数值与其对应,则称 y 是 x 的**函数**,记作 $y=f(x)$. 数集 D 称为该函数的**定义域**,x 称为**自变量**,y 称为**因变量**.

当自变量 x 取数值 x_0 时,因变量 y 按照法则 f 所取定的数值称为函数 $y=f(x)$在点 x_0 处的**函数值**,记作 $f(x_0)$. 当自变量 x 取遍定义域 D 的每个数值时,对应的函数值的全体组成的数集 $W=\{y|y=f(x),x\in D\}$称为函数的**值域**.

2. 函数的两要素

函数 $y=f(x)$的定义域 D 是自变量 x 的取值范围,而函数值 y 又是由对应规则 f 来确定的,所以函数实质上是由其定义域 D 和对应规则 f 所确定的,因此通常称函数的定义域和对应规则为函数的**两个要素**. 也就是说,只要两个函数的定义域相同,对应规则也相同,就称这两个函数为**相同的函数**,与变量用什么符号表示无关,如 $y=|x|$与 $z=\sqrt{t^2}$就是相同的函数.

例1 判断下列函数是否是相同的函数:

(1)$f(x)=x+2$ 和 $g(x)=\dfrac{x^2-4}{x-2}$; (2)$f(x)=|x|$和 $g(x)=\sqrt{x^2}$.

解 (1)否,因为两函数的定义域不一样. 函数 $f(x)=x+2$ 的定义域为$(-\infty,+\infty)$,而函数 $g(x)=\dfrac{x^2-4}{x-2}$的定义域为$(-\infty,2)\cup(2,+\infty)$;

(2)是,因为两函数的定义域和对应法则都一样.

确定函数定义域的常用依据:

(1)当函数是多项式时,定义域为$(-\infty,+\infty)$;

(2)分式函数的分母不能为零;

(3)偶次根式的被开方式必须大于或等于零;

(4)对数函数的真数必须大于零;

(5)反正弦函数与反余弦函数的定义域为$[-1,1]$;

(6)如果函数的表达式中含有上述几种函数,则取各部分定义域的交集.

例 2　求下列函数的定义域：

(1) $y=\sqrt{1-x^2}+\ln x$；　(2) $y=\dfrac{1}{\sqrt{4-x^2}}+\arcsin 2x$.

解　(1)要使函数有意义，必须满足偶次根式的被开方式大于等于零和对数函数的真数大于零，即$\begin{cases}1-x^2\geqslant 0\\ x>0\end{cases}$，所以$\begin{cases}-1\leqslant x\leqslant 1\\ x>0\end{cases}$，即 $0<x\leqslant 1$. 因此，该函数的定义域为$(0,1]$.

(2)要使函数有意义，必须满足分母不为零、偶次根式的被开方式大于等于零和反正弦函数符号内的式子绝对值小于等于 1，即$\begin{cases}4-x^2>0\\ -1\leqslant 2x\leqslant 1\end{cases}$，所以$\begin{cases}-2<x<2\\ -\dfrac{1}{2}\leqslant x\leqslant \dfrac{1}{2}\end{cases}$，即$-\dfrac{1}{2}\leqslant x\leqslant \dfrac{1}{2}$.

因此该函数的定义域为$\left[-\dfrac{1}{2},\dfrac{1}{2}\right]$.

3. 函数的表示法

函数的表示法有图像法、表格法和公式法等.

(1)图像法：用函数的图形来表示函数的方法称为函数的图像表示方法，简称**图像法**. 这种方法直观性强并可观察函数的变化趋势，但根据函数图形所求出的函数值准确度不高且不便于做理论研究.

(2)表格法：将自变量的某些取值及与其对应的函数值列成表格表示函数的方法称为函数的表格表示方法，简称**表格法**. 这种方法的优点是查找函数值方便，缺点是数据有限，不直观，不便于做理论研究.

(3)公式法：用一个(或几个)公式表示函数的方法称为函数的公式表示方法，简称**公式法**，也称为**解析法**. 这种方法的优点是形式简明，便于做理论研究与数值计算，缺点是不如图像法来得直观.

在用公式法表示函数时经常遇到下面这种情况：在自变量的不同取值范围内，用不同的公式表示的函数，称为**分段函数**.

例如，符号函数 $\operatorname{sgn}(x)=\begin{cases}1, & x>0\\ 0, & x=0\\ -1, & x<0\end{cases}$就是一个定义在区间$(-\infty,+\infty)$上的分段函数，其图像如图 1-1 所示.

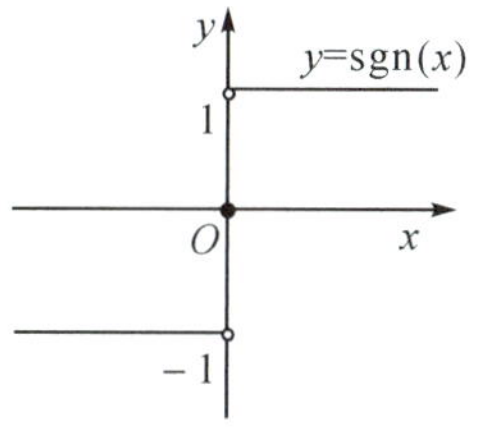

图 1-1

几个特殊函数

二、函数的几种性质

1. 单调性

若对任意 $x_1,x_2\in(a,b)$，当 $x_1<x_2$ 时，有 $f(x_1)<f(x_2)$，则称函数 $y=f(x)$ 是区间 (a,b) 上的**单调增加函数**；当 $x_1<x_2$ 时，有 $f(x_1)>f(x_2)$，则称函数 $y=f(x)$ 是区间 (a,b) 上的**单调减少函数**，单调增加函数和单调减少函数统称**单调函数**. 若函数 $y=f(x)$ 是区间 (a,b) 上的单调函数，则称区间 (a,b) 为**单调区间**. 单调增加的函数的图像表现为自左至右是单调上升的曲线(见图 1-2)，单调减少的函数的图像表现为自左至右是单调下降的曲线(见图 1-3).

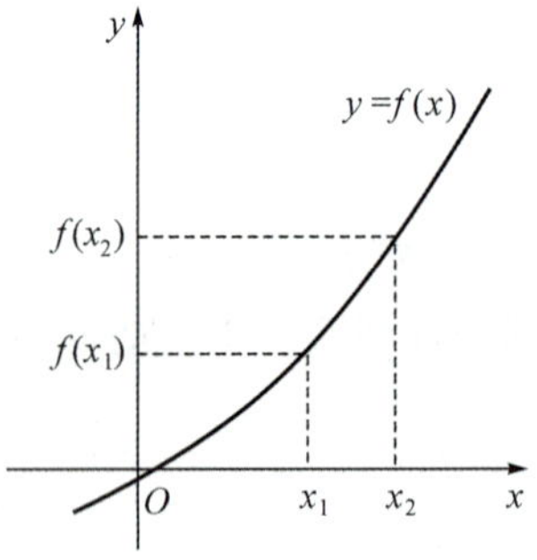

图 1-2

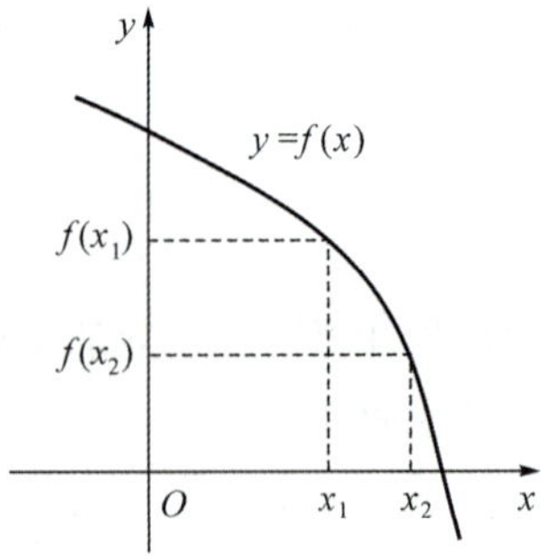

图 1-3

2. 奇偶性

设函数 $y=f(x)$ 的定义域 D 关于原点对称，若对任意 $x\in D$ 满足 $f(-x)=f(x)$，则称 $f(x)$ 是 D 上的**偶函数**；若对任意 $x\in D$ 满足 $f(-x)=-f(x)$，则称 $f(x)$ 是 D 上的**奇函数**，既不是奇函数也不是偶函数的函数，称为**非奇非偶函数**. 偶函数的图形关于 y 轴对称(见图 1-4)，奇函数的图形关于原点对称(见图 1-5).

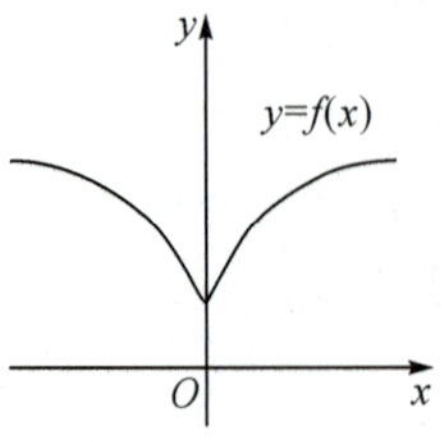

图 1-4

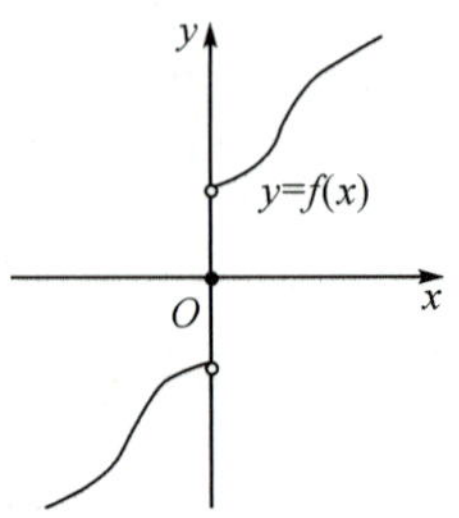

图 1-5

如：$y=\sin x$ 及 $y=\tan x$ 在对称区间上为奇函数，$y=\cos x$ 在对称区间上为偶函数.

3. 周期性

如果存在常数 T，使对于任意 $x\in D, x+T\in D$，有 $f(x+T)=f(x)$，则称函数 $y=f(x)$ 是**周期函数**，通常所说的周期函数的周期是指它的最小周期. 函数在每一个周期内的图像是相同的(见图 1-6).

如：$y=\sin x$ 与 $y=\cos x$ 的周期为 2π，$y=\tan x$ 的周期为 π.

4. 有界性

如果存在 $M>0$，使对于任意 $x\in D$ 满足 $|f(x)|\leqslant M$，则称函数 $y=f(x)$ 是**有界的**. 图像在直线 $y=-M$ 与 $y=M$ 之间(见图 1-7).

如：$y=\sin x$ 与 $y=\cos x$ 在其定义域内有界，而 $y=\tan x$ 在其定义域内无界.

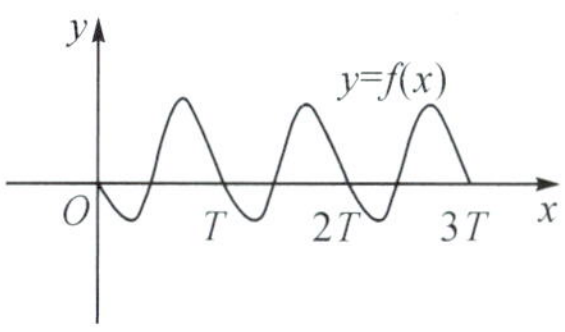

图 1-6

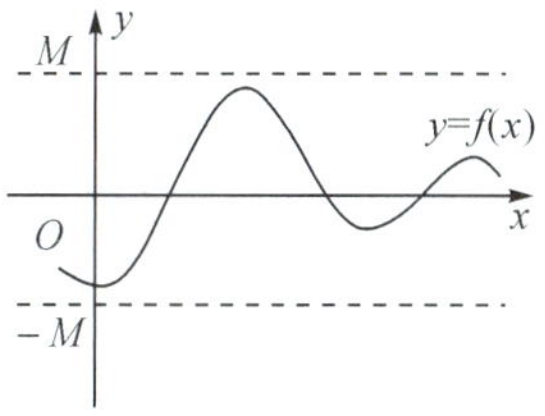

图 1-7

三、反函数

定义 2　设函数 $y=f(x)$ 为定义在数集 D 上的函数，其值域为 W. 如果对于数集 W 中的每个数 y，在数集 D 中都有唯一确定的数 x 使 $y=f(x)$ 成立，则得到一个定义在数集 W 上的以 y 为自变量、x 为因变量的函数，称其为函数 $y=f(x)$ 的**反函数**，记为 $x=f^{-1}(y)$，其定义域为 W，值域为 D.

习惯上我们总是用 x 表示自变量，y 表示因变量，因此我们将 $y=f(x)$ 的反函数 $x=f^{-1}(y)$ 用 $y=f^{-1}(x)$ 表示.

结论：(1) 互为反函数的两个函数定义域和值域刚好对调；

(2) 原函数 $y=f(x)$ 与反函数 $y=f^{-1}(x)$ 的图形关于直线 $y=x$ 对称(见图 1-8).

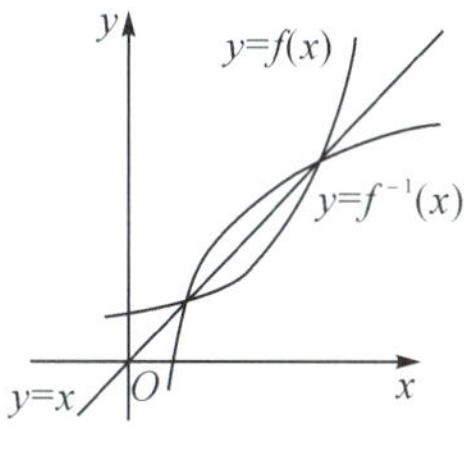

图 1-8

四、初等函数

1. 基本初等函数

我们称常函数、幂函数、指数函数、对数函数、三角函数和反三角函数为**基本初等函数**，它们是构成函数的最基本元素，必须熟练掌握它们的表达式和对应的图像.

基本初等函数

(1)幂函数 $y=x^{\mu}$(μ 是任意常数)(见图 1-9).

(2)指数函数 $y=a^{x}$(a 是常数,$a>0$ 且 $a\neq1$)(见图 1-10).

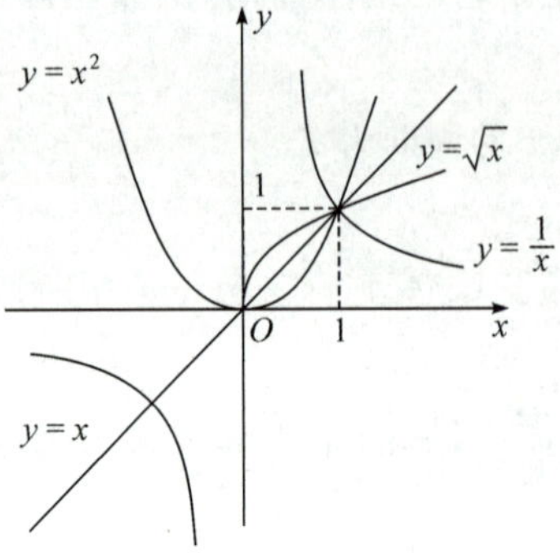

图 1-9

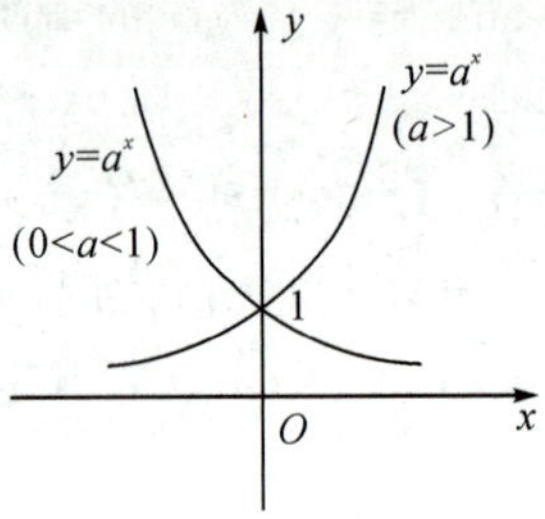

图 1-10

(3)对数函数 $y=\log_a x$(a 是常数,$a>0$ 且 $a\neq1$)(见图 1-11).

(4)三角函数 $y=\sin x$,$y=\cos x$,$y=\tan x$,$y=\cot x$(见图 1-12、图 1-13、图 1-14、图 1-15).

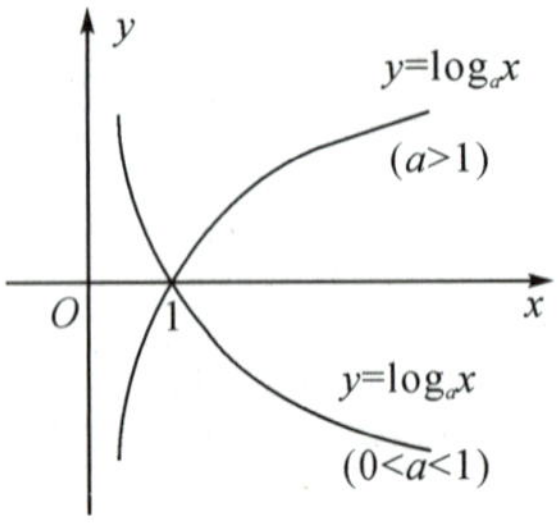

图 1-11

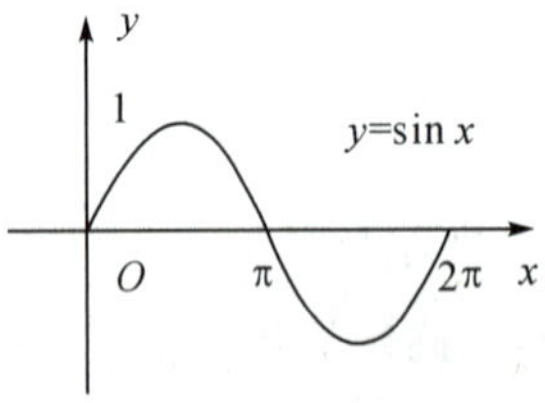

图 1-12

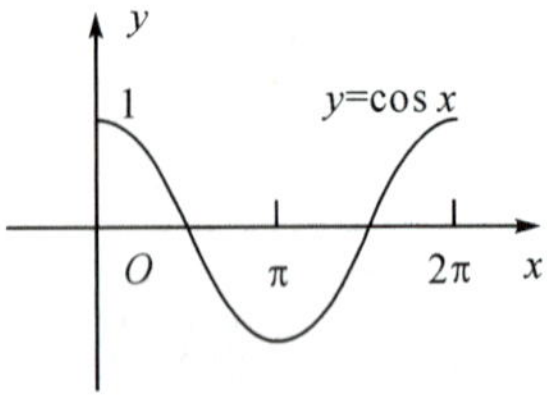

图 1-13

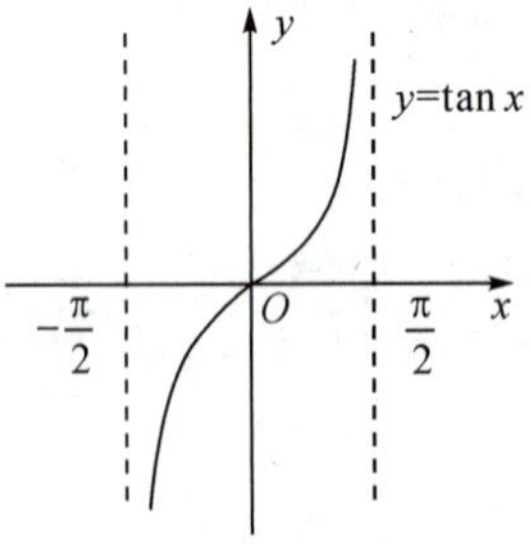

图 1-14

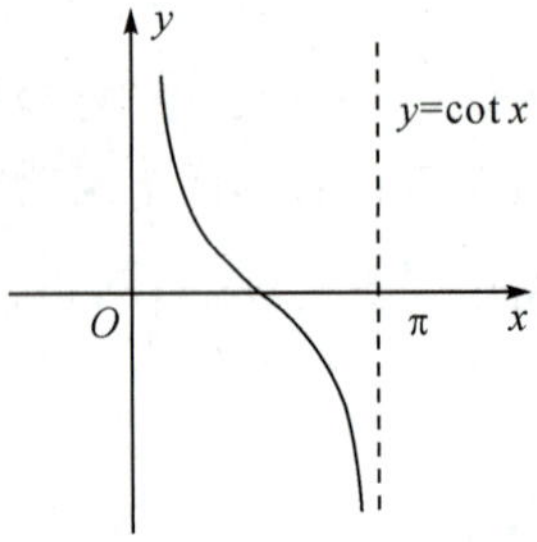

图 1-15

(5)反三角函数 $y=\arcsin x$，$y=\arccos x$，$y=\arctan x$，$y=\operatorname{arccot} x$(见图 1-16、图 1-17、图 1-18、图 1-19).

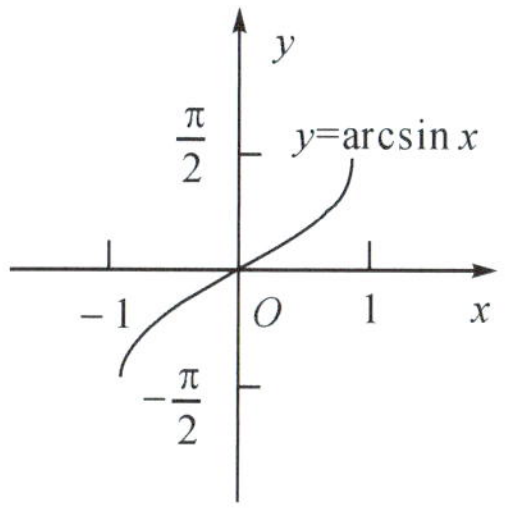

图 1-16

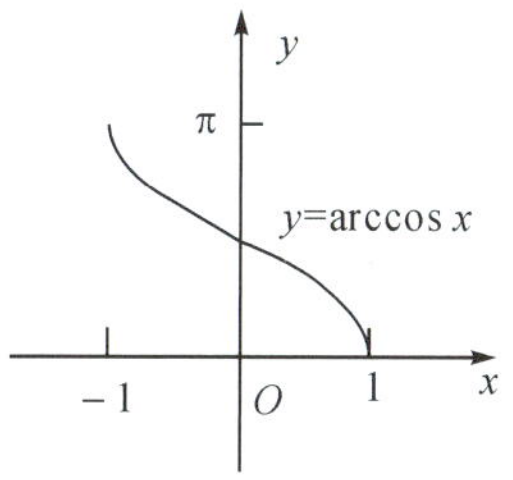

图 1-17

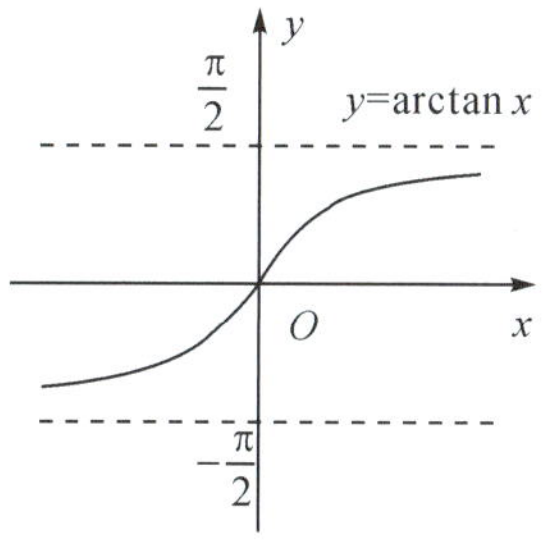

图 1-18

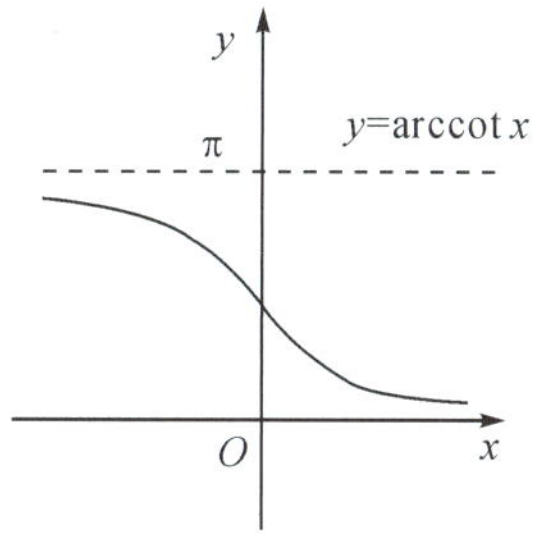

图 1-19

2. 复合函数

定义 3　设函数 $y=f(u)$ 及 $u=g(x)$，当 $u=g(x)$ 的值域与 $y=f(u)$ 的定义域交集不为空时，则称函数 $y=f(g(x))$ 为由函数 $y=f(u)$ 及 $u=g(x)$ 复合而成的**复合函数**. x 是自变量，y 是因变量，u 称为中间变量.

例 3　分析函数 $y=\arcsin u$ 与 $u=x^2+2$ 能否构成复合函数.

解　不能. 因为对函数 $y=\arcsin u$ 而言，必须要求变量 u 满足不等式：$-1\leqslant u\leqslant 1$，而 $u=x^2+2\geqslant 2$，所以对于任何 $x>0$ 的值，y 都得不到确定的对应值.

例 4　指出下列复合函数的结构：

(1)$y=\sqrt[3]{2x^2-5}$；　(2)$y=\ln\cos(5x-1)$.

解　(1)$y=\sqrt[3]{2x^2-5}$ 是由 $y=\sqrt[3]{u}$ 和 $u=2x^2-5$ 复合而成的；

(2)$y=\ln\cos(5x-1)$ 是由 $y=\ln u$，$u=\cos v$，$v=5x-1$ 复合而成的.

复合函数

例 5　设 $f(x)=\dfrac{1}{1+x}$，试求 $f(f(x))$.

解　$f(f(x))=\dfrac{1}{1+f(x)}=\dfrac{1}{1+\dfrac{1}{1+x}}=\dfrac{1+x}{2+x}$，$x\neq -1,-2$.

3. 初等函数

定义 4 由常数及基本初等函数经过有限次的四则运算及有限次的函数复合步骤所构成并且可以用一个解析式表示的函数，称为**初等函数**.

初等函数

如 $y=1-\ln\cos 3x$，$y=\dfrac{\sin^2 4x-\sqrt{3x}}{x^2+2\sin x+3^x}$等都是初等函数.

如符号函数、狄立克莱函数都是非初等函数. 分段函数一般为非初等函数，但少数例外，如绝对值函数 $y=|x|=\begin{cases} x, & x\geqslant 0 \\ -x, & x<0 \end{cases}$是初等函数.

▶▶▶▶ 习题 1.1 ◀◀◀◀

1. 求下列函数的定义域：

(1) $y=\sqrt{1-x^2}$；　　(2) $y=\ln(x-3)$；

(3) $y=\lg 4x-\sqrt{25-x^2}$；　　(4) $y=3x-\arccos(4x-1)$.

2. 设函数 $f(x)=\begin{cases} x^2+1, & x<0 \\ x+1, & x\geqslant 0 \end{cases}$，作出 $f(x)$的图形.

3. 判定下列函数的奇偶性：

(1) $y=5x^3-2x$；　　(2) $y=x^2(1-x^4)$.

4. 指出下列复合函数的结构：

(1) $y=\cos^2 x$；　　(2) $y=\ln\cos(4x-3)$；　　(3) $y=\sin^2\ln(x^2-2x+1)$.

5. 设函数 $f(x)=(x-1)^2$，$g(x)=\dfrac{1}{1+x}$，试求 $f(g(x))$，$g(f(x))$.

§1.2 极　限

学习目标

1. 理解数列极限的定义；

2. 理解函数极限的定义.

学习重点

1. 数列极限的定义；

2. 函数极限的定义.

学习难点

观察数列和函数的变化趋势，计算极限.

一、数列的极限

1. 数列的概念

自变量为正整数的函数 $u_n=f(n)(n=1,2,\cdots)$，其函数值按自变量 n 由小到大排列成一列数 $u_1,u_2,u_3,\cdots,u_n,\cdots$ 称为**数列**，将其简记为 $\{u_n\}$，其中 u_n 为数列 $\{u_n\}$ 的通项或一般项.

2. 数列极限的定义

定义 1　对于数列 $\{a_n\}$，若当 n 无限增大时，a_n 无限接近于一个确定的常数 A，则称常数 A 为**数列 $\{a_n\}$ 的极限**，记作 $\lim\limits_{n\to\infty}a_n=A$，或 $a_n\to A$ $(n\to\infty)$.

数列极限的定义

若数列 $\{a_n\}$ 有极限，则称数列 $\{a_n\}$ 是**收敛**的，且收敛于 A；否则是**发散**的.

说明：

(1)数列极限只对无穷数列而言；

(2)数列极限是个动态概念，是一个变量(项数 n)无限运动的同时另一个变量(对应的通项 a_n)无限接近于某个确定的常数，这个常数(即极限)是这个无限运动变化的最终趋势.

例 1　观察下列各数列的极限：

(1)$\{a_n\}=\left\{\dfrac{1}{n}\right\}$；　(2)$\{a_n\}=\left\{\dfrac{1}{3^n}\right\}$；　(3)$\{a_n\}=\left\{\dfrac{n-1}{n+1}\right\}$；　(4)$\{a_n\}=\{5\}$.

解　通过观察当 $n\to\infty$ 时各数列的变化趋势，可得

(1)$\lim\limits_{n\to\infty}\dfrac{1}{n}=0$；　(2)$\lim\limits_{n\to\infty}\dfrac{1}{3^n}=0$；　(3)$\lim\limits_{n\to\infty}\dfrac{n-1}{n+1}=1$；　(4)$\lim\limits_{n\to\infty}5=5$.

说明：

(1)并非每个数列都有极限，如数列 $a_n=n^2$，当 $n\to\infty$ 时，$n^2\to\infty$，∞ 不是一个常数，因此该数列没有极限；又如数列 $a_n=(-1)^n$，当 $n\to\infty$ 时，a_n 在 1 和 -1 来回“跳动”，不是无限接近于一个确定的常数，因此该数列也没有极限.

(2)若数列的极限存在，则极限是唯一的.

下面是几个常用数列的极限：

(1)$\lim\limits_{n\to\infty}C=C$($C$ 为常数)；　(2)$\lim\limits_{n\to\infty}\dfrac{1}{n^\alpha}=0(\alpha>0)$；　(3)$\lim\limits_{n\to\infty}q^n=0(|q|<1)$.

二、函数的极限

函数极限的定义

1. $x\to\infty$时函数的极限

定义 2 设函数 $f(x)$在$|x|>a$ 时有定义(a 为某个正实数),若当 x 的绝对值无限增大时,$f(x)$无限趋近于一个确定的常数 A,则称常数 A 为**函数 $f(x)$当 $x\to\infty$时的极限**,记作

$$\lim_{x\to\infty}f(x)=A,\text{或 } f(x)\to A(x\to\infty).$$

注意:x 的绝对值无限增大即 $x\to\infty$,同时包括 $x\to+\infty$和 $x\to-\infty$.

观察 $f(x)=\frac{1}{x}$的图像(见图 1-20),当 $x\to+\infty$时,$f(x)$无限趋近于常数 0,同时,当 $x\to-\infty$时,$f(x)$也无限趋近于常数 0,称 0 为当 $x\to\infty$时 $f(x)$的极限. 由定义知,$\lim\limits_{x\to\infty}\frac{1}{x}=0$.

定义 3 设函数 $f(x)$在$(a,+\infty)$内有定义,若当 $x\to+\infty$时,函数 $f(x)$无限趋近于一个确定的常数 A,则称常数 A 为**函数 $f(x)$当 $x\to+\infty$时的极限**,记为

$$\lim_{x\to+\infty}f(x)=A,\text{或 } f(x)\to A(x\to+\infty).$$

观察函数 $f(x)=\left(\frac{1}{2}\right)^x$ 的图像(见图 1-21),当 $x\to+\infty$时,$f(x)$无限趋近于常数 0,称 0 为 $f(x)$当 $x\to+\infty$时的极限. 由定义知,$\lim\limits_{x\to+\infty}\left(\frac{1}{2}\right)^x=0$.

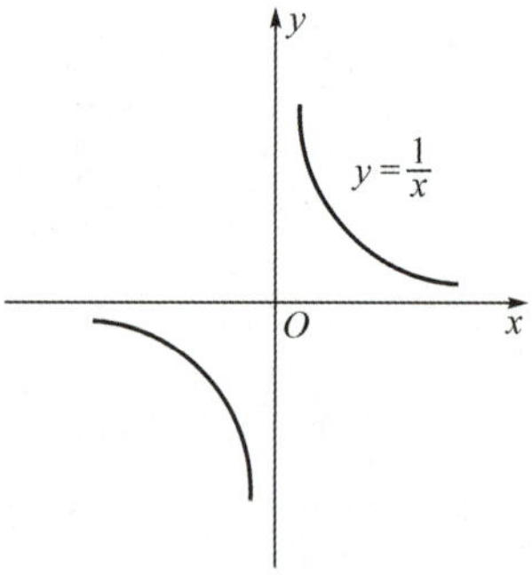

图 1-20

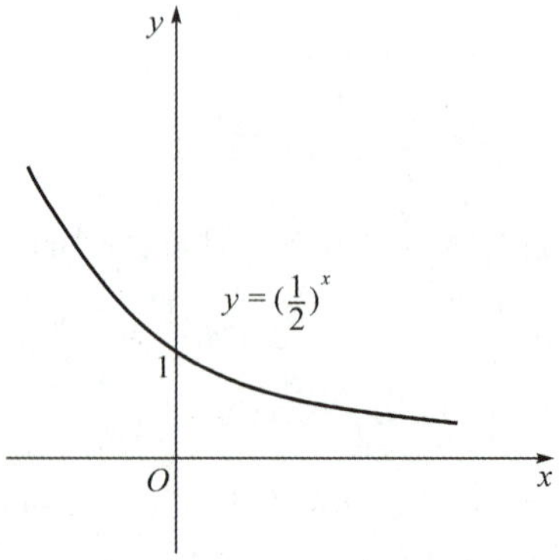

图 1-21

定义 4 设函数 $f(x)$在$(-\infty,a)$内有定义,若当 $x\to-\infty$时,函数 $f(x)$无限趋近于一个确定的常数 A,则称常数 A 为**函数 $f(x)$当 $x\to-\infty$时的极限**,记为

$$\lim_{x\to-\infty}f(x)=A,\text{或 } f(x)\to A(x\to-\infty).$$

观察函数 $f(x)=2^x$ 的图像(见图 1-22),当 $x\to-\infty$时,$f(x)$无限趋近于常数 0,称 0

为函数 $f(x)$ 当 $x\to-\infty$ 时的极限. 由定义知，$\lim\limits_{x\to-\infty}2^x=0$.

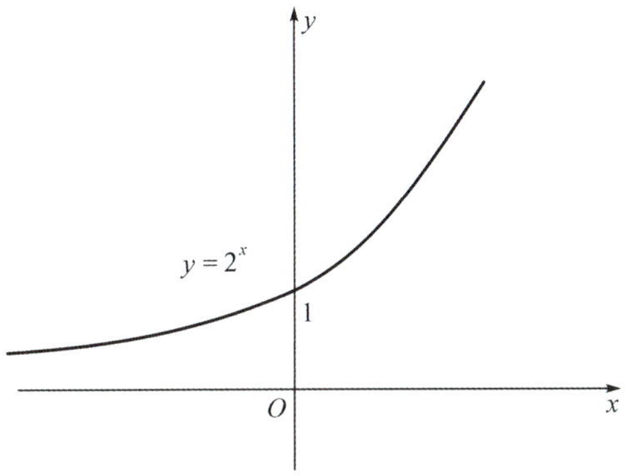

图 1-22

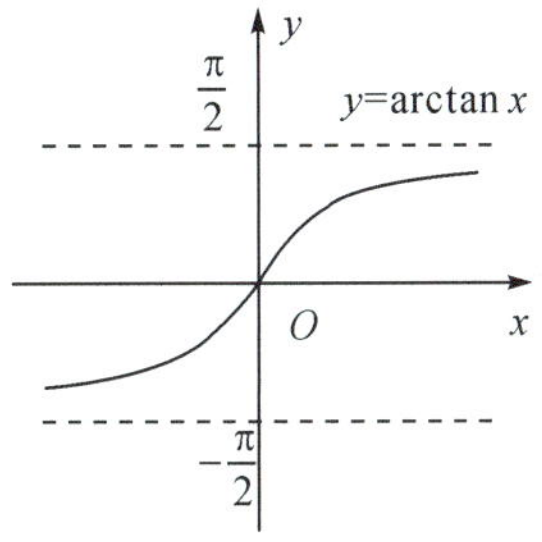

图 1-23

由上述函数极限定义，不难得到如下重要结论：

定理 1　$\lim\limits_{x\to\infty}f(x)=A\Leftrightarrow\lim\limits_{x\to+\infty}f(x)=\lim\limits_{x\to-\infty}f(x)=A$.

例 2　讨论函数 $f(x)=\arctan x$，当 $x\to\infty$ 时的极限.

解　由图 1-23 所示，当 $x\to+\infty$ 时，$f(x)$ 无限趋近于常数 $\frac{\pi}{2}$.

由定义 3 知 $\lim\limits_{x\to+\infty}\arctan x=\frac{\pi}{2}$；当 $x\to-\infty$ 时，$f(x)$ 无限趋近于常数 $-\frac{\pi}{2}$，

由定义 4 知 $\lim\limits_{x\to-\infty}\arctan x=-\frac{\pi}{2}$. 但 $\frac{\pi}{2}\neq-\frac{\pi}{2}$，即 $\lim\limits_{x\to+\infty}\arctan x\neq\lim\limits_{x\to-\infty}\arctan x$，根据定理 1 知，当 $x\to\infty$ 时，$\arctan x$ 的极限不存在.

例 3　设 $f(x)=\frac{x}{x+1}$，求 $\lim\limits_{x\to+\infty}f(x)$，$\lim\limits_{x\to-\infty}f(x)$ 和 $\lim\limits_{x\to\infty}f(x)$.

解　通过观察，当 $x\to+\infty$ 时，$\frac{x}{x+1}\to1$，所以 $\lim\limits_{x\to+\infty}f(x)=1$；

当 $x\to-\infty$ 时，$\frac{x}{x+1}\to1$，所以 $\lim\limits_{x\to-\infty}f(x)=1$；

因为 $\lim\limits_{x\to+\infty}f(x)=\lim\limits_{x\to-\infty}f(x)=1$，所以 $\lim\limits_{x\to\infty}f(x)=1$.

2. $x\to x_0$ 时函数的极限

定义 5　设函数 $f(x)$ 在 x_0 左右两侧有定义（点 x_0 本身可以除外），若当 x 无限趋近于 x_0（记为 $x\to x_0$）时，$f(x)$ 无限趋近于一个确定的常数 A，则称常数 A 为**函数 $f(x)$ 当 $x\to x_0$ 时的极限**，记为

$$\lim_{x\to x_0}f(x)=A，或\ f(x)\to A\ (x\to x_0).$$

例 4　观察当 $x\to1$ 时，函数 $f(x)=x+1$ 与 $g(x)=\frac{x^2-1}{x-1}$ 的变化趋势.

解　观察图 1-24 知，当 $x\to1$ 时，$f(x)=x+1$ 无限趋近于 2，并且 $f(1)=2$；观察

图 1-25 知,当 $x \to 1$ 时,$g(x)=\dfrac{x^2-1}{x-1}$也无限趋近于 2.

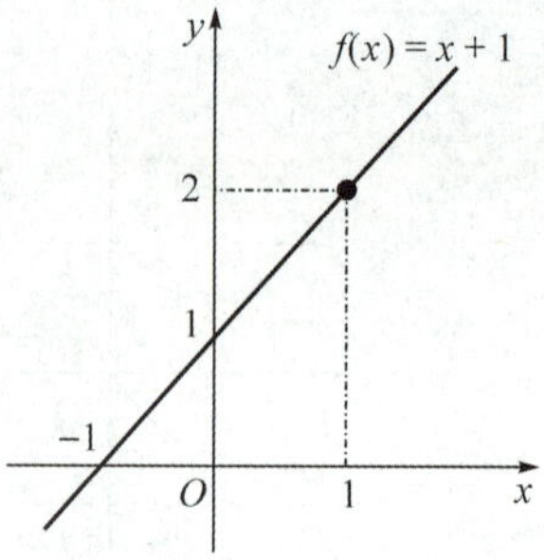

图 1-24

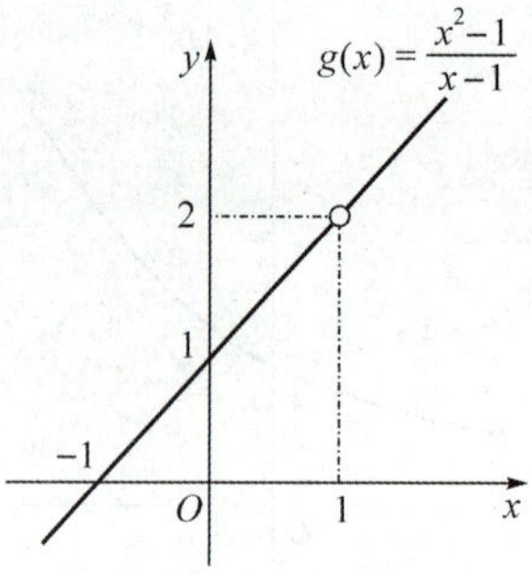

图 1-25

$f(x)=x+1$ 与 $g(x)=\dfrac{x^2-1}{x-1}$是两个不同的函数,前者在 $x=1$ 处有定义,后者在 $x=1$ 处无定义.说明当 $x \to 1$ 时,$f(x)$和 $g(x)$的极限是否存在与其在 $x=1$ 处是否有定义无关.

由定义知,$\lim\limits_{x \to 1}(x+1)=2$,$\lim\limits_{x \to 1}\dfrac{x^2-1}{x-1}=2$.

说明:(1)一个函数在 x_0 处是否存在极限,与它在 x_0 处是否有定义无关,只要求函数在 x_0 近旁有定义即可;

(2)$x \to x_0$ 包括 x 从 x_0 的左右两侧同时无限趋近于 x_0.

定义 6 若当 x 从 x_0 的左侧(即 $x<x_0$)无限趋近于 x_0(记为 $x \to x_0^-$)时,函数 $f(x)$无限趋近于一个确定的常数 A,则称常数 A 为**函数 $f(x)$在 x_0 处的左极限**,记为

$$\lim_{x \to x_0^-} f(x)=A \text{ 或 } f(x) \to A(x \to x_0^-).$$

定义 7 若当 x 从 x_0 的右侧(即 $x>x_0$)无限趋近于 x_0(记为 $x \to x_0^+$)时,函数 $f(x)$无限趋近于一个确定的常数 A,则称常数 A 为**函数 $f(x)$在 x_0 处的右极限**,记为

$$\lim_{x \to x_0^+} f(x)=A \text{ 或 } f(x) \to A(x \to x_0^+).$$

由上述极限定义,不难得到函数极限与函数左、右极限之间有如下重要的关系:

定理 2 $\lim\limits_{x \to x_0} f(x)=A \Leftrightarrow \lim\limits_{x \to x_0^-} f(x)=\lim\limits_{x \to x_0^+} f(x)=A$.

例 5 讨论极限$\lim\limits_{x \to 0} e^{\frac{1}{x}}$是否存在.

解 当 $x \to 0^+$ 时,$\dfrac{1}{x} \to +\infty$,从而 $e^{\frac{1}{x}} \to +\infty$;当 $x \to 0^-$ 时,$\dfrac{1}{x} \to -\infty$,从而 $e^{\frac{1}{x}} \to 0$.

可见当 $x \to 0$ 时,左极限存在而右极限不存在.由定理 2 知,$\lim\limits_{x \to 0} e^{\frac{1}{x}}$不存在.

例 6 设函数 $f(x)=\begin{cases} 2x-1, & x<0 \\ 3x^2-1, & 0 \leqslant x \leqslant 1 \\ x-3, & x>1 \end{cases}$,讨论在 $x=0$ 和 $x=1$ 处的极限.

解　因为 $\lim\limits_{x\to 0^-} f(x)=\lim\limits_{x\to 0^-}(2x-1)=-1$，而 $\lim\limits_{x\to 0^+} f(x)=\lim\limits_{x\to 0^+}(3x^2-1)=-1$，

所以 $\lim\limits_{x\to 0} f(x)=-1$；

因为 $\lim\limits_{x\to 1^-} f(x)=\lim\limits_{x\to 1^-}(3x^2-1)=2$，且 $\lim\limits_{x\to 1^+} f(x)=\lim\limits_{x\to 1^+}(x-3)=-2$，

所以 $\lim\limits_{x\to 1^-} f(x)\neq\lim\limits_{x\to 1^+} f(x)$，因此 $\lim\limits_{x\to 1} f(x)$ 不存在.

例 7　设函数 $\operatorname{sgn}(x)=\begin{cases}1, & x>0\\ 0, & x=0,\\ -1, & x<0\end{cases}$

讨论 $\lim\limits_{x\to 0^-}\operatorname{sgn}(x)$，$\lim\limits_{x\to 0}\operatorname{sgn}(x)$，$\lim\limits_{x\to 0^+}\operatorname{sgn}(x)$ 是否存在.

解　从函数 $\operatorname{sgn}(x)$（图 1-26）中不难看出：

$\lim\limits_{x\to 0^-}\operatorname{sgn}(x)=-1$；$\lim\limits_{x\to 0^+}\operatorname{sgn}(x)=1$. 所以 $\lim\limits_{x\to 0}\operatorname{sgn}(x)$ 不存在.

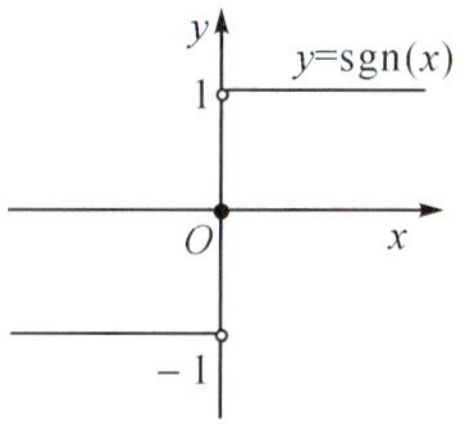

图 1-26

▶▶▶▶ 习题 1.2 ◀◀◀◀

1. 观察下列以 a_n 为通项的各数列的极限：

(1) $a_n=\dfrac{3}{2n}$；　(2) $a_n=\dfrac{1}{2^n}$；　(3) $a_n=\dfrac{n+1}{n-1}$；　(4) $a_n=(-1)^n$.

2. 讨论 $\lim\limits_{x\to\infty} e^{-x}$ 是否存在.

3. 设函数 $f(x)=\begin{cases}x, & x<0\\ 2, & x=0,\\ x^2+1, & x>0\end{cases}$ 求 $\lim\limits_{x\to 0^-} f(x)$，$\lim\limits_{x\to 0^+} f(x)$.

4. 设 $f(x)=\dfrac{|x|-x}{2x}$，求 $\lim\limits_{x\to 0^-} f(x)$ 及 $\lim\limits_{x\to 0^+} f(x)$，并说明 $\lim\limits_{x\to 0} f(x)$ 是否存在.

§1.3　极限的运算

学习目标

1. 掌握极限的四则运算法则；
2. 掌握两个重要极限公式及其变形公式.

学习重点

1. 掌握极限的四则运算法则；
2. 运用两个重要极限公式求函数的极限.

学习难点

两个重要极限的变形公式.

一、极限的四则运算法则

自变量在同一个变化过程中，如果极限 $\lim f(x)$ 和 $\lim g(x)$ 都存在，则有如下四则运算法则：

极限的四则运算法则

法则 1 $\lim[f(x)\pm g(x)]=\lim f(x)\pm\lim g(x)$.

法则 2 $\lim[f(x)\times g(x)]=\lim f(x)\times\lim g(x)$.

推论 1 $\lim[C\cdot f(x)]=C\lim f(x)$（其中常数 $C\in\mathbf{R}$）.

推论 2 $\lim[f(x)]^n=[\lim f(x)]^n$.

法则 3 若 $\lim g(x)\neq 0$，则 $\lim\dfrac{f(x)}{g(x)}=\dfrac{\lim f(x)}{\lim g(x)}$.

说明：

(1)上述法则中自变量变化过程可以是 $x\to x_0$，$x\to x_0^+$，$x\to x_0^-$，$x\to\infty$，$x\to+\infty$，$x\to-\infty$，只要是同一变化过程，上述等式均成立；

(2)对于数列极限也成立；

(3)法则 1 和法则 2 还可以推广至有限个函数的情形.

例 1 求极限 $\lim\limits_{x\to 1}(3x^3-4x+1)$.

解 原式 $=\lim\limits_{x\to 1}3x^3-\lim\limits_{x\to 1}4x+\lim\limits_{x\to 1}1=3(\lim\limits_{x\to 1}x)^3-4\lim\limits_{x\to 1}x+\lim\limits_{x\to 1}1=3\cdot 1^3-4\times 1+1=0$.

例 2 求下列各极限：

(1) $\lim\limits_{x\to -1}\dfrac{2x^2-4x}{3x^2-5x+4}$；　　(2) $\lim\limits_{x\to 4}\dfrac{x^2-7x+12}{x^2-5x+4}$.

解 (1)原式 $=\dfrac{\lim\limits_{x\to -1}(2x^2-4x)}{\lim\limits_{x\to -1}(3x^2-5x+4)}=\dfrac{2(-1)^2-4(-1)}{3(-1)^2-5(-1)+4}=\dfrac{6}{12}=\dfrac{1}{2}$；

(2)原式 $=\lim\limits_{x\to 4}\dfrac{(x-3)(x-4)}{(x-1)(x-4)}=\lim\limits_{x\to 4}\dfrac{x-3}{x-1}=\dfrac{1}{3}$.

例 3 求下列极限：

(1) $\lim\limits_{x\to\infty}\dfrac{2x^2+x+5}{3x^2-x+2}$；　　(2) $\lim\limits_{x\to\infty}\dfrac{2x^2+x+5}{3x^5-x+2}$；　　(3) $\lim\limits_{x\to\infty}\dfrac{2x^4+x+5}{3x^3-x+2}$.

解 (1)原式 $=\lim\limits_{x\to\infty}\dfrac{2x^2+x+5}{3x^2-x+2}=\lim\limits_{x\to\infty}\dfrac{2+\dfrac{1}{x}+\dfrac{5}{x^2}}{3-\dfrac{1}{x}+\dfrac{2}{x^2}}=\dfrac{2}{3}$.

(2)原式$=\lim\limits_{x\to\infty}\dfrac{2x^2+x+5}{3x^5-x+2}=\lim\limits_{x\to\infty}\dfrac{\dfrac{2}{x^3}+\dfrac{1}{x^4}+\dfrac{5}{x^5}}{3-\dfrac{1}{x^4}+\dfrac{2}{x^5}}=0.$

(3)原式$=\lim\limits_{x\to\infty}\dfrac{2x^4+x+5}{3x^3-x+2}=\lim\limits_{x\to\infty}\dfrac{2+\dfrac{1}{x^3}+\dfrac{5}{x^4}}{\dfrac{3}{x}-\dfrac{1}{x^3}+\dfrac{2}{x^4}}=\infty.$

注意：

当 $x\to\infty$ 时，分子、分母极限都是无穷大(称“$\dfrac{\infty}{\infty}$”型)，不能直接用商的极限法则，可将分子、分母同除以 x 的最高次幂项后再应用法则求极限.

一般地，有理函数有以下结论(“抓大头公式”)：若 $a_n\neq0,b_m\neq0,m,n$ 为正整数，则

$$\lim_{x\to\infty}\frac{a_nx^n+a_{n-1}x^{n-1}+\cdots+a_1x+a_0}{b_mx^m+b_{m-1}x^{m-1}+\cdots+b_1x+b_0}=\lim_{x\to\infty}\frac{a_nx^n}{b_mx^m}=\begin{cases}\dfrac{a_m}{b_m}, & m=n,\\ 0, & m>n,\\ \infty, & m<n.\end{cases}$$

例 4　计算下列函数极限：

(1)$\lim\limits_{x\to1}\left(\dfrac{3}{1-x^3}-\dfrac{1}{1-x}\right)$；　　(2)$\lim\limits_{x\to0}\dfrac{\sqrt{1+x}-1}{x}$.

解　(1)当 $x\to1$ 时，由于两项极限均为无穷(称“$\infty-\infty$”型)，所以不能直接用差的极限法则，可先通分再求极限.

$$\lim_{x\to1}\left(\frac{3}{1-x^3}-\frac{1}{1-x}\right)=\lim_{x\to1}\frac{3-(1+x+x^2)}{(1-x)(1+x+x^2)}=\lim_{x\to1}\frac{(2+x)(1-x)}{(1-x)(1+x+x^2)}$$
$$=\lim_{x\to1}\frac{2+x}{1+x+x^2}=1.$$

(2)当 $x\to0$ 时，分母极限均为零(称“$\dfrac{0}{0}$”型)，不能直接用商的极限法则，可先对分子有理化，然后再求极限.

$$\lim_{x\to0}\frac{\sqrt{1+x}-1}{x}=\lim_{x\to0}\frac{(\sqrt{1+x}-1)(\sqrt{1+x}+1)}{x(\sqrt{1+x}+1)}=\lim_{x\to0}\frac{x}{x(\sqrt{1+x}+1)}$$
$$=\lim_{x\to0}\frac{1}{\sqrt{1+x}+1}=\frac{1}{2}.$$

重要极限 1

二、两个重要极限

1. 重要极限 1　$\lim\limits_{x\to0}\dfrac{\sin x}{x}=1$

函数$\dfrac{\sin x}{x}$的定义域为 $x\neq0$ 的全体实数，当 $x\to0$ 时，观察其变化趋势(见表 1-1).

表 1-1

x	±1.00	±0.100	±0.010	±0.001	…
$\dfrac{\sin x}{x}$	0.84147098	0.99833417	0.99998334	0.99999984	…

由表 1-1 可知，当 $x\to0$ 时，$\dfrac{\sin x}{x}\to0$，根据极限的定义有$\lim\limits_{x\to0}\dfrac{\sin x}{x}=1$.

注意：

(1)重要极限 1 主要用于解决三角函数当中$\dfrac{0}{0}$型的极限；

(2)重要极限 1 的等价形式为：$\lim\limits_{x\to0}\dfrac{x}{\sin x}=1$；

(3)重要极限 1 的变形公式为：$\lim\limits_{\substack{x\to x_0\\(\text{或}x\to\infty)}}\dfrac{\sin[\varphi(x)]}{\varphi(x)}=1$(其中 $\lim\limits_{\substack{x\to x_0\\(\text{或}x\to\infty)}}\varphi(x)=0$).

例 5 求极限$\lim\limits_{x\to0}\dfrac{\sin3x}{5x}$.

解 原式$=\lim\limits_{x\to0}\left(\dfrac{\sin3x}{3x}\cdot\dfrac{3}{5}\right)=\dfrac{3}{5}\lim\limits_{x\to0}\dfrac{\sin3x}{3x}=\dfrac{3}{5}\times1=\dfrac{3}{5}$.

说明：$\lim\limits_{x\to0}\dfrac{\sin ax}{bx}=\dfrac{a}{b}(b\neq0)$.

例 6 求极限$\lim\limits_{x\to0}\dfrac{\tan x}{2x}$.

解 原式$=\lim\limits_{x\to0}\left(\dfrac{\sin x}{\cos x}\cdot\dfrac{1}{2x}\right)=\lim\limits_{x\to0}\left(\dfrac{\sin x}{x}\cdot\dfrac{1}{2\cos x}\right)=\lim\limits_{x\to0}\dfrac{\sin x}{x}\cdot\lim\limits_{x\to0}\dfrac{1}{2\cos x}$

$=1\times\dfrac{1}{2}=\dfrac{1}{2}$.

说明：$\lim\limits_{x\to0}\dfrac{\tan ax}{bx}=\dfrac{a}{b}(b\neq0)$.

例 7 求极限$\lim\limits_{x\to2}\dfrac{\sin(x-2)}{x^2-4}$.

解 原式$=\lim\limits_{x\to2}\dfrac{\sin(x-2)}{(x+2)(x-2)}=\lim\limits_{x\to2}\dfrac{1}{x+2}\cdot\lim\limits_{x\to2}\dfrac{\sin(x-2)}{x-2}=\dfrac{1}{2+2}\times1=\dfrac{1}{4}$.

例 8 求极限$\lim\limits_{x\to0}\dfrac{1-\cos x}{x^2}$.

解 原式$=\lim\limits_{x\to0}\dfrac{2\sin^2\dfrac{x}{2}}{x^2}=\lim\limits_{x\to0}\dfrac{1}{2}\cdot\left(\dfrac{\sin\dfrac{x}{2}}{\dfrac{x}{2}}\right)^2=\dfrac{1}{2}\lim\limits_{x\to0}\left(\dfrac{\sin\dfrac{x}{2}}{\dfrac{x}{2}}\right)^2=\dfrac{1}{2}\times1=\dfrac{1}{2}$.

2. 重要极限 2 $\lim\limits_{x\to\infty}\left(1+\dfrac{1}{x}\right)^x=\mathrm{e}$

当 $x\to\infty$时，观察函数$\left(1+\dfrac{1}{x}\right)^x$的变化趋势(表 1-2).

重要极限 2

表 1-2

x	1	10	100	1000	10000	…
$\left(1+\frac{1}{x}\right)^x$	2	2.594	2.705	2.717	2.718	…

从表 1-2 可看出，当 x 无限增大时函数 $\left(1+\frac{1}{x}\right)^x$ 变化的大致趋势. 可以证明，当 $x\to\infty$ 时，$\left(1+\frac{1}{x}\right)^x$ 的极限确实存在，并且是一个无理数，其值为 e=2.718281828…，即

$$\lim_{x\to\infty}\left(1+\frac{1}{x}\right)^x=\mathrm{e}$$

注意：

(1)重要极限 2 适用于 1^∞ 型；

(2)重要极限 2 的等价形式为：$\lim\limits_{x\to 0}(1+x)^{\frac{1}{x}}=\mathrm{e}$；

(3)重要极限 2 的变形公式为：$\lim\limits_{\varphi(x)\to\infty}\left[1+\frac{1}{\varphi(x)}\right]^{\varphi(x)}=\mathrm{e}$ 和 $\lim\limits_{\varphi(x)\to 0}[1+\varphi(x)]^{\frac{1}{\varphi(x)}}=\mathrm{e}$.

例 9　求极限 $\lim\limits_{x\to\infty}\left(1+\frac{1}{x}\right)^{3x}$.

解　原式 $=\lim\limits_{x\to\infty}\left[\left(1+\frac{1}{x}\right)^x\right]^3=\left[\lim\limits_{x\to\infty}\left(1+\frac{1}{x}\right)^x\right]^3=\mathrm{e}^3$.

例 10　求极限 $\lim\limits_{x\to 0}(1-x)^{\frac{4}{x}}$.

解　原式 $=\lim\limits_{x\to 0}\{[1+(-x)]^{-\frac{1}{x}}\}^{-4}=\mathrm{e}^{-4}$.

例 11　求极限 $\lim\limits_{x\to\infty}\left(\frac{x}{1+x}\right)^{2x}$.

解　原式 $=\lim\limits_{x\to\infty}\dfrac{1}{\left(1+\frac{1}{x}\right)^{2x}}=\dfrac{1}{\lim\limits_{x\to\infty}\left(1+\frac{1}{x}\right)^{2x}}=\dfrac{1}{\mathrm{e}^2}=\mathrm{e}^{-2}$.

例 12　求极限 $\lim\limits_{x\to\infty}\left(\frac{x+1}{x-1}\right)^{x+2}$.

解　原式 $=\lim\limits_{x\to\infty}\left[\left(1+\frac{2}{x-1}\right)^{\frac{x-1}{2}}\right]^{\frac{2x+4}{x-1}}=\mathrm{e}^2$.

▶▶▶▶ 习题 1.3 ◀◀◀◀

1. 求下列函数极限：

(1) $\lim\limits_{x\to 2}(6x+7)$；　(2) $\lim\limits_{x\to+\infty}\dfrac{2x^3+x^2-5}{3x^3+x-1}$；　(3) $\lim\limits_{x\to 2}\dfrac{x^2-4x+4}{x-2}$；

(4) $\lim\limits_{x\to 0}\dfrac{\sqrt{x+9}-3}{x}$；　(5) $\lim\limits_{x\to 0}\dfrac{\sin^2 4x}{x^2}$；　(6) $\lim\limits_{x\to 0}\dfrac{\sin 2x}{\sqrt{x+1}-1}$；

(7) $\lim\limits_{x\to\infty}\left(1+\dfrac{3}{x}\right)^{x+1}$；　　(8) $\lim\limits_{x\to 0}(1-2x)^{\frac{1}{x}}$.

§1.4　无穷大与无穷小

学习目标

1. 掌握无穷小量与无穷大量的概念及关系；
2. 掌握无穷小量的性质及其应用；
3. 掌握无穷小量阶的比较，会进行等价替换.

学习重点

1. 利用无穷小量的性质求极限；
2. 运用无穷小量等价替换求极限.

学习难点

运用无穷小量等价替换求极限.

一、无穷小量与无穷大量

无穷小与无穷大的定义

1. 无穷小量的定义

定义 1　在自变量 x 的某一变化过程中，函数 $f(x)$ 的极限为零，则称 $f(x)$ 为自变量 x 在此变化过程中的**无穷小量**(简称**无穷小**)，记作 $\lim f(x)=0$. 其中"$\lim f(x)$"是简记符号，极限的条件可以是 $x\to x_0$，$x\to\infty$ 等中的某一个.

说明：

(1)无穷小和一个很小的常数(如 10^{-10000})不能混为一谈. 这是因为无穷小是个变量，它在自变量的某一个变化过程中(如 $x\to x_0$)，其绝对值可以任意小，要有多小就有多小.

(2)一般地，无穷小是有条件的，要注意自变量的变化过程. 例如 $\lim\limits_{x\to 2}(x^2-4)=0$，$\lim\limits_{x\to 3}(x^2-2)=7$，表示变量 x^2-4 在 $x\to 2$ 时是无穷小，但在 $x\to 3$ 的条件下，变量 x^2-4 就不是无穷小.

(3)0 是唯一一个无穷小的常量. 这是因为常数 0 在自变量任何一个变化过程中，极限总为 0，因此 0 是可以作为无穷小的唯一的常数.

例 1　自变量 x 在怎样的变化过程中，下列函数为无穷小：

(1) $y=\frac{1}{x-3}$；　(2) $y=2x-1$；　(3) $y=2^x$；　(4) $y=\left(\frac{1}{5}\right)^x$.

解　(1) 因为 $\lim\limits_{x\to\infty}\frac{1}{x-3}=0$，所以当 $x\to\infty$ 时，$y=\frac{1}{x-3}$ 为无穷小；

(2) 因为 $\lim\limits_{x\to\frac{1}{2}}(2x-1)=0$，所以当 $x\to\frac{1}{2}$ 时，$y=2x-1$ 为无穷小；

(3) 因为 $\lim\limits_{x\to-\infty}2^x=0$，所以当 $x\to-\infty$ 时，$y=2^x$ 为无穷小；

(4) 因为 $\lim\limits_{x\to+\infty}\left(\frac{1}{5}\right)^x=0$，所以当 $x\to+\infty$ 时，$y=\left(\frac{1}{5}\right)^x$ 为无穷小.

2. 无穷大量的定义

定义 2　在自变量 x 的某一个变化过程中，函数 $f(x)$ 的绝对值 $|f(x)|$ 无限增大，则称 $f(x)$ 为自变量 x 在此变化过程中的**无穷大量**（简称**无穷大**），记作 $\lim f(x)=\infty$. 其中“$\lim f(x)$”是简记符号，极限的条件可以是 $x\to x_0$，$x\to\infty$ 等中的某一个.

说明：(1) 表达式 $\lim f(x)=\infty$，只是为了数学的表述方便，而沿用了极限符号，无穷大变量的极限值是不存在的；

(2) 无穷大 ∞ 不是数，不可与绝对值很大的数（如 10^{10} 等）混为一谈. 无穷大是指绝对值可以任意大的变量.

例 2　自变量 x 在怎样的变化过程中，下列函数为无穷大：

(1) $y=\frac{1}{x-3}$；　(2) $y=2x-1$；　(3) $y=2^x$；　(4) $y=\left(\frac{1}{5}\right)^x$.

解　(1) 因为 $\lim\limits_{x\to3}\frac{1}{x-3}=\infty$，所以当 $x\to3$ 时，$y=\frac{1}{x-3}$ 为无穷大；

(2) 因为 $\lim\limits_{x\to\infty}(2x-1)=\infty$，所以当 $x\to\infty$ 时，$y=2x-1$ 为无穷大；

(3) 因为 $\lim\limits_{x\to+\infty}2^x=+\infty$，所以当 $x\to+\infty$ 时，$y=2^x$ 为无穷大；

(4) 因为 $\lim\limits_{x\to-\infty}\left(\frac{1}{5}\right)^x=+\infty$，所以当 $x\to-\infty$ 时，$y=\left(\frac{1}{5}\right)^x$ 为无穷大.

3. 无穷大量与无穷小量的关系

定理 1　在自变量的同一变化过程中，如果 $f(x)$ 是无穷大量，则 $\frac{1}{f(x)}$ 是无穷小量；如果 $f(x)\neq0$ 且 $f(x)$ 是无穷小量，则 $\frac{1}{f(x)}$ 是无穷大量，即“非零无穷小的倒数为无穷大”.

例 3　求极限 $\lim\limits_{x\to2}\frac{x-2}{x^2-4x+4}$.

解　因为 $\lim\limits_{x\to2}\frac{x^2-4x+4}{x-2}=\lim\limits_{x\to2}\frac{(x-2)^2}{x-2}=\lim\limits_{x\to2}(x-2)=0$，

所以 $\lim\limits_{x\to2}\frac{x-2}{x^2-4x+4}=\infty$.

二、无穷小量的性质

性质1 在自变量 x 的某一个变化过程中,函数 $f(x)$ 有极限 A 的充要条件是 $f(x)=A+\alpha$,其中 α 是自变量 x 在同一变化过程中的无穷小量.

无穷小的性质

性质2 有限个无穷小的代数和仍是无穷小.

性质3 有限个无穷小的乘积仍是无穷小.

性质4 有界函数与无穷小的乘积仍是无穷小.

推论 常数与无穷小的乘积是无穷小.

例4 求极限 $\lim\limits_{x\to 0}x^2\sin\dfrac{1}{x}$.

解 因为 $\left|\sin\dfrac{1}{x}\right|\leqslant 1$,所以函数 $f(x)=\sin\dfrac{1}{x}$ 是有界函数. 又因为 $\lim\limits_{x\to 0}x^2=0$,

根据无穷小的性质4可得 $\lim\limits_{x\to 0}x^2\sin\dfrac{1}{x}=0$.

例5 计算极限 $\lim\limits_{x\to\infty}\dfrac{\sin x}{x}$.

解 因为 $|\sin x|\leqslant 1$,所以函数 $f(x)=\sin x$ 是有界函数. 又因为 $\lim\limits_{x\to\infty}\dfrac{1}{x}=0$,

根据无穷小的性质4可得 $\lim\limits_{x\to\infty}\dfrac{\sin x}{x}=\lim\limits_{x\to\infty}\left(\dfrac{1}{x}\cdot\sin x\right)=0$.

三、无穷小量的阶比较

无穷小的阶

定义3 设 α 和 β 都是自变量在同一变化过程中的无穷小,且 $\alpha\neq 0$,

(1)若 $\lim\dfrac{\beta}{\alpha}=0$,则称 β 是比 α **高阶**的无穷小量,记作 $\beta=o(\alpha)$($\beta\neq 0$ 时),也称 α 是比 β **低阶**的无穷小量;

(2)若 $\lim\dfrac{\beta}{\alpha}=c(c\neq 0)$,则称 β 与 α 为**同阶**无穷小量;

(3)若 $\lim\dfrac{\beta}{\alpha}=1$,则称 β 与 α 是**等价**无穷小量,记作 $\alpha\sim\beta$ 或 $\beta\sim\alpha$.

等价无穷小替换

说明:等价无穷小是同阶无穷小的特殊情形,即 $c=1$ 的情况.

定理2(等价无穷小的替换原理) 在自变量的同一变化过程中,α,α',β 和 β' 都是无穷小,且 $\alpha\sim\alpha',\beta\sim\beta'$,如果 $\lim\dfrac{\beta'}{\alpha'}$ 存在,那么 $\lim\dfrac{\beta}{\alpha}=\lim\dfrac{\beta'}{\alpha'}$.

当 $x\to 0$ 时,常见的等价无穷小有:

$\sin x\sim x$;$\tan x\sim x$;$\arcsin x\sim x$;$\arctan x\sim x$;$e^x-1\sim x$;$\ln(1+x)\sim x$;$1-\cos x\sim\dfrac{x^2}{2}$;

$\sqrt{1+x}-1\sim\frac{x}{2}$.

例 6　求极限$\lim\limits_{x\to0}\frac{\tan2x}{\sin4x}$.

解　因为当 $x\to0$ 时，$\tan2x\sim2x$，$\sin4x\sim4x$，

所以$\lim\limits_{x\to0}\frac{\tan2x}{\sin4x}=\lim\limits_{x\to0}\frac{2x}{4x}=\frac{2}{4}=\frac{1}{2}$.

例 7　求极限$\lim\limits_{x\to0}\frac{\ln(1+x)}{4x}$.

解　因为当 $x\to0$ 时 $x\sim\ln(1+x)$，所以

$$\lim_{x\to0}\frac{\ln(1+x)}{4x}=\lim_{x\to0}\frac{x}{4x}=\frac{1}{4}.$$

▶▶▶▶ 习题 1.4 ◀◀◀◀

1. 自变量 x 在怎样的变化过程中，下列函数为无穷小：

(1)$y=\frac{1}{x+1}$；　(2)$y=x+1$；　(3)$y=\ln x$；　(4)$y=e^x$.

2. 自变量 x 在怎样的变化过程中，下列函数为无穷大：

(1)$y=\frac{1}{x+1}$；　(2)$y=x+1$；　(3)$y=\ln x$；　(4)$y=e^x$.

3. 求下列函数的极限：

(1)$\lim\limits_{x\to1}\frac{2x-3}{x^2-5x+4}$；　(2)$\lim\limits_{x\to0}x\sin\frac{3}{x}$；　(3)$\lim\limits_{x\to0}\frac{\sin5x}{2x}$；

(4)$\lim\limits_{x\to0}\frac{\tan3x}{\tan2x}$；　(5)$\lim\limits_{x\to0}\frac{e^x-1}{2x}$；　(6)$\lim\limits_{x\to0}\frac{\arctan4x}{2x}$.

4. 证明当 $x\to0$ 时，$x^2-3x^3\sim x^2$.

* §1.5　函数的连续性

学习目标

1. 理解连续的定义，了解左、右连续；
2. 掌握间断点的分类及判定方法；
3. 理解初等函数的连续性；

注：* 表示选学内容，以下同.

4. 掌握闭区间上的连续函数的性质.

学习重点

1. 连续的定义;

2. 间断点的分类及判定;

3. 闭区间上的连续函数的性质.

学习难点

1. 左、右连续的概念;

2. 利用零点定理判定根的情况.

一、连续与间断

1. 连续的定义

定义 1 设函数 $f(x)$在点 x_0 的某个邻域内有定义,若当自变量的增量 $\Delta x=x-x_0$ 趋于 0 时,对应的函数增量也趋于零,即

$$\lim_{\Delta x\to 0}\Delta y=\lim_{\Delta x\to 0}[f(x_0+\Delta x)-f(x_0)]=0$$

则称函数 $f(x)$在点 x_0 处**连续**,或称 x_0 是 $f(x)$的一个**连续点**(见图 1-27).

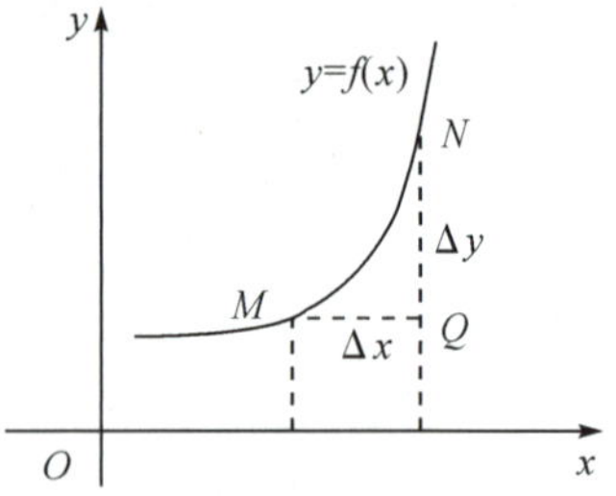

图 1-27

定义 2 若 $\lim\limits_{x\to x_0}f(x)=f(x_0)$,则称函数 $f(x)$在点 x_0 处**连续**.

函数 $f(x)$在点 x_0 连续,必须同时满足以下三个条件:

(1) $f(x)$在点 x_0 的一个邻域内有定义;

(2) $\lim\limits_{x\to x_0}f(x)$存在;

(3)上述极限值等于函数值 $f(x_0)$.

函数连续的定义

2. 左、右连续的定义

定义 3 设函数 $y=f(x)$在点 x_0 及其左侧附近有定义,若 $\lim\limits_{x\to x_0^-}f(x)=f(x_0)$,则称函数 $f(x)$在点 x_0 处**左连续**.相应地,设函数 $y=f(x)$在点 x_0 及其右侧附近有定义,若 $\lim\limits_{x\to x_0^+}f(x)=f(x_0)$,则称函数 $f(x)$在点 x_0 处**右连续**.若函数在点处既左连续又右连续,则函数$f(x)$在点 x_0 处连续.

若函数 $y=f(x)$在开区间(a,b)内每一点都连续,则称函数 $f(x)$在**开区间(a,b)内连续**.如果函数 $y=f(x)$在开区间(a,b)内连续,且在左端点 a 右连续,在右端点 b 左连续,

那么称函数 $f(x)$ 在**闭区间 $[a,b]$ 上连续**.

3. 间断点的定义

定义 4　如果函数 $f(x)$ 在点 x_0 处不连续，则称函数 $f(x)$ 在点 x_0 处间断，称 $x=x_0$ 为函数 $f(x)$ 的**间断点**.

函数 $f(x)$ 在点 x_0 间断，只要有下列三种情形中的一个条件符合即可：

(1) 函数 $f(x)$ 在点 x_0 处没有定义；

(2) 虽然函数 $f(x)$ 在点 x_0 处有定义，但是极限 $\lim\limits_{x \to x_0} f(x)$ 不存在；

(3) 虽然极限 $\lim\limits_{x \to x_0} f(x)$ 存在，$f(x_0)$ 也有定义，但是 $\lim\limits_{x \to x_0} f(x) \neq f(x_0)$.

间断点的分类

通常把间断点分为两大类：设 $x=x_0$ 为函数 $f(x)$ 的间断点，若单侧极限 $\lim\limits_{x \to x_0^-} f(x)$ 及 $\lim\limits_{x \to x_0^+} f(x)$ 都存在，则 $x=x_0$ 称为 $f(x)$ 的**第一类间断点**. 在第一类间断点中，如果 $\lim\limits_{x \to x_0^-} f(x)$ 及 $\lim\limits_{x \to x_0^+} f(x)$ 都存在且相等，则 $x=x_0$ 称为**可去间断点**；如果 $\lim\limits_{x \to x_0^-} f(x)$ 及 $\lim\limits_{x \to x_0^+} f(x)$ 都存在但不等，则 $x=x_0$ 称为**跳跃间断点**. 若单侧极限 $\lim\limits_{x \to x_0^-} f(x)$ 及 $\lim\limits_{x \to x_0^+} f(x)$ 中至少有一个不存在，则称 $x=x_0$ 为 $f(x)$ 的**第二类间断点**. 在第二类间断点中，如果 $\lim\limits_{x \to x_0^-} f(x)$ 及 $\lim\limits_{x \to x_0^+} f(x)$ 至少有一个为 ∞，则 $x=x_0$ 称为**无穷间断点**；如果 $\lim\limits_{x \to x_0^-} f(x)$ 及 $\lim\limits_{x \to x_0^+} f(x)$ 在不同的常数间来回振荡，则 $x=x_0$ 称为**振荡间断点**.

例 1　设 $f(x)=\begin{cases} 3x^2, & x \leqslant 1 \\ x-1, & x>1 \end{cases}$，讨论 $f(x)$ 在 $x=1$ 处的连续性.

解　因为 $\lim\limits_{x \to 1^-} f(x)=\lim\limits_{x \to 1^-} 3x^2=3$，$\lim\limits_{x \to 1^+} f(x)=\lim\limits_{x \to 1^+}(x-1)=0$，所以 $\lim\limits_{x \to 1} f(x)$ 不存在. 所以 $x=1$ 是第一类间断点且为跳跃间断点.

例 2　设 $f(x)=\begin{cases} \dfrac{x^4}{x}, & x \neq 0 \\ 1, & x=0 \end{cases}$，讨论 $f(x)$ 在 $x=0$ 处的连续性.

解　因为 $\lim\limits_{x \to 0} f(x)=\lim\limits_{x \to 0} \dfrac{x^4}{x}=0$ 且 $f(0)=1$，即 $\lim\limits_{x \to 0} f(x) \neq f(0)$. 所以 $x=0$ 是 $f(x)$ 的第一类间断点且为可去间断点.

例 3　讨论函数 $f(x)=\dfrac{x^2+2x+3}{x-1}$ 在点 $x=1$ 处的连续性.

解　由于 $f(x)$ 在 $x=1$ 处没有定义，并且 $\lim\limits_{x \to 1} f(x)=\infty$，所以左、右极限都不存在，因此 $x=1$ 是函数 $f(x)$ 的第二类间断点且为无穷间断点.

二、连续函数的性质

性质 1　有限个连续函数的和、差、积、商（分母不为零）也是连续函数.

(　　)7. $-10^{10000000}$是无穷大量;

(　　)8. 有界函数与无穷小量的乘积是无穷小量;

(　　)9. 当 $x\to 0$ 时,$\arcsin 3x$ 与 $3x$ 是等价无穷小;

(　　)10. $\lim\limits_{x\to\infty}\left(1-\dfrac{2}{x}\right)^x=e$.

二、选择题(每小题 2 分,共 10 分)

(　　)1. 极限$\lim\limits_{x\to 1}(2x+1)$的值为

A. 2　　B. 4　　C. 3　　D. 8

(　　)2. 极限$\lim\limits_{x\to 0}\dfrac{\sin 5x}{3x}$的值为

A. 0　　B. $\dfrac{2}{3}$　　C. $\dfrac{5}{3}$　　D. ∞

(　　)3. 当 $x\to\infty$时,下列函数为无穷小量的是

A. $2x+3$　　B. $\dfrac{1}{2x+1}$　　C. $\sin 2x$　　D. $\ln|x|$

(　　)4. 若函数 $f(x)=\dfrac{|x|-x}{2x}$,则$\lim\limits_{x\to 0}f(x)=$

A. 不存在　　B. $-\dfrac{1}{2}$　　C. $\dfrac{1}{2}$　　D. 0

(　　)5. 设 $f(x)=\dfrac{\sin(x+1)}{1+x^2}$,则 $f(x)$为

A. 有界函数　　B. 偶函数　　C. 奇函数　　D. 周期函数

三、填空题(每小题 2 分,共 20 分)

1. 函数 $y=2x+\ln(x-4)$的定义域为________.

2. 若函数 $f(x)=\begin{cases}2x-1, & x\geqslant 0\\ \cos 4x, & x<0\end{cases}$,则 $f(1)=$________.

3. 若函数 $f(x)=\dfrac{2x}{1+x}$,则 $f(1-2x)=$________.

4. 极限$\lim\limits_{x\to 3}\dfrac{x^2-9}{x-3}=$________.

5. 极限$\lim\limits_{x\to 0}x\sin\dfrac{3}{x}=$________.

6. 极限$\lim\limits_{x\to 0}(1+3x)^{\frac{1}{x}}=$________.

7. 函数 $y=\ln(x^2-1)$ 的定义域为________.

8. 若函数 $f(x)=\begin{cases} x+2, & x\neq 0 \\ \sin x, & x=0 \end{cases}$，则 $\lim\limits_{x\to 0}f(x)=$________.

9. 函数 $f(x)=\begin{cases} 1-x, & x\geqslant 1 \\ 1+x, & x<1 \end{cases}$ 在 $x=1$ 处的极限为________.

10. 函数 $y=\dfrac{x+1}{x^2-3x-4}$ 的第一类间断点是 $x=$________.

四、解答题(共 50 分)

1. 求下列函数的极限(每小题 5 分，共 30 分)：

(1) $\lim\limits_{x\to -1}\dfrac{2x^2-3x}{x^2+4}$；　(2) $\lim\limits_{x\to 4}\dfrac{x^2-16}{x-4}$；　(3) $\lim\limits_{x\to \infty}\dfrac{4x^2-x+2}{x^2+3x-7}$；

(4) $\lim\limits_{x\to \infty}\left(1-\dfrac{2}{x}\right)^{6x}$；　(5) $\lim\limits_{x\to 0}\dfrac{\sin 9x}{\sin 3x}$；　(6) $\lim\limits_{x\to 0}\dfrac{\sqrt{4+x}-2}{\sin x}$.

2. 设函数 $f(x)=\begin{cases} x^2\sin\dfrac{1}{x}, & x>0 \\ a-x, & x\leqslant 0 \end{cases}$，试确定 a 值，使 $f(x)$ 在 $(-\infty,+\infty)$ 内连续(8 分).

3. 讨论函数 $f(x)=\begin{cases} 3+x^2, & x\geqslant 0 \\ 3-x^2, & x<0 \end{cases}$ 在 $x=0$ 处的连续性(6 分).

4. 求函数 $y=\sin\sqrt{x+\sqrt{1-x^2}}$ 的连续区间(6 分).

本章课程思政

通过极限理论的学习，我们理解了有限与无限、量变与质变的辩证统一关系，正如恩格斯所言“正因为无限性是矛盾，所以它是无限的、在时间上和空间上无止境地展开的过程. 如果矛盾消灭了，那无限性就终结了”①. 由无穷小的性质，我们更加理解了“勿以恶小而为之，勿以善小而不为”的人生道理，更加明白了“全面从严治党永远在路上，党的自我革命永远在路上，决不能有松劲歇脚、疲劳厌战的情绪，必须持之以恒推进全面从严治党”②的原因. 我们需要不忘初心，牢记使命，无限接近，方得始终.

① 恩格斯. 反杜林论[M]. 3 版. 北京：人民出版社，1999.

② 习近平. 高举中国特色社会主义伟大旗帜 为全面建设社会主义现代化国家而团结奋斗——在中国共产党第二十次全国代表大会上的报告[M]. 北京：人民出版社，2022.

拓展阅读

数学家华罗庚

华罗庚(1910—1985年),江苏金坛(今常州市金坛区)人,国际数学大师,中国科学院学部委员,是中国解析数论、矩阵几何学、典型群、自守函数论等多方面研究的创始人和开拓者.他为中国数学的发展做出了无与伦比的贡献,被誉为"中国现代数学之父",被列为"芝加哥科学技术博物馆中当今世界88位数学伟人之一".

华罗庚先生早年的研究领域是解析数论,他在解析数论方面的成就广为人知,国际颇具盛名的"中国解析数论学派"即华罗庚开创的学派,该学派对于质数分布问题与哥德巴赫猜想做出了许多重大贡献.他在多复变函数论、矩阵几何学方面的卓越贡献,更是影响到了世界数学的发展.华罗庚先生在多复变函数论、典型群方面的研究领先西方数学界10多年,这些研究成果被著名的华裔数学家丘成桐高度称赞:"华罗庚先生是难以比拟的天才."按丘成桐的看法,华罗庚是三个对当代世界数学潮流有影响的中国数学家之一.另外两个是陈省身和冯康.

本章参考答案

第 2 章　导数及其应用

知识概要

基本概念:导数、左右导数、切线与法线方程、高阶导数、隐函数、参数方程、微分、未定型、极值点、可能极值点、极值、最值、凹凸区间、拐点、渐近线.

基本公式:导数公式、求导法则、微分公式、微分法则、微分近似计算公式.

基本定理:洛必达法则、罗尔定理、拉格朗日中值定理、函数单调性的判定定理,极值的必要条件、极值判定的第一和第二充分条件.

基本方法:利用导数定义求导数、利用导数公式和求导法则求导数、利用复合函数求导法则求导数、隐函数微分法、对数求导法、参数方程微分法、利用微分运算法则求微分、用洛必达法则求未定型的极限、函数单调性和极值的判定方法、闭区间上连续函数最值的计算方法、实际问题最值的计算方法、曲线凹凸性和拐点的判定方法、渐近线的计算方法、曲线图形的描绘方法.

§2.1　导数的概念

学习目标

1. 掌握导数的概念,会利用导数的定义求函数在一点处的导数;
2. 理解导数的几何意义,会求曲线上一点处的切线方程和法线方程;
3. 理解导数与左右导数的关系,可导与连续的关系.

学习重点

1. 导数的概念及几何意义;
2. 导数与左右导数的关系,可导与连续的关系;
3. 切线方程和法线方程.

学习难点

1. 利用导数的定义求函数在某一点处的导数;

2. 导数与左右导数的关系,可导与连续的关系.

一、导数的概念

导数的概念

1. 导数的定义

定义 1 设函数 $y=f(x)$ 在点 x_0 的某一邻域内有定义,当自变量 x 在点 x_0 处有增量 Δx 时,相应地函数有增量 $\Delta y=f(x_0+\Delta x)-f(x_0)$,若极限

$$\lim_{\Delta x\to 0}\frac{\Delta y}{\Delta x}=\lim_{\Delta x\to 0}\frac{f(x_0+\Delta x)-f(x_0)}{\Delta x}$$

存在,则称函数 $f(x)$ 在点 x_0 处**可导**,并称此极限值为函数 $f(x)$ 在点 x_0 处的**导数**,记为 $f'(x_0)$,也可记为 $y'|_{x=x_0}$,$\left.\frac{\mathrm{d}y}{\mathrm{d}x}\right|_{x=x_0}$ 或 $\left.\frac{\mathrm{d}f(x)}{\mathrm{d}x}\right|_{x=x_0}$ 即

$$f'(x_0)=\lim_{\Delta x\to 0}\frac{\Delta y}{\Delta x}=\lim_{\Delta x\to 0}\frac{f(x_0+\Delta x)-f(x_0)}{\Delta x}.$$

若极限不存在,则称 $y=f(x)$ 在点 x_0 处**不可导**.

若固定 x_0,令 $x_0+\Delta x=x$,则当 $\Delta x\to 0$ 时,有 $x\to x_0$,所以函数 $f(x)$ 在点 x_0 处的导数 $f'(x_0)$ 也可表示为

$$f'(x_0)=\lim_{x\to x_0}\frac{f(x)-f(x_0)}{x-x_0}.$$

例 1 利用导数定义计算函数 $y=x^2$ 在 $x=1$ 处的导数.

解 由导数的定义可知

$$y'|_{x=1}=\lim_{\Delta x\to 0}\frac{\Delta y}{\Delta x}=\lim_{\Delta x\to 0}\frac{f(1+\Delta x)-f(1)}{\Delta x}=\lim_{\Delta x\to 0}\frac{(1+\Delta x)^2-1^2}{\Delta x}$$

$$=\lim_{\Delta x\to 0}\frac{2\Delta x+(\Delta x)^2}{\Delta x}=\lim_{\Delta x\to 0}(2+\Delta x)=2.$$

2. 左、右导数

左、右导数

函数 $f(x)$ 在点 x_0 处的**左导数**

$$f'_-(x_0)=\lim_{\Delta x\to 0^-}\frac{\Delta y}{\Delta x}=\lim_{\Delta x\to 0^-}\frac{f(x_0+\Delta x)-f(x_0)}{\Delta x}.$$

函数 $f(x)$ 在点 x_0 处的**右导数**

$$f'_+(x_0)=\lim_{\Delta x\to 0^+}\frac{\Delta y}{\Delta x}=\lim_{\Delta x\to 0^+}\frac{f(x_0+\Delta x)-f(x_0)}{\Delta x}.$$

定理 1 若函数 $y=f(x)$ 在点 x_0 及其附近有定义,则 $f'(x_0)=A$ 的充分必要条件是 $f'_-(x_0)=f'_+(x_0)=A$.

说明： 函数 $f(x)$ 在点 x_0 处可导的充分必要条件是 $f(x)$ 在点 x_0 处的左导数和右导数都存在且相等.

例 2　若函数 $f(x)=\begin{cases} x, & x\geqslant 0 \\ -x, & x<0 \end{cases}$，计算 $f'_-(0)$，$f'(0)$ 和 $f'_+(0)$.

解　根据左右导数的定义可得：

左导数为 $f'_-(0)=\lim\limits_{\Delta x\to 0^-}\dfrac{\Delta y}{\Delta x}=\lim\limits_{\Delta x\to 0^-}\dfrac{f(0+\Delta x)-f(0)}{\Delta x}=\lim\limits_{\Delta x\to 0^-}\dfrac{-\Delta x}{\Delta x}=-1$.

右导数为 $f'_+(0)=\lim\limits_{\Delta x\to 0^+}\dfrac{\Delta y}{\Delta x}=\lim\limits_{\Delta x\to 0^+}\dfrac{f(0+\Delta x)-f(0)}{\Delta x}=\lim\limits_{\Delta x\to 0^+}\dfrac{\Delta x}{\Delta x}=1$.

因为 $f'_-(0)\neq f'_+(0)$，所以 $f'(0)$ 不存在.

3. 导函数

若函数 $y=f(x)$ 在区间 D 上每一点处都可导，则对区间 D 内每一个 x，都有 $f(x)$ 的一个导数值 $f'(x)$ 与之对应. 这样就得到一个定义在 D 上的函数，称为函数 $y=f(x)$ 的**导函数**，记作 $f'(x)$，y'，$\dfrac{\mathrm{d}y}{\mathrm{d}x}$ 或 $\dfrac{\mathrm{d}f(x)}{\mathrm{d}x}$，即

$$f'(x)=\lim_{\Delta x\to 0}\frac{\Delta y}{\Delta x}=\lim_{\Delta x\to 0}\frac{f(x+\Delta x)-f(x)}{\Delta x}$$

说明： 函数在点 x_0 的导数就是导函数在点 x_0 的函数值. 导数值是一个确定的数，与所给函数以及 x_0 的值有关，与 Δx 无关. 今后在不发生混淆的情况下，我们指的导数其实就是导函数.

例 3　求函数 $y=C$（C 为常数）的导数.

解　$y'=\lim\limits_{\Delta x\to 0}\dfrac{\Delta y}{\Delta x}=\lim\limits_{\Delta x\to 0}\dfrac{f(x+\Delta x)-f(x)}{\Delta x}=\lim\limits_{\Delta x\to 0}\dfrac{C-C}{\Delta x}=0$，

即 $C'=0$.

例 4　求函数 $y=x^n$（$n\in\mathbf{N}^*$）的导数.

解　$y'=\lim\limits_{\Delta x\to 0}\dfrac{f(x+\Delta x)-f(x)}{\Delta x}=\lim\limits_{\Delta x\to 0}\dfrac{(x+\Delta x)^n-x^n}{\Delta x}$

$$=\lim_{\Delta x\to 0}\frac{\mathrm{C}_n^1x^{n-1}\Delta x+\mathrm{C}_n^2x^{n-2}(\Delta x)^2+\cdots+(\Delta x)^n}{\Delta x}=nx^{n-1},$$

即 $(x^n)'=nx^{n-1}$. 一般的，对于幂函数 $y=x^\mu$（$\mu\in\mathbf{R}$ 且 $x\neq 0$），有 $(x^\mu)'=\mu x^{\mu-1}$（常数 $\mu\in\mathbf{R}$）.

例 5　求函数 $y=\sin x$ 的导数.

解　$y'=\lim\limits_{\Delta x\to 0}\dfrac{\Delta y}{\Delta x}=\lim\limits_{\Delta x\to 0}\dfrac{f(x+\Delta x)-f(x)}{\Delta x}=\lim\limits_{\Delta x\to 0}\dfrac{\sin(x+\Delta x)-\sin x}{\Delta x}$

$$=\lim_{\Delta x\to 0}\frac{2\cos\left(x+\dfrac{\Delta x}{2}\right)\sin\dfrac{\Delta x}{2}}{\Delta x}=\lim_{\Delta x\to 0}\cos\left(x+\frac{\Delta x}{2}\right)\cdot\lim_{\Delta x\to 0}\frac{\sin\dfrac{\Delta x}{2}}{\dfrac{\Delta x}{2}}=\cos x.$$

类似地可得，$(\cos x)'=-\sin x$.

例 6 求函数 $y=a^x(a>0$ 且 $a\neq1)$的导数.

解 $$y'=\lim_{\Delta x\to0}\frac{\Delta y}{\Delta x}=\lim_{\Delta x\to0}\frac{f(x+\Delta x)-f(x)}{\Delta x}$$

$$=\lim_{\Delta x\to0}\frac{a^{x+\Delta x}-a^x}{\Delta x}=a^x\lim_{\Delta x\to0}\frac{a^{\Delta x}-1}{\Delta x}=a^x\ln a.$$

其中极限$\lim\limits_{\Delta x\to0}\dfrac{a^{\Delta x}-1}{\Delta x}$用等价无穷小替换计算：

$$\lim_{\Delta x\to0}\frac{a^{\Delta x}-1}{\Delta x}=\lim_{\Delta x\to0}\frac{\mathrm{e}^{\Delta x\ln a}-1}{\Delta x}=\lim_{\Delta x\to0}\frac{\Delta x\ln a}{\Delta x}=\ln a.$$

特别地，当 $a=\mathrm{e}$ 时，有$(\mathrm{e}^x)'=\mathrm{e}^x$.

例 7 求函数 $y=\log_a x(a>0$ 且 $a\neq1)$的导数.

解 $$y'=\lim_{\Delta x\to0}\frac{\Delta y}{\Delta x}=\lim_{\Delta x\to0}\frac{f(x+\Delta x)-f(x)}{\Delta x}$$

$$=\lim_{\Delta x\to0}\frac{\log_a(x+\Delta x)-\log_a x}{\Delta x}=\lim_{\Delta x\to0}\frac{\log_a\left(\dfrac{x+\Delta x}{x}\right)}{\Delta x}=\lim_{\Delta x\to0}\frac{\log_a\left(1+\dfrac{\Delta x}{x}\right)}{\Delta x}$$

$$=\lim_{\Delta x\to0}\frac{1}{\Delta x}\log_a\left(1+\frac{\Delta x}{x}\right)=\lim_{\Delta x\to0}\log_a\left(1+\frac{\Delta x}{x}\right)^{\frac{1}{\Delta x}}=\lim_{\Delta x\to0}\left[\log_a\left(1+\frac{\Delta x}{x}\right)^{\frac{x}{\Delta x}}\right]^{\frac{1}{x}}$$

$$=\lim_{\Delta x\to0}\frac{1}{x}\log_a\left(1+\frac{\Delta x}{x}\right)^{\frac{x}{\Delta x}}=\frac{1}{x}\lim_{\Delta x\to0}\log_a\left(1+\frac{\Delta x}{x}\right)^{\frac{x}{\Delta x}}=\frac{1}{x}\log_a\lim_{\Delta x\to0}\left(1+\frac{\Delta x}{x}\right)^{\frac{x}{\Delta x}}$$

$$=\frac{1}{x}\log_a\mathrm{e}=\frac{1}{x\ln a}.$$

特别地，当 $a=\mathrm{e}$ 时，有$(\ln x)'=\dfrac{1}{x}$.

二、导数的几何意义

根据导数的定义，可导函数在某一点处的导数值就是函数曲线在该点处的切线斜率，即 $f'(x_0)=k$. 如图 2-1 所示，导数 $f'(x_0)$表示切线 MT 的斜率.

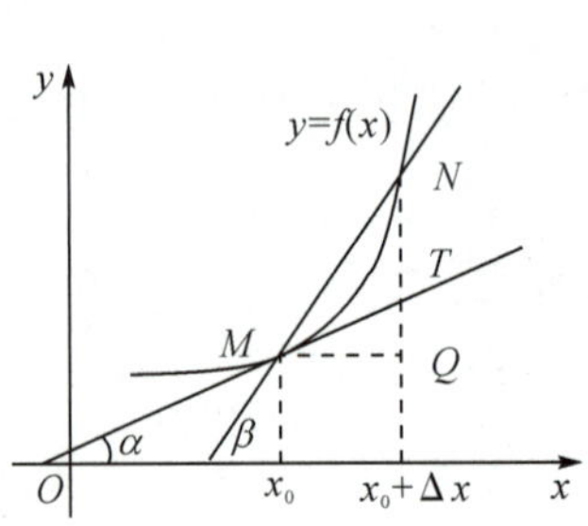

图 2-1

导数的几何意义

于是可得，曲线 $y=f(x)$ 在点 (x_0,y_0) 的**切线方程**为

$$y-y_0=f'(x_0)(x-x_0).$$

曲线 $y=f(x)$ 在点 (x_0,y_0) 的**法线方程**为

$$y-y_0=-\frac{1}{f'(x_0)}(x-x_0).$$

特殊情况：若 $f'(x_0)=0$，则切线方程为 $y=y_0$，法线方程为 $x=x_0$；

若 $f'(x_0)=\infty$，则切线方程为 $x=x_0$，法线方程为 $y=y_0$.

例 8　求抛物线 $y=x^3$ 在点(1,1)处的切线方程和法线方程.

解　因为 $y'=(x^3)'=3x^2$，根据导数的几何意义可知，曲线 $y=x^3$ 在点(1,1)处的切线斜率为 $k=y'\big|_{x=1}=3x^2\big|_{x=1}=3$.

所以，切线方程为 $y-1=3(x-1)$，即 $y=3x-2$.

法线方程为 $y-1=-\frac{1}{3}(x-1)$，即 $y=-\frac{1}{3}x+\frac{4}{3}$.

三、可导与连续的关系

可导与连续的关系

设函数 $y=f(x)$ 在点 x 处可导，则有 $\lim\limits_{\Delta x\to 0}\frac{\Delta y}{\Delta x}=f'(x)$，根据函数的极限与无穷小的关系，可得 $\frac{\Delta y}{\Delta x}=f'(x)+\alpha(\Delta x)$. 其中 $\alpha(\Delta x)$ 是 $\Delta x\to 0$ 的无穷小，两端各乘以 Δx，即得 $\Delta y=f'(x)\Delta x+\alpha(\Delta x)\Delta x$，由此可见 $\lim\limits_{\Delta x\to 0}\Delta y=0$.

这就是说 $y=f(x)$ 在点 x 处连续. 也即，如果函数 $y=f(x)$ 在 x 处可导，那么在 x 处必连续.

但反过来不一定成立，即在 x 处连续的函数未必在 x 处可导. 例如，前面我们讨论的函数 $f(x)=\begin{cases}x, & x\geqslant 0\\ -x, & x<0\end{cases}$，显然在 $x=0$ 处连续，但是在该点不可导. 所以函数连续是可导的必要条件而不是充分条件.

▶▶▶▶ 习题 2.1 ◀◀◀◀

1. 若函数 $f(x)=2x^2$，利用导数的定义计算 $f'(-1)$.

2. 若函数 $f(x)=\sqrt{x}-1$，利用导数的定义计算 $f'(2)$.

3. 计算曲线 $y=3x^2+1$ 在点 $x=1$ 处的切线方程和法线方程.

4. 计算曲线 $y=\sin x$ 上点 $\left(\frac{\pi}{4},\frac{\sqrt{2}}{2}\right)$ 处的切线方程和法线方程.

5. 若函数 $f(x)=\begin{cases} x^4, & x\geqslant 0 \\ -2x, & x<0 \end{cases}$,计算 $f'_+(0)$ 和 $f'_-(0)$,并讨论 $f'(0)$ 是否存在.

§2.2 导数的运算法则及基本公式

学习目标

1. 掌握导数的四则运算法则;
2. 熟记导数的基本公式;
3. 会利用导数的四则运算法则和基本公式计算函数的导数.

学习重点

1. 导数的四则运算法则;
2. 导数的基本公式.

学习难点

利用导数的四则运算法则和基本公式计算函数的导数.

一、导数的四则运算法则

若函数 $u=u(x)$ 和 $v=v(x)$ 在点 x 处可导,则其和、差、积、商在点 x 处也可导,且有如下四则运算法则:

导数的四则运算法则

法则 1　和差的求导法则 $(u\pm v)'=u'\pm v'$

法则 2　乘积的求导法则 $(uv)'=u'v+uv'$

特别地,令 $v=C$ 可得 $(Cu)'=Cu'$ (C 为常数)

法则 3　商的求导法则 $\left(\dfrac{u}{v}\right)'=\dfrac{u'v-uv'}{v^2}(v\neq 0)$

注意:法则 1 和法则 2 可以推广到有限多个可导函数的情形. 例如

$$(u+v-w)'=u'+v'-w'$$

$$(uvw)'=u'vw+uv'w+uvw'$$

值得注意的是,在法则 3 中,若 $u(x)=1$,可得 $\left(\dfrac{1}{v}\right)'=-\dfrac{v'}{v^2}$.

二、导数的基本公式

导数的基本公式

常数和基本初等函数的导数公式：

(1) $(C)'=0$ （常数 $C\in\mathbf{R}$）

(2) $(x^{\mu})'=\mu x^{\mu-1}$ （$\mu\in\mathbf{R}$ 且 $x\neq 0$）

(3) $(a^{x})'=a^{x}\ln a$ （$a>0$ 且 $a\neq 1$）

(4) $(\mathrm{e}^{x})'=\mathrm{e}^{x}$

(5) $(\log_{a}x)'=\dfrac{1}{x\ln a}$ （$a>0$ 且 $a\neq 1, x>0$）

(6) $(\ln x)'=\dfrac{1}{x}$

(7) $(\sin x)'=\cos x$

(8) $(\cos x)'=-\sin x$

(9) $(\tan x)'=\sec^{2}x$ $\left(x\neq k\pi+\dfrac{\pi}{2}, k\in\mathbf{Z}\right)$

(10) $(\cot x)'=-\csc^{2}x$ （$x\neq k\pi, k\in\mathbf{Z}$）

(11) $(\sec x)'=\sec x\tan x$ $\left(x\neq k\pi+\dfrac{\pi}{2}, k\in\mathbf{Z}\right)$

(12) $(\csc x)'=-\csc x\cot x$ （$x\neq k\pi, k\in\mathbf{Z}$）

(13) $(\arcsin x)'=\dfrac{1}{\sqrt{1-x^{2}}}$ （$-1<x<1$）

(14) $(\arccos x)'=-\dfrac{1}{\sqrt{1-x^{2}}}$ （$-1<x<1$）

(15) $(\arctan x)'=\dfrac{1}{1+x^{2}}$

(16) $(\mathrm{arccot}\,x)'=-\dfrac{1}{1+x^{2}}$

例 1　设函数 $y=3x^{5}-6x^{2}+7x-4$，求 y'.

解　$y'=(3x^{5})'-(6x^{2})'+(7x)'-(4)'$

$=15x^{4}-12x+7.$

例 2　设函数 $y=\dfrac{2}{x}+4\sqrt[3]{x}-\ln 2$，求 y'.

解　$y'=\left(\dfrac{2}{x}\right)'+(4\sqrt[3]{x})'-(\ln 2)'$

$=-\dfrac{2}{x^{2}}+\dfrac{4}{3\sqrt[3]{x^{2}}}.$

例 3 设函数 $y=\sqrt{x}\cos x$，求 y'.

解 $y'=(\sqrt{x})'\cos x+\sqrt{x}(\cos x)'$

$=\dfrac{\cos x}{2\sqrt{x}}-\sqrt{x}\sin x.$

例 4 设函数 $y=x^2\ln x\sin x$，求 y'.

解 $y'=(x^2)'\ln x\sin x+x^2(\ln x)'\sin x+x^2\ln x(\sin x)'$

$=2x\ln x\sin x+x\sin x+x^2\ln x\cos x.$

例 5 设函数 $y=\dfrac{x-3}{x+2}$，求 y'.

解 $y'=\dfrac{(x-3)'(x+2)-(x-3)(x+2)'}{(x+2)^2}=\dfrac{5}{(x+2)^2}.$

例 6 设函数 $y=\tan x$，求 y'.

解 $y'=(\tan x)'=\left(\dfrac{\sin x}{\cos x}\right)'=\dfrac{(\sin x)'\cos x-\sin x(\cos x)'}{\cos^2 x}$

$=\dfrac{\cos^2 x+\sin^2 x}{\cos^2 x}=\dfrac{1}{\cos^2 x}=\sec^2 x.$

即 $(\tan x)'=\sec^2 x$.

类似地可得，$(\cot x)'=-\csc^2 x$.

例 7 设函数 $y=\sec x$，求 y'.

解 $y'=(\sec x)'=\left(\dfrac{1}{\cos x}\right)'=-\dfrac{(\cos x)'}{\cos^2 x}=-\dfrac{-\sin x}{\cos^2 x}=\dfrac{1}{\cos x}\cdot\dfrac{\sin x}{\cos x}=\sec x\tan x.$

即 $(\sec x)'=\sec x\tan x$.

类似地可得，$(\csc x)'=-\csc x\cot x$.

▶▶▶▶ 习题 2.2 ◀◀◀◀

1. 求函数 $y=3^x-5x^2+\ln 3$ 的导数.

2. 求函数 $y=\dfrac{1}{x^3}+\dfrac{5}{x}-3\sqrt{x}$ 的导数.

3. 求函数 $y=\sqrt{x}\arctan x$ 的导数.

4. 求函数 $y=4e^x\ln x$ 的导数.

5. 求函数 $y=\dfrac{3+x}{1-x}$ 的导数.

6. 求函数 $y=x^3\ln x\tan x$ 的导数.

§2.3　复合函数的求导法则及高阶导数

学习目标

1. 掌握复合函数的求导法则；
2. 理解高阶导数的概念，会计算高阶导数.

学习重点

1. 复合函数的求导法则；
2. 高阶导数的计算.

学习难点

复合函数的求导法则.

复合函数的求导法则

一、复合函数的求导法则

设函数 $u=\varphi(x)$ 在点 x 处可导，而 $y=f(u)$ 在点 $u=\varphi(x)$ 处可导，则复合函数 $y=f(\varphi(x))$ 在点 x 处也可导，且 $\frac{\mathrm{d}y}{\mathrm{d}x}=\frac{\mathrm{d}y}{\mathrm{d}u}\cdot\frac{\mathrm{d}u}{\mathrm{d}x}$，也可以简单表示为

$$y'=y'_u\cdot u'_x \text{ 或 } y'=f'(u)\cdot\varphi'(x)$$

其中 y' 省略右下标，默认是关于 x 求导.

例 1　求函数 $y=(2x+1)^5$ 的导数.

解　函数 $y=(2x+1)^5$ 可以看作由函数 $y=u^5$ 与 $u=2x+1$ 复合而成，因此 $y'=y'_u\cdot u'_x=(u^5)'\cdot(2x+1)'=5u^4\times 2=10u^4=10(2x+1)^4$.

例 2　求函数 $y=\sin\sqrt{x}$ 的导数.

解　函数 $y=\sin\sqrt{x}$ 可以看作由函数 $y=\sin u$ 与 $u=\sqrt{x}$ 复合而成，因此 $y'=y'_u\cdot u'_x=(\sin u)'\cdot(\sqrt{x})'=\cos u\,\frac{1}{2\sqrt{x}}=\frac{\cos\sqrt{x}}{2\sqrt{x}}$.

注意：熟练后不必对复合函数进行分解，直接由外向内逐层求导即可.

例 3　求函数 $y=\tan\sqrt{1-x}$ 的导数.

解　$y'=\sec^2\sqrt{1-x}\cdot(\sqrt{1-x})'$

$$=\sec^2\sqrt{1-x}\cdot\frac{1}{2\sqrt{1-x}}\cdot(1-x)'$$

$$=-\frac{\sec^2\sqrt{1-x}}{2\sqrt{1-x}}.$$

例 4 求函数 $y=4\cos^2\left(2x-\frac{\pi}{4}\right)$的导数.

解 $y'=8\cos\left(2x-\frac{\pi}{4}\right)\cdot\left[\cos\left(2x-\frac{\pi}{4}\right)\right]'$

$$=8\cos\left(2x-\frac{\pi}{4}\right)\cdot\left[-\sin\left(2x-\frac{\pi}{4}\right)\right]\cdot\left(2x-\frac{\pi}{4}\right)'$$

$$=-8\sin\left(4x-\frac{\pi}{2}\right)$$

$$=8\cos 4x.$$

例 5 求函数 $y=\ln(x+\sqrt{a^2+x^2})$的导数.

解 $y'=\frac{1}{x+\sqrt{a^2+x^2}}\cdot(x+\sqrt{a^2+x^2})'$

$$=\frac{1}{x+\sqrt{a^2+x^2}}\cdot\left[1+\frac{1}{2\sqrt{a^2+x^2}}\cdot(a^2+x^2)'\right]$$

$$=\frac{1}{x+\sqrt{a^2+x^2}}\cdot\left(1+\frac{x}{\sqrt{a^2+x^2}}\right)$$

$$=\frac{1}{\sqrt{a^2+x^2}}.$$

例 6 求函数 $y=\sec^2 4x-\arcsin\frac{1}{x}$的导数.

解 $y'=(\sec^2 4x)'-\left(\arcsin\frac{1}{x}\right)'$

$$=2\sec 4x\cdot(\sec 4x)'-\frac{1}{\sqrt{1-\left(\frac{1}{x}\right)^2}}\cdot\left(\frac{1}{x}\right)'$$

$$=2\sec 4x\cdot(\sec 4x\cdot\tan 4x)\cdot(4x)'-\frac{1}{\sqrt{1-\frac{1}{x^2}}}\cdot\left(-\frac{1}{x^2}\right)$$

$$=8\sec^2 4x\tan 4x+\frac{1}{\sqrt{x^4-x^2}}.$$

二、高阶导数

高阶导数

定义 如果函数 $y=f(x)$的导数 $y'=f'(x)$仍是 x 的可导函数,就称 $y'=f'(x)$的导数为函数 $y=f(x)$的**二阶导数**,记作y'',$f''(x)$,$\frac{d^2y}{dx^2}$,或$\frac{d^2f(x)}{dx^2}$.

即　$y''=(y')'=f''(x)$，$\dfrac{d^2y}{dx^2}=\dfrac{d}{dx}\left(\dfrac{dy}{dx}\right)$或$\dfrac{d^2f(x)}{dx^2}=\dfrac{d}{dx}\left(\dfrac{df(x)}{dx}\right)$.

类似地，二阶导数的导数叫作**三阶导数**，三阶导数的导数叫作**四阶导数**，……，一般地，函数 $f(x)$的 $n-1$ 阶导数的导数叫作 ***n* 阶导数**.

分别记作 y'''，$y^{(4)}$，…，$y^{(n)}$，$f'''(x)$，$f^{(4)}(x)$，…，$f^{(n)}(x)$，$\dfrac{d^3y}{dx^3}$，$\dfrac{d^4y}{dx^4}$，…，$\dfrac{d^ny}{dx^n}$或$\dfrac{d^3f(x)}{dx^3}$，$\dfrac{d^4f(x)}{dx^4}$，…，$\dfrac{d^nf(x)}{dx^n}$.

且有 $y^{(n)}=[y^{(n-1)}]'=[f^{(n-1)}(x)]'$，$\dfrac{d^ny}{dx^n}=\dfrac{d}{dx}\left(\dfrac{d^{(n-1)}y}{dx^{n-1}}\right)$或$\dfrac{d^nf(x)}{dx^n}=\dfrac{d}{dx}\left(\dfrac{d^{(n-1)}f(x)}{dx^{n-1}}\right)$.

二阶及二阶以上的导数统称为**高阶导数**. 显然，求高阶导数并不需要新的方法，只要逐阶求导，直到所要求的阶数即可，所以仍可用前面学过的求导方法来计算高阶导数.

例 7　求函数 $y=3x^2+\ln x$ 的二阶导数.

解　$y'=(3x^2)'+(\ln x)'=6x+\dfrac{1}{x}$，

$y''=(6x)'+\left(\dfrac{1}{x}\right)'=6-\dfrac{1}{x^2}$.

例 8　求函数 $y=e^{-x}\sin x$ 的二阶及三阶导数.

解　$y'=-e^{-x}\sin x+e^{-x}\cos x=-e^{-x}(\sin x-\cos x)$

$y''=e^{-x}(\sin x-\cos x)-e^{-x}(\cos x+\sin x)=-2e^{-x}\cos x$

$y'''=2e^{-x}\cos x+2e^{-x}\sin x=2e^{-x}(\cos x+\sin x)$.

例 9　求函数 $y=\sin x$ 的 n 阶导数.

解　$y'=\cos x=\sin\left(x+\dfrac{\pi}{2}\right)$，

$y''=-\sin x=\sin\left(x+\dfrac{2\pi}{2}\right)$，

$y'''=-\cos x=\sin\left(x+\dfrac{3\pi}{2}\right)$，

……

$y^{(n)}=\sin\left(x+\dfrac{n\pi}{2}\right)$.

用类似的方法可得$(\cos x)^{(n)}=\cos\left(x+\dfrac{n\pi}{2}\right)$.

例 10　求函数 $y=\dfrac{1}{x+1}$的 n 阶导数.

解　$y=\dfrac{1}{x+1}=(x+1)^{-1}$，

$y'=-(x+1)^{-2}=-\dfrac{1}{(x+1)^2}$，

$$y''=2(x+1)^{-3}=(-1)^2\frac{2!}{(x+1)^3},$$

$$y'''=-6(x+1)^{-4}=(-1)^3\frac{3!}{(x+1)^4},$$

……

$$y^{(n)}=(-1)^n\frac{n!}{(x+1)^{n+1}}.$$

习题 2.3

1. 求下列函数的导数：

(1) $y=(2x-3)^5$；

(2) $y=\cos(4-3x)$；

(3) $y=e^{-4x^3}$；

(4) $y=\ln(3+x^2)$；

(5) $y=\sin^4 x$；

(6) $y=\sqrt{1-x^2}$；

(7) $y=\arctan\frac{1}{x}$；

(8) $y=\ln\tan\frac{x}{2}$.

2. 求下列函数的二阶导数：

(1) $y=4x^3-2\ln x$；

(2) $y=x\sin x$.

3. 设函数 $f(x)=\frac{x^2}{x+1}$，求 $f''(x)$ 及 $f''(0)$.

4. 求下列函数的 n 阶导数：

(1) $y=\sin 3x$；

(2) $y=\ln(x-1)$.

* §2.4 隐函数及参数方程确定的函数的求导法则

学习目标

1. 掌握隐函数的求导法则；
2. 掌握对数求导法；
3. 掌握反函数的求导法则；
4. 掌握参数方程的求导法则.

学习重点

1. 隐函数的求导法则；
2. 参数方程的求导法则.

学习难点

1. 对数求导法；

2. 反函数的求导法则.

一、隐函数的求导法则

隐函数的求导法则

1. 隐函数的定义

定义 1　如果变量 x，y 之间的对应规律，是把 y 直接表示成关于 x 的解析式，即 $y=f(x)$ 的形式，这样的函数称为**显函数**.

如果能从方程 $F(x,y)=0$ 确定 y 为 x 的函数 $y=f(x)$，则称 $y=f(x)$ 为由方程 $F(x,y)=0$ 所确定的**隐函数**.

2. 隐函数的求导法则

设 $y=f(x)$ 是由方程 $F(x,y)=0$ 所确定的隐函数，对方程 $F(x,y)=0$ 两边分别关于 x 求导. 求导过程中，因为 y 是一个关于 x 的函数，所以视 y 为中间变量，运用复合函数求导法可得 y'.

例 1　求由方程 $4x^2+y^3-\sin y=0$ 所确定的隐函数的导数.

解　方程两边同时对 x 求导. 注意方程中的 y 是 x 的函数，所以 y^3 和 $\sin y$ 都是 x 的复合函数，于是得

$$8x+3y^2y'-\cos y\cdot y'=0,$$

所以

$$y'=\frac{8x}{\cos y-3y^2}.$$

例 2　求由方程 $xy-2e^x+2e^y=0$ 所确定的隐函数在 $x=0$ 处的导数.

解　方程两边同时对 x 求导，可得

$$y+xy'-2e^x+2e^yy'=0,$$

即

$$y'=\frac{2e^x-y}{x+2e^y}$$

因为，当 $x=0$ 时，$y=0$.

所以，该函数在 $x=0$ 处的导数为 $y'|_{x=0}=\dfrac{2e^0-0}{0+2e^0}=1$.

例 3　求椭圆 $\dfrac{x^2}{9}+\dfrac{y^2}{4}=1$ 在点 $\left(\dfrac{3\sqrt{3}}{2},1\right)$ 处的切线方程.

解　方程两边同时对 x 求导，可得 $\dfrac{2}{9}x+\dfrac{2}{4}yy'=0$，于是 $y'=-\dfrac{4x}{9y}$，

由导数的几何意义可知，切线斜率为 $k=y'|_{\left(\frac{3\sqrt{3}}{2},1\right)}=-\dfrac{2\sqrt{3}}{3}$，

所以切线方程为 $y-1=-\frac{2\sqrt{3}}{3}\left(x-\frac{3\sqrt{3}}{2}\right)$，

即
$$y=-\frac{2\sqrt{3}}{3}x+4.$$

二、对数求导法

对数求导法

我们把形如 $y=[u(x)]^{v(x)}\ (u(x)>0)$ 的函数称为**幂指函数**，其中 $u(x)$，$v(x)$ 为可导函数.

幂指函数虽然是显函数，但不易直接求导，我们常采用**对数求导法**，即先对等式两边取对数，然后在方程两边分别对 x 求导，运用隐函数求导法可得 y'（这种方法还通常用于积、商等形式复杂函数的求导）.

例 4 设函数 $y=\sqrt[3]{\frac{(3x+2)^2(x+4)}{(x+1)(1-2x)}}$，求 y'.

解 先在等式两边取对数，得

$$\ln y=\frac{2}{3}\ln(3x+2)+\frac{1}{3}\ln(x+4)-\frac{1}{3}\ln(x+1)-\frac{1}{3}\ln(1-2x),$$

两边对 x 求导，得 $\frac{1}{y}y'=\frac{2}{3x+2}+\frac{1}{3(x+4)}-\frac{1}{3(x+1)}+\frac{2}{3(1-2x)}$，

所以
$$y'=y\left[\frac{2}{3x+2}+\frac{1}{3(x+4)}-\frac{1}{3(x+1)}+\frac{2}{3(1-2x)}\right]$$
$$=\sqrt[3]{\frac{(3x+2)^2(x+4)}{(x+1)(1-2x)}}\left[\frac{2}{3x+2}+\frac{1}{3(x+4)}-\frac{1}{3(x+1)}+\frac{2}{3(1-2x)}\right].$$

例 5 设函数 $y=x^{\sin x}\ (x>0)$，求 y'.

解 先在等式两边取对数，得 $\ln y=\sin x\ln x$，

两边对 x 求导，得 $\frac{1}{y}y'=\cos x\ln x+\frac{\sin x}{x}$，

所以 $y'=y\left(\cos x\ln x+\frac{\sin x}{x}\right)=x^{\sin x}\left(\cos x\ln x+\frac{\sin x}{x}\right)$.

反函数的求导法则

三、反函数的求导法则

如果函数 $x=f(y)$ 在区间 D_y 内单调、可导，且 $f'(y)\neq0$，则它的反函数 $y=f^{-1}(x)$ 在区间 $D_x=\{x\mid x=f(y),y\in D_y\}$ 内也可导，且反函数的导数与直接函数的导数是互为倒数关系，即 $[f^{-1}(x)]'_x=\frac{1}{[f(y)]'_y}$，简单的表示形式为 $\frac{\mathrm{d}y}{\mathrm{d}x}=\frac{1}{\frac{\mathrm{d}x}{\mathrm{d}y}}$ 或 $y'_x=\frac{1}{x'_y}$，

即**反函数的导数**等于其原函数导数的倒数.

例 6　求函数 $y=a^x(a>0,a\neq1)$ 的导数.

解　因为 $y=a^x$ 是 $x=\log_a y$ 的反函数，且 $x=\log_a y$ 在 $(0,+\infty)$ 内单调、可导，又 $\frac{\mathrm{d}x}{\mathrm{d}y}=\frac{1}{y\ln a}\neq0$，所以 $y'=\frac{1}{\frac{\mathrm{d}x}{\mathrm{d}y}}=y\ln a=a^x\ln a$，即 $(a^x)'=a^x\ln a$.

特别地，有 $(\mathrm{e}^x)'=\mathrm{e}^x$.

例 7　求函数 $y=\arcsin x$ 的导数.

解　因为 $y=\arcsin x$ 是 $x=\sin y$ 的反函数，且 $x=\sin y$ 在区间 $\left(-\frac{\pi}{2},\frac{\pi}{2}\right)$ 内单调、可导，又 $\frac{\mathrm{d}x}{\mathrm{d}y}=\cos y>0$，所以

$$y'=\frac{1}{\frac{\mathrm{d}x}{\mathrm{d}y}}=\frac{1}{\cos y}=\frac{1}{\sqrt{1-\sin^2 y}}=\frac{1}{\sqrt{1-x^2}}，即 (\arcsin x)'=\frac{1}{\sqrt{1-x^2}}.$$

类似的方法可得：$(\arccos x)'=-\frac{1}{\sqrt{1-x^2}}$；

$$(\arctan x)'=\frac{1}{1+x^2}；$$

$$(\mathrm{arccot}\,x)'=-\frac{1}{1+x^2}.$$

例 8　若函数 $y=x^5+2x+1$，其反函数为 $x=\varphi(y)$，计算 $\left.\frac{\mathrm{d}x}{\mathrm{d}y}\right|_{y=1}$.

解　因为反函数的定义域是原函数的值域，所以当反函数 $x=\varphi(y)$ 中的 $y=1$ 时，在原函数 $y=x^5+2x+1$ 中的 $x=0$.

由 $y'=5x^4+2$ 可得，$y'|_{x=0}=2$，

所以 $\left.\frac{\mathrm{d}x}{\mathrm{d}y}\right|_{y=1}=\frac{1}{y'|_{x=0}}=\frac{1}{2}$.

四、由参数方程确定的函数的求导法则

参数方程的求导法则

设曲线的参数方程为 $\begin{cases}x=\varphi(t)\\y=\psi(t)\end{cases}$，当 $\varphi'(t)$，$\psi'(t)$ 都存在，且 $\varphi'(t)\neq0$ 时，则由参数方程所确定的函数 $y=f(x)$ 的导数为

$$y'=\frac{\mathrm{d}y}{\mathrm{d}x}=\frac{\frac{\mathrm{d}y}{\mathrm{d}t}}{\frac{\mathrm{d}x}{\mathrm{d}t}}=\frac{y'_t}{x'_t}.$$

例 9　求由参数方程 $\begin{cases}x=a(t-\sin t)\\y=a(1-\cos t)\end{cases}$ $(0<t<\pi)$ 所确定的函数 $y=f(x)$ 的导数 y'.

2. 微分的几何意义

设函数 $y=f(x)$ 的图形如图 2-2 所示，MP 是曲线上点 $M(x_0,y_0)$ 处的切线，设 MP 的倾角为 α，当自变量 x 有改变量 Δx 时，得到曲线上另一点 $N(x_0+\Delta x,y_0+\Delta y)$，从图 2-2 可知，

$$MQ=\Delta x, QN=\Delta y$$

则 $QP=MQ\cdot\tan\alpha=f'(x_0)\Delta x$,

即 $dy=QP$.

由此可知，微分 $dy=f'(x)\Delta x$，是当自变量 x 有改变量 Δx 时，曲线 $y=f(x)$ 在点 (x_0,y_0) 处的切线的纵坐标的改变量. 用 dy 近似代替 Δy 就是用点 $M(x_0,y_0)$ 处的切线纵坐标的改变量 QP 来近似代替曲线 $y=f(x)$ 的纵坐标的改变量 QN，并且有 $|\Delta y-dy|=PN$.

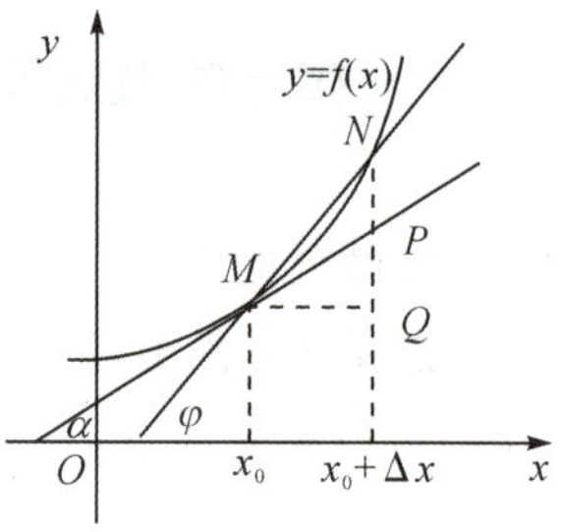

图 2-2

二、微分的运算法则

根据微分的定义 $dy=f'(x)dx$ 及导数的基本公式和运算法则，可直接推出微分的基本公式和运算法则.

1. 微分基本公式

(1) $d(C)=0(C\in\mathbf{R})$;

(2) $d(x^\mu)=\mu x^{\mu-1}dx(\mu\in\mathbf{R})$;

(3) $d(a^x)=a^x\ln a dx(a>0$ 且 $a\neq1)$;

(4) $d(e^x)=e^x dx$;

(5) $d(\log_a x)=\dfrac{1}{x\ln a}dx(a>0$ 且 $a\neq1)$;

(6) $d(\ln x)=\dfrac{1}{x}dx$;

(7) $d(\sin x)=\cos x dx$;

(8) $d(\cos x)=-\sin x dx$;

(9) $d(\tan x)=\sec^2 x dx$;

(10) $d(\cot x)=-\csc^2 x dx$;

(11) $d(\sec x)=\sec x\tan x dx$;

(12) $d(\csc x)=-\csc x\cot x dx$;

(13) $d(\arcsin x)=\dfrac{1}{\sqrt{1-x^2}}dx$;

(14) $d(\arccos x)=-\dfrac{1}{\sqrt{1-x^2}}dx$;

(15) $d(\arctan x)=\frac{1}{1+x^2}dx$；

(16) $d(\text{arccot}\, x)=-\frac{1}{1+x^2}dx$.

2. 函数的和、差、积、商的微分运算法则

设函数 $u=u(x)$，$v=v(x)$ 都是 x 的可微函数，则有

(1) $d(u\pm v)=du\pm dv$；

(2) $d(uv)=udv+vdu$；

特别地，$d(Cu)=Cdu$（C 为常数）；

(3) $d\left(\frac{u}{v}\right)=\frac{vdu-udv}{v^2}(v\neq 0)$.

微分的运算法则

3. 复合函数的微分法则

设 $y=f(u)$，$u=\varphi(x)$，则复合函数 $y=f[\varphi(x)]$ 的微分为

$$dy=y'_x dx=f'(u)\cdot\varphi'(x)dx=f'(u)du.$$

说明：复合函数的微分，最后得到的结果与 u 是自变量的形式相同，这表示对于函数 $y=f(u)$，不论 u 是自变量还是中间变量，y 的微分都有 $f'(u)du$ 的形式. 这个性质称为一阶微分形式的不变性.

例 4　在下列括号内填上适当的函数，使得等式成立.

(1) $\frac{1}{\sqrt{1-x^2}}dx=d(\quad)$；　　(2) $d(\quad)=(3x^2-4x+1)dx$.

解　(1) 因为 $(\arcsin x)'=\frac{1}{\sqrt{1-x^2}}$，所以 $\frac{1}{\sqrt{1-x^2}}dx=d(\arcsin x)$.

(2) 因为 $(x^3-2x^2+x)'=3x^2-4x+1$，

所以 $d(x^3-2x^2+x)=(3x^2-4x+1)dx$.

例 5　求函数 $y=\sin(1-3x^2)$ 的微分.

解法一　利用微分形式不变性：

$$dy=d[\sin(1-3x^2)]=\cos(1-3x^2)d(1-3x^2)=-6x\cos(1-3x^2)dx.$$

解法二　利用微分的定义：

$$dy=[\sin(1-3x^2)]'dx=\cos(1-3x^2)(1-3x^2)'dx=-6x\cos(1-3x^2)dx.$$

例 6　已知函数 $x^3-2xy+y^2=1$，求微分 $dy|_{x=1}$.

解　两边同时对 x 求导可得 $3x^2-2y-2xy'+2yy'=0$，即

$$y'=\frac{2y-3x^2}{2y-2x}.$$

所以

$$dy=\frac{2y-3x^2}{2y-2x}dx.$$

把 $x=1$ 代入原方程可得，$1-2y+y^2=1$，即 $y_1=0$，$y_2=2$. 因此有

$$dy\big|_{\substack{x=1\\y=0}}=\frac{3}{2}dx \text{ 和 } dy\big|_{\substack{x=1\\y=2}}=\frac{1}{2}dx.$$

三、微分在近似计算中的应用

设函数 $y=f(x)$ 在 x_0 处的导数 $f'(x_0)\neq 0$,且 $|\Delta x|$ 很小时,我们有近似公式

$$\Delta y=f(x_0+\Delta x)-f(x_0)\approx f'(x_0)\Delta x \tag{1}$$

或 $$f(x_0+\Delta x)\approx f(x_0)+f'(x_0)\Delta x \tag{2}$$

上式中令 $x_0+\Delta x=x$,则 $f(x)\approx f(x_0)+f'(x_0)(x-x_0)$ (3)

特别地,当 $x_0=0$,$|x|$ 很小时,有 $f(x)\approx f(0)+f'(0)x$ (4)

微分在近似计算中的应用

这里,式(1)可以用于求函数增量的近似值,而式(2),(3),(4)可用来求函数的近似值.应用式(4)可以推得一些常用的近似公式.

当 $|x|$ 很小时,有:

(1) $\sin x\approx x$; (2) $\tan x\approx x$; (3) $\arcsin x\approx x$;

(4) $\ln(1+x)\approx x$; (5) $e^x\approx 1+x$; (6) $\sqrt[n]{1+x}\approx 1+\frac{1}{n}x$.

例 7 计算 arctan0.99 的近似值.

解 设 $f(x)=\arctan x$,由近似公式(2)可得,

$$\arctan(x_0+\Delta x)\approx\arctan x_0+\frac{1}{1+x_0^2}\Delta x,$$

取 $x_0=1$,$\Delta x=-0.01$,则

$$\arctan 0.99=\arctan(1-0.01)\approx\arctan 1+\frac{1}{1+1^2}\times(-0.01)$$
$$=\frac{\pi}{4}-\frac{0.01}{2}\approx 0.78.$$

例 8 某球体的体积从 $36\pi\text{cm}^3$ 增加到 $37\pi\text{cm}^3$,试求其半径的改变量的近似值.

解 设球的半径为 r,则体积 $V=\frac{4}{3}\pi r^3$,

则 $r=\sqrt[3]{\frac{3V}{4\pi}}$, $\Delta r\approx dr=\sqrt[3]{\frac{3}{4\pi}}\frac{1}{3\sqrt[3]{V^2}}dV=\sqrt[3]{\frac{1}{36\pi}}\frac{1}{\sqrt[3]{V^2}}dV=\sqrt[3]{\frac{1}{36\pi V^2}}dV.$

取 $V=36\pi\text{cm}^3$, $\Delta V=37\pi-36\pi=\pi(\text{cm}^3)$.

所以 $\Delta r\approx dr=\sqrt[3]{\frac{1}{36\pi(36\pi)^2}}\pi=\frac{1}{36}\approx 0.028(\text{cm})$.

即半径约增加 0.028cm.

例 9 计算 $\sqrt[3]{28}$ 的近似值.

解 因为 $\sqrt[3]{28}=\sqrt[3]{27+1}=\sqrt[3]{27\left(1+\frac{1}{27}\right)}=3\sqrt[3]{1+\frac{1}{27}}$,

由近似公式 $\sqrt[n]{1+x}\approx 1+\frac{1}{n}x$ 得

$$\sqrt[3]{28}=3\sqrt[3]{1+\frac{1}{27}}\approx 3\left(1+\frac{1}{3}\times\frac{1}{27}\right)=3+\frac{1}{27}\approx 3.037.$$

▶▶▶▶ 习题 2.5 ◀◀◀◀

1. 求下列函数的微分.

(1) $y=4x^2-3\cos 5x$；　　(2) $y=e^x\sin x$；

(3) $y=\sqrt{2-3x^2}$；　　(4) $y=4\arctan\sqrt{x}$.

2. 在下列括号内填上适当的函数，使得等式成立.

(1) $\frac{1}{x}dx=d(\quad)$；　　(2) $\frac{2x}{1+x^2}dx=d(\quad)$；

(3) $d(\quad)=(6x^3+5x-4)dx$；　　(4) $d(\quad)=e^{4x}dx$.

3. 利用微分求下列各式的近似值.

(1) $\cos 29°$；　　(2) $\sqrt[3]{1.03}$.

§2.6 洛必达法则

学习目标

1. 了解 $\frac{0}{0}$ 型、$\frac{\infty}{\infty}$ 型及其他类型的未定式极限；

2. 熟练掌握洛必达法则及其使用条件.

学习重点

1. 利用洛必达法则求 $\frac{0}{0}$ 型和 $\frac{\infty}{\infty}$ 型未定式的极限；

2. 洛必达法则的使用条件.

学习难点

其他类型的未定式转化为 $\frac{0}{0}$ 型或 $\frac{\infty}{\infty}$ 型，再利用洛必达法则求极限.

我们把两个无穷小量之比或两个无穷大量之比的极限称为 $\frac{0}{0}$ 型或 $\frac{\infty}{\infty}$ 型**未定式**

(也称为$\frac{0}{0}$型或$\frac{\infty}{\infty}$型**未定型**)的极限,洛必达法则就是以导数为工具求未定式的极限方法.

定理(洛必达法则) 设函数 $f(x)$和 $g(x)$满足:

洛必达法则

(1)极限$\lim\limits_{x\to x_0}\frac{f(x)}{g(x)}$是$\frac{0}{0}$型或$\frac{\infty}{\infty}$型;

(2)在点 x_0 的附近(不含点 x_0),$f'(x)$,$g'(x)$都存在,且 $g'(x)\neq0$;

(3)极限$\lim\limits_{x\to x_0}\frac{f'(x)}{g'(x)}$存在(或为$\infty$);

则极限$\lim\limits_{x\to x_0}\frac{f(x)}{g(x)}$存在或为无穷大,且$\lim\limits_{x\to x_0}\frac{f(x)}{g(x)}=\lim\limits_{x\to x_0}\frac{f'(x)}{g'(x)}$.

注意:

(1)极限条件 $x\to x_0$,如果换成 $x\to x_0^+$,$x\to x_0^-$,$x\to+\infty$,$x\to-\infty$,$x\to\infty$,结论同样成立;

(2)若$\lim\limits_{x\to x_0}\frac{f'(x)}{g'(x)}$仍然是$\frac{0}{0}$型或$\frac{\infty}{\infty}$型,只要 $f'(x)$和 $g'(x)$满足定理条件,则洛必达法则可以继续使用,即$\lim\limits_{x\to x_0}\frac{f(x)}{g(x)}=\lim\limits_{x\to x_0}\frac{f'(x)}{g'(x)}=\lim\limits_{x\to x_0}\frac{f''(x)}{g''(x)}$. 以此类推,直到求出所要求的极限.

例 1 求极限$\lim\limits_{x\to1}\frac{x^3-1}{x-1}$.

解 此题属于$\frac{0}{0}$型,运用洛必达法则有

$$\lim_{x\to1}\frac{x^3-1}{x-1}=\lim_{x\to1}\frac{(x^3-1)'}{(x-1)'}=\lim_{x\to1}\frac{3x^2}{1}=3.$$

例 2 求极限$\lim\limits_{x\to1}\frac{x^3-3x+2}{2x^3-3x^2+1}$.

解 此题属于$\frac{0}{0}$型,运用洛必达法则有

$$\lim_{x\to1}\frac{x^3-3x+2}{2x^3-3x^2+1}=\lim_{x\to1}\frac{3x^2-3}{6x^2-6x}=\lim_{x\to1}\frac{6x}{12x-6}=1.$$

例 3 求极限$\lim\limits_{x\to0}\frac{1-\cos x}{x^2}$.

解 此题属于$\frac{0}{0}$型,运用洛必达法则有

$$\lim_{x\to0}\frac{1-\cos x}{x^2}=\lim_{x\to0}\frac{\sin x}{2x}=\lim_{x\to0}\frac{\cos x}{2}=\frac{1}{2}.$$

例 4 求极限$\lim\limits_{x\to\infty}\frac{3x^2-5x}{4x^2-2x+3}$.

解 此题属于$\frac{\infty}{\infty}$型,运用洛必达法则有

$$\lim_{x\to\infty}\frac{3x^2-5x}{4x^2-2x+3}=\lim_{x\to\infty}\frac{6x-5}{8x-2}=\frac{6}{8}=\frac{3}{4}.$$

例 5 求极限 $\lim\limits_{x\to+\infty}\dfrac{x^2}{e^x}$.

解 此题属于$\dfrac{\infty}{\infty}$型，运用洛必达法则有

$$\lim_{x\to+\infty}\frac{x^2}{e^x}=\lim_{x\to+\infty}\frac{2x}{e^x}=\lim_{x\to+\infty}\frac{2}{e^x}=0.$$

例 6 求极限 $\lim\limits_{x\to+\infty}\dfrac{\ln x}{x^n}(n>0)$.

解 此题属于$\dfrac{\infty}{\infty}$型，运用洛必达法则有

$$\lim_{x\to+\infty}\frac{\ln x}{x^n}=\lim_{x\to+\infty}\frac{\frac{1}{x}}{nx^{n-1}}=\lim_{x\to+\infty}\frac{1}{nx^n}=0.$$

除了$\dfrac{0}{0}$型和$\dfrac{\infty}{\infty}$型未定型之外，还有 $0\cdot\infty$型、$\infty-\infty$型、0^0 型、1^∞ 型和∞^0 型等未定型，这些未定型的极限只能通过转化为$\dfrac{0}{0}$型或$\dfrac{\infty}{\infty}$型后才能使用洛必达法则进行求解.

例 7 求极限$\lim\limits_{x\to0}\left(\dfrac{1}{x}-\dfrac{1}{e^x-1}\right)$.

解 此题属于$\infty-\infty$型，可通过通分将其转化为$\dfrac{0}{0}$型未定型.

$$\lim_{x\to0}\left(\frac{1}{x}-\frac{1}{e^x-1}\right)=\lim_{x\to0}\frac{(e^x-1)-x}{x(e^x-1)}=\lim_{x\to0}\frac{e^x-1}{(e^x-1)+xe^x}$$
$$=\lim_{x\to0}\frac{e^x}{e^x+e^x+xe^x}=\frac{1}{2}.$$

例 8 求极限 $\lim\limits_{x\to0^+}x^2\ln x$.

解 此题属于 $0\cdot\infty$型，可通过调整结构将其转化为$\dfrac{\infty}{\infty}$型未定型.

$$\lim_{x\to0^+}x^2\ln x=\lim_{x\to0^+}\frac{\ln x}{\frac{1}{x^2}}=\lim_{x\to0^+}\frac{\frac{1}{x}}{-\frac{2}{x^3}}=\lim_{x\to0^+}\left(-\frac{x^2}{2}\right)=0.$$

例 9 求极限$\lim\limits_{x\to1}x^{\frac{1}{x-1}}$.

解 此题属于 1^∞ 型，可利用指数的性质将其转化为复合型$\dfrac{0}{0}$型未定型.

$$\lim_{x\to1}x^{\frac{1}{x-1}}=\lim_{x\to1}e^{\ln x^{\frac{1}{x-1}}}==e^{\lim\limits_{x\to1}\ln x^{\frac{1}{x-1}}}=e^{\lim\limits_{x\to1}\frac{1}{x-1}\ln x}=e^{\lim\limits_{x\to1}\frac{\ln x}{1-x}}=e^{\lim\limits_{x\to1}\frac{\frac{1}{x}}{-1}}=e^{-1}.$$

注意：(1)每次使用法则前，必须检验是否属于$\dfrac{0}{0}$或$\dfrac{\infty}{\infty}$未定型，若不是这两种类型的未

定型,应先转化为这两种形式,否则就不能使用该法则;

(2)如果有可约因子,或有非零极限值的乘积因子,则可先约去或提出,以简化演算步骤;

(3)当极限 $\lim \frac{f'(x)}{g'(x)}$ 不存在(不包括∞的情况)时,并不能断定 $\lim \frac{f(x)}{g(x)}$ 也不存在,此时应使用其他方法求极限.

例 10 证明 $\lim\limits_{x\to\infty}\frac{x+2\sin x}{x}$ 存在,但不能用洛必达法则求解.

解 因为 $\lim\limits_{x\to\infty}\frac{x+2\sin x}{x}=\lim\limits_{x\to\infty}\left(1+\frac{2\sin x}{x}\right)=1+0=1$,

所以,该极限存在.

又因为:$\lim\limits_{x\to\infty}\frac{(x+2\sin x)'}{(x)'}=\lim\limits_{x\to\infty}\frac{1+2\cos x}{1}=\lim\limits_{x\to\infty}(1+2\cos x)$ 不存在,即没有满足洛必达法则的条件,因此该极限不能用洛必达法则求解.

▶▶▶▶ 习题 2.6 ◀◀◀◀

1. 用洛必达法则求下列极限:

(1) $\lim\limits_{x\to 0}\frac{\ln(1+x)}{4x}$;　(2) $\lim\limits_{x\to a}\frac{\sin x-\sin a}{x-a}$;　(3) $\lim\limits_{x\to+\infty}\frac{\ln x}{x^2}$;

(4) $\lim\limits_{x\to 0}x\cot 4x$;　(5) $\lim\limits_{x\to 0}\left(\frac{1}{x}-\frac{1}{\sin x}\right)$;　(6) $\lim\limits_{x\to 0^+}\left(\frac{1}{x}\right)^{\sin x}$.

2. 验证极限 $\lim\limits_{x\to\infty}\frac{x-4\sin x}{x+4\sin x}$ 存在,但不能用洛必达法则求解.

§2.7 中值定理与函数的单调性

学习目标

1. 理解罗尔定理的含义,会简单应用;
2. 理解拉格朗日中值定理的含义,会简单应用;
3. 掌握函数单调性的判定方法.

学习重点

1. 罗尔定理及其应用;
2. 拉格朗日中值定理及其应用;
3. 函数单调性的判定.

学习难点

1. 拉格朗日中值定理的应用；

2. 函数单调性的判定.

罗尔定理

一、微分中值定理

定理 1(罗尔(Rolle)定理)　若函数 $f(x)$ 满足：

(1)在闭区间 $[a,b]$ 上连续；

(2)在开区间 (a,b) 内可导；

(3)在区间 $[a,b]$ 的端点处函数值相等，即 $f(a)=f(b)$，

则在 (a,b) 内至少存在一点 $\xi(a<\xi<b)$，使得 $f'(\xi)=0$(见图 2-3).

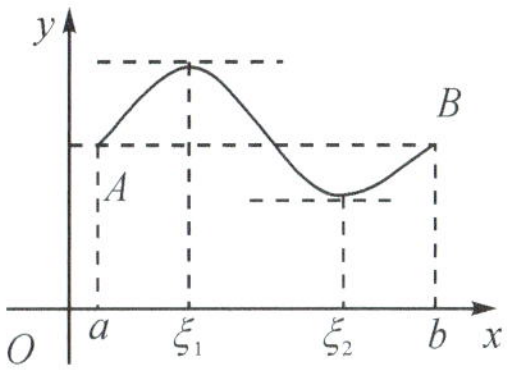

图 2-3

例 1　验证函数 $f(x)=\dfrac{1}{1+x^2}$ 在区间 $[-2,2]$ 上满足罗尔定理的条件，并求出定理结论中的 ξ.

解　函数 $f(x)$ 在闭区间 $[-2,2]$ 上连续，开区间 $(-2,2)$ 内可导，并且有 $f(-2)=f(2)$，所以函数 $f(x)$ 满足罗尔定理的条件.

因为 $f'(x)=\dfrac{-2x}{(1+x^2)^2}$，由 $f'(\xi)=0$ 可得 $\xi=0$.

拉格朗日中值定理

定理 2(拉格朗日(Lagrange)中值定理)　若函数 $f(x)$ 满足：

(1)在闭区间 $[a,b]$ 上连续；

(2)在开区间 (a,b) 内可导，

则在 (a,b) 内至少存在一点 $\xi(a<\xi<b)$(见图 2-4)，使得

$$f(b)-f(a)=f'(\xi)(b-a).$$

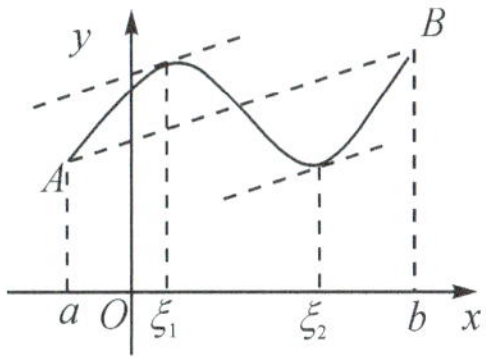

图 2-4

例 2　计算函数 $f(x)=x(x-1)$ 在 $[0,2]$ 上满足拉格朗日中值定理条件的 ξ 值.

解　函数 $f(x)$ 在闭区间 $[0,2]$ 上连续，在开区间 $(0,2)$ 内可导，故函数 $f(x)$ 满足拉格朗日中值定理的条件.

因为 $f(x)=x(x-1)=x^2-x$，故 $f'(x)=2x-1$，

由 $f(2)-f(0)=f'(x)\times(2-0)$，即 $2\xi-1=1$，可得 $\xi=1$.

例 3　证明：当 $x>0$ 时，$\dfrac{x}{1+x}<\ln(1+x)<x$.

证　设 $f(x)=\ln(1+x)$，显然 $f(x)$ 在区间 $[0,x]$ 上满足拉格朗日中值定理的条件，所以

$$f(x)-f(0)=f'(\xi)(x-0),\xi\in(0,x)$$

又 $f(x)=\ln(1+x)$，$f(0)=0$，$f'(x)=\dfrac{1}{1+x}$，所以 $\ln(1+x)=\dfrac{x}{1+\xi}$.

因为 $\xi\in(0,x)$，所以 $1<1+\xi<1+x$，$\dfrac{x}{1+x}<\dfrac{x}{1+\xi}<x$，

于是 $\dfrac{x}{1+x}<\ln(1+x)<x$.

两个重要推论

推论 1 如果函数 $f(x)$ 在区间 (a,b) 内满足 $f'(x)\equiv 0$，则在 (a,b) 内 $f(x)=C$（C 为常数）.

证 设 x_1,x_2 是区间 (a,b) 内的任意两点，且 $x_1<x_2$，于是在区间 $[x_1,x_2]$ 上函数 $f(x)$ 满足拉格朗日中值定理的条件，故得

$$f(x_2)-f(x_1)=f'(\xi)(x_2-x_1),\ (x_1<\xi<x_2)$$

由于 $f'(\xi)=0$，所以 $f(x_2)-f(x_1)=0$，即 $f(x_1)=f(x_2)$.

因为 x_1,x_2 是 (a,b) 内的任意两点，于是上式表明 $f(x)$ 在 (a,b) 内任意两点的值总是相等的，即 $f(x)$ 在 (a,b) 内是一个常数，证毕.

推论 2 如果对 (a,b) 内任意 x，均有 $f'(x)=g'(x)$，则在 (a,b) 内 $f(x)$ 与 $g(x)$ 之间只差一个常数，即 $f(x)=g(x)+C$（C 为常数）.

证 令 $F(x)=f(x)-g(x)$，则 $F'(x)\equiv 0$，由推论 1 知，$F(x)$ 在 (a,b) 内为一常数 C，即 $f(x)-g(x)=C$，$x\in(a,b)$，证毕.

例 3 证明：$\arctan x+\operatorname{arccot} x=\dfrac{\pi}{2}$，$x\in(-\infty,+\infty)$.

证 设 $f(x)=\arctan x+\operatorname{arccot} x$，$x\in(-\infty,+\infty)$

因为 $f'(x)=\dfrac{1}{1+x^2}+\left(-\dfrac{1}{1+x^2}\right)=0$

所以由推论 1 可知，对任意的 $x\in(-\infty,+\infty)$ 都有 $f(x)=\arctan x+\operatorname{arccot} x=C$.

故取 $x=1$，则 $C=\arctan 1+\operatorname{arccot} 1=\dfrac{\pi}{4}+\dfrac{\pi}{4}=\dfrac{\pi}{2}$.

即
$$\arctan x+\operatorname{arccot} x=\frac{\pi}{2},\ x\in(-\infty,+\infty).$$

二、函数单调性的判定

函数的单调性

定理 3（函数单调性的判定定理）

设函数 $f(x)$ 在闭区间 $[a,b]$ 上连续，在开区间 (a,b) 内可导，那么

(1) 如果在区间 (a,b) 内恒有 $f'(x)>0$，则函数 $f(x)$ 在区间 $[a,b]$ 上**单调增加**（见图 2-5）；

(2) 如果在区间 (a,b) 内恒有 $f'(x)<0$，则函数 $f(x)$ 在区间 $[a,b]$ 上**单调减少**（见图 2-6）.

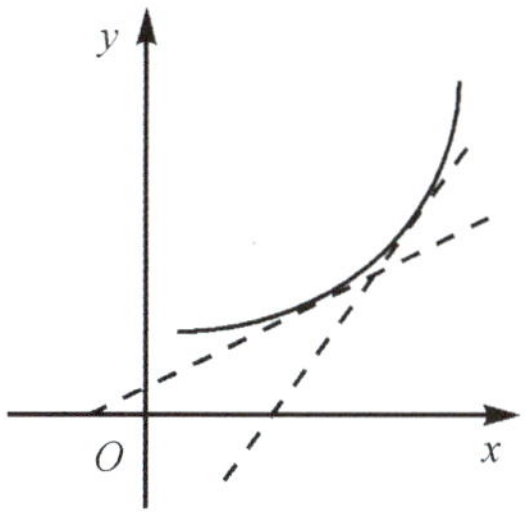

图 2-5

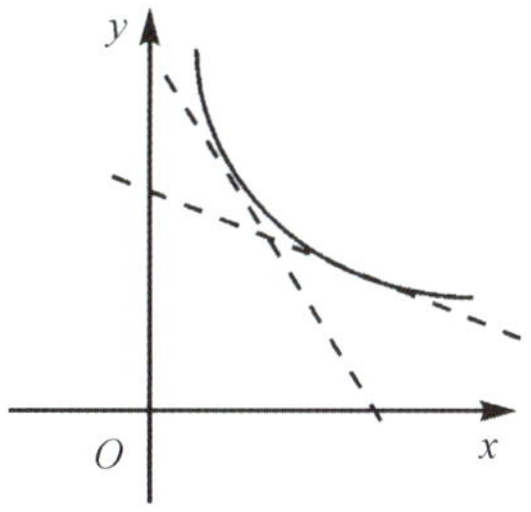

图 2-6

证　设 x_1, x_2 是 $[a,b]$ 上任意两点，且 $x_1 < x_2$，由拉格朗日中值定理有

$$f(x_2)-f(x_1)=f'(\xi)(x_2-x_1)\quad (x_1<\xi<x_2).$$

如果 $f'(x)>0$，必有 $f'(\xi)>0$，又 $x_2-x_1>0$，于是有 $f(x_2)-f(x_1)>0$，

即 $f(x_2)>f(x_1)$. 由于 $x_1, x_2(x_1<x_2)$ 是 $[a,b]$ 上任意两点，所以函数 $f(x)$ 在 $[a,b]$ 上单调增加.

同理可证，如果 $f'(x)<0$，则函数 $f(x)$ 在 $[a,b]$ 上单调减少，证毕.

注意：

确定函数单调区间的步骤：

(1)求出定义域；

(2)求出使 $f'(x)=0$ 的点(称这样的点为驻点)和导数不存在的点，并称这些点为分界点；

(3)用分界点将 $f(x)$ 的定义域分成若干个子区间，再在每个子区间上判断函数的单调性.

说明：在定理 3 中的闭区间换成其他各种区间(包括无穷区间)，结论也成立；如果在区间 (a,b) 内 $f'(x)\geqslant 0$(或 $f'(x)\leqslant 0$)，但等号只在个别点处成立，那么定理 3 的结论也成立.

例 4　求函数 $f(x)=2x^3-9x^2+12x$ 的单调区间.

解　函数 $f(x)=2x^3-9x^2+12x$ 的定义域为 $(-\infty,+\infty)$.

因为 $f'(x)=6x^2-18x+12=6(x-1)(x-2)$，所以，令 $f'(x)=0$ 可得驻点为 $x_1=1$ 和 $x_2=2$. 这两个点把定义域分成三个子区间，列表讨论如下：

x	$(-\infty,1)$	$(1,2)$	$(2,+\infty)$
$f'(x)$	+	−	+
$f(x)$	↑	↓	↑

由上表可知，函数 $f(x)$ 在区间 $(-\infty,1)$ 和 $(2,+\infty)$ 上单调递增，在区间 $(1,2)$ 单调递减.

例 5 求函数 $f(x)=(x-1)x^{\frac{2}{3}}$ 的单调区间.

解 函数 $f(x)=(x-1)x^{\frac{2}{3}}$ 的定义域为$(-\infty,+\infty)$.

因为 $f'(x)=x^{\frac{2}{3}}+\frac{2}{3}(x-1)x^{-\frac{1}{3}}=\frac{5x-2}{3\sqrt[3]{x}}$,所以,令 $f'(x)=0$ 可得驻点为 $x=\frac{2}{5}$. 此外,$x=0$ 为不可导点. 这两个点把定义域分成三个子区间,列表讨论如下:

x	$(-\infty,0)$	$\left(0,\frac{2}{5}\right)$	$\left(\frac{2}{5},+\infty\right)$
$f'(x)$	$+$	$-$	$+$
$f(x)$	↑	↓	↑

由上表可知,函数 $f(x)$ 在区间$(-\infty,0)$和$\left(\frac{2}{5},+\infty\right)$上单调增加,在区间$\left(0,\frac{2}{5}\right)$单调减少.

例 6 证明:当 $x>0$ 时,$1+\frac{1}{2}x>\sqrt{1+x}$.

解 设函数 $f(x)=1+\frac{1}{2}x-\sqrt{1+x}$,显然 $f(x)$在$[0,+\infty)$上连续.

当 $x>0$ 时,$f'(x)=\frac{1}{2}-\frac{1}{2\sqrt{1+x}}=\frac{\sqrt{1+x}-1}{2\sqrt{1+x}}>0$.

故 $f(x)$在区间$[0,+\infty)$内单调增加,即 $f(x)>f(0)=0$,所以有

当 $x>0$ 时,$1+\frac{1}{2}x>\sqrt{1+x}$.

▶▶▶▶ 习题 2.7 ◀◀◀◀

1. 计算函数 $f(x)=x(x+2)$在$[-2,2]$满足拉格朗日中值定理条件的 ξ 值.

2. 证明恒等式:$\arcsin x+\arccos x=\frac{\pi}{2}$,$x\in[-1,1]$.

3. 讨论下列函数的单调区间:

(1)$y=3x^2-x^3$;　　(2)$y=(2x-5)x^{\frac{2}{3}}$.

4. 证明:当 $x>0$ 时,$\ln(1+x)>\frac{x}{1+x}$.

§2.8　函数的极值与最值

学习目标

1. 理解极值的概念，会求函数的极值；
2. 会求闭区间上连续函数的最值；
3. 会求简单实际问题的最值.

学习重点

1. 函数极值的计算；
2. 闭区间上连续函数最值的计算；
3. 简单实际问题最值的计算.

学习难点

1. 函数极值的计算；
2. 实际问题最值的计算.

一、函数的极值

函数的极值

定义 1　若函数 $y=f(x)$ 在点 x_0 及其附近取值均有 $f(x)<f(x_0)$，则称 $f(x_0)$ 是 $f(x)$ 的一个**极大值**，称 x_0 为函数 $f(x)$ 的一个**极大值点**；反之，若均有 $f(x)>f(x_0)$，则称 $f(x_0)$ 是 $f(x)$ 的一个**极小值**，称 x_0 为函数 $f(x)$ 的一个**极小值点**. 函数的极大值与极小值统称为**极值**，极大值点与极小值点统称为**极值点**.

需要指出，函数的极值是一个局部性的概念，函数在定义域内可能有多个极大值和极小值，存在极大值比极小值还要小的情况等. 另外，不难发现极值通常在曲线上升与下降的转折处取得，这些极值点是函数单调区间的分界点. 因此，驻点和导数不存在的点是可能的极值点.

定理 1（极值存在的必要条件）　设 $f(x)$ 在点 x_0 处具有导数，且在 x_0 处取得极值，则 $f'(x_0)=0$.

定理 1 表明，可导函数 $f(x)$ 的极值点必定是它的驻点，但驻点不一定是极值点. 比如 $x=0$ 是函数 $y=x^3$ 的驻点，但不是极值点. 另外，该定理的几何意义表示，可导函数的图像在极值点处的切线是水平的.

定理 2（极值存在的第一充分条件）　设函数在点 x_0 处连续且在 x_0 的附近（不含 x_0）

可导,当 x 由小增大经过 x_0 时,如果

(1)$f'(x)$的符号由正变负,那么 $f(x)$在 x_0 处取得极大值;

(2)$f'(x)$的符号由负变正,那么 $f(x)$在 x_0 处取得极小值;

(3)$f'(x)$的符号不改变,那么 $f(x)$在 x_0 处不取得极值.

例 1 求函数 $f(x)=x^3-3x+1$ 的极值.

解 函数 $f(x)=x^3-3x+1$ 的定义域为$(-\infty,+\infty)$.

因为 $f'(x)=3x^2-3=3(x+1)(x-1)$,所以,令 $f'(x)=0$ 可得驻点为 $x_1=-1$ 和 $x_2=1$.列表讨论如下:

x	$(-\infty,-1)$	-1	$(-1,1)$	1	$(1,+\infty)$
$f'(x)$	+	0	−	0	+
$f(x)$	↑	极大值	↓	极小值	↑

由上表可知,函数 $f(x)$的极大值为 $f(-1)=3$,极小值为 $f(1)=-1$.

例 2 求函数 $f(x)=2x-3x^{\frac{2}{3}}$ 的极值.

解 函数 $f(x)=2x-3x^{\frac{2}{3}}$ 的定义域为$(-\infty,+\infty)$.

因为 $f'(x)=2-2x^{-\frac{1}{3}}=\dfrac{2(\sqrt[3]{x}-1)}{\sqrt[3]{x}}$,所以,令 $f'(x)=0$ 可得驻点为 $x=1$.此外,$x=0$ 为不可导点.列表讨论如下:

x	$(-\infty,0)$	0	$(0,1)$	1	$(1,+\infty)$
$f'(x)$	+	不存在	−	0	+
$f(x)$	↑	极大值	↓	极小值	↑

由上表可知,函数 $f(x)$的极大值为 $f(0)=0$,极小值为 $f(1)=-1$.

定理 3(极值存在的第二充分条件) 设函数 $f(x)$在 x_0 处具有二阶导数,满足 $f'(x_0)=0$,$f''(x_0)\neq 0$,则

(1)当 $f''(x_0)<0$ 时,$f(x_0)$为极大值;

(2)当 $f''(x_0)>0$ 时,$f(x_0)$为极小值.

注意:若 $f'(x_0)=0$ 且 $f''(x_0)=0$ 或 $f''(x_0)$不存在,定理 3 不适用,此时仍需用定理 2 来进行讨论.

例 3 求函数 $f(x)=2x^2-x^4$ 的极值.

解 函数 $f(x)=2x^2-x^4$ 的定义域为$(-\infty,+\infty)$.

因为 $f'(x)=4x-4x^3=4x(1-x^2)$,所以,令 $f'(x)=0$ 可得驻点为 $x_1=-1$、$x_2=0$ 和 $x_3=1$.

因为二阶导数 $f''(x)=4-12x^2$,所以当驻点为 $x=-1$,有 $f''(-1)=-8<0$,此时有

极大值且极大值为 $f(-1)=1$；当驻点为 $x=0$，有 $f''(0)=4>0$，此时有极小值且极小值为 $f(0)=0$；当驻点 $x=1$，有 $f''(1)=-8<0$，此时有极大值且极大值为 $f(1)=1$.

说明：求函数极值的一般步骤可以归纳为：

(1)确定函数的定义域；

(2)求出驻点和导数不存在的点；

(3)利用定理 2 或定理 3 判断函数的极值.

二、闭区间上连续函数的最值

函数的最值

如果函数 $y=f(x)$ 为闭区间 $[a,b]$ 上的连续函数，则由连续函数的性质可知，$f(x)$ 在 $[a,b]$ 上存在最大值与最小值. 又由函数极值的讨论可知，$f(x)$ **的最大值、最小值只能在区间端点、驻点和不可导点处取得**（分别见图 2-7、图 2-8和图 2-9）. 因此，只需将上述特殊点的函数值进行比较，其中最大者就是 $f(x)$ 在 $[a,b]$ 上的**最大值**（记作 M），最小者就是 $f(x)$ 在 $[a,b]$ 上的**最小值**（记作 m）.

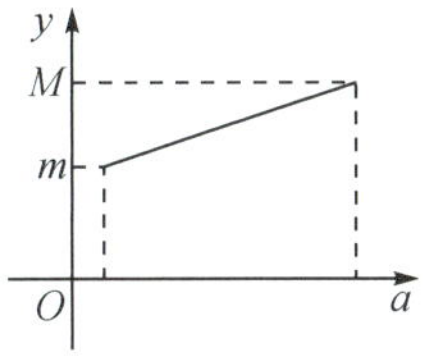

图 2-7

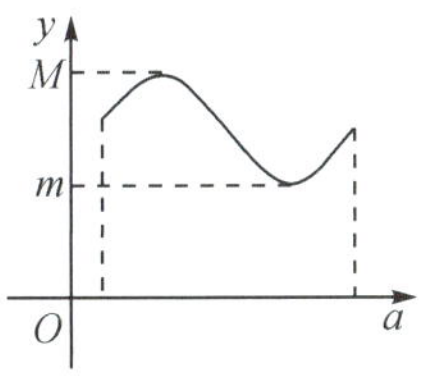

图 2-8

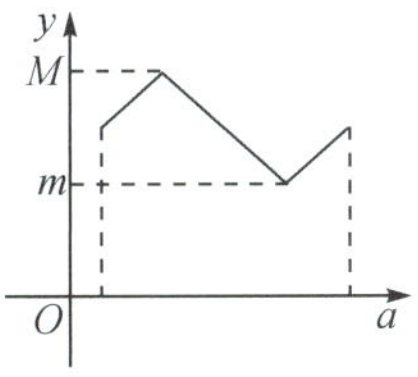

图 2-9

例 4　求函数 $f(x)=1-4x^3+3x^4$ 在区间 $[-1,2]$ 上的最大值与最小值.

解　因为 $f'(x)=-12x^2+12x^3=-12x^2(1-x)$，令 $f'(x)=0$，可得驻点为 $x_1=0$ 和 $x_2=1$.

所以驻点处的函数值为 $f(0)=1$，$f(1)=0$. 同时，计算可得区间端点处的函数值为 $f(-1)=8$，$f(2)=17$.

故函数 $f(x)$ 在区间 $[-1,2]$ 上的最大值为 $f(2)=17$，最小值为 $f(1)=0$.

三、实际问题的最值

如果函数 $f(x)$ 在闭区间 $[a,b]$ 上连续，在开区间 (a,b) 内可导，只有一个驻点 x_0，并且 x_0 是函数 $f(x)$ 的极值点，那么，当 $f(x_0)$ 是极大值时，$f(x_0)$ 也是 $f(x)$ 在 (a,b) 内的最大值；当 $f(x_0)$ 是极小值时，$f(x_0)$ 也是 $f(x)$ 在 (a,b) 内的最小值.

在实际问题中，如果函数关系式中的函数值客观上存在最大值或最小值，并且函数在定义域内驻点唯一，那么该驻点对应的函数值，就是我们所要求的最大值或最小值.

例 5 制作一个如图 2-10 所示的体积为 V 的封口圆柱形油罐，当底半径 r 和高 h 等于多少时，才能使用料最省？

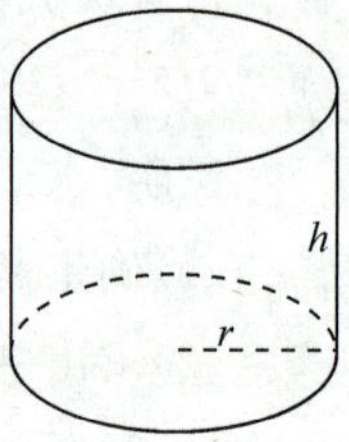

图 2-10

解 用料最省即为表面积最小.

由体积 $V=\pi r^2 h$，得 $h=\dfrac{V}{\pi r^2}$，于是油罐表面积为

$$S=2\pi r^2+2\pi rh=2\pi r^2+\frac{2V}{r}(0<r<+\infty),$$

$$S'=4\pi r-\frac{2V}{r^2}.$$

令 $S'=0$，得驻点 $r=\sqrt[3]{\dfrac{V}{2\pi}}$.

因为驻点唯一，所以 S 在驻点 $r=\sqrt[3]{\dfrac{V}{2\pi}}$ 处取得最小值，这时相应的高为 $h=\dfrac{V}{\pi r^2}=2r$.

▶▶▶▶ 习题 2.8 ◀◀◀◀

1. 求函数 $f(x)=2x^2-x^4$ 的极值.
2. 求函数 $f(x)=1-(x-2)^{\frac{2}{3}}$ 的极值.
3. 求函数 $y=x^3-3x^2-9x+5$ 在区间 $[-4,4]$ 上的最值.
4. 求函数 $y=x-2\sqrt{x}$ 在区间 $[0,4]$ 上的最值.
5. 有一块宽为 $2a$ 的长方形铁皮，将宽的两个边缘向上折起，做成一个开口水槽，其横截面为矩形，高为 x. 当高 x 取何值时水槽的流量最大？

* §2.9 曲线的凹凸性与拐点

学习目标

1. 理解曲线凹凸性和拐点的概念；
2. 掌握曲线凹凸性和拐点的判定定理；
3. 掌握曲线渐近线的计算；
4. 能描绘简单函数的图形.

学习重点

1. 曲线凹凸性和拐点的判定；
2. 曲线渐近线的计算；

3. 函数图形的描绘.

学习难点

1. 曲线拐点的计算；

2. 函数图形的描绘.

一、曲线的凹凸性与拐点

曲线的凹凸性与拐点

定义 1 设曲线 $y=f(x)$ 在区间 (a,b) 内各点都有切线，如果曲线上每一点处的切线都在它的下方，则称曲线 $y=f(x)$ 在 (a,b) 内是**凹的**，也称区间 (a,b) 为曲线 $y=f(x)$ 的**凹区间**；如果曲线上每一点处的切线都在它的上方，则称曲线 $y=f(x)$ 在 (a,b) 内是**凸的**，也称区间 (a,b) 为曲线 $y=f(x)$ 的**凸区间**(见图 2-11).

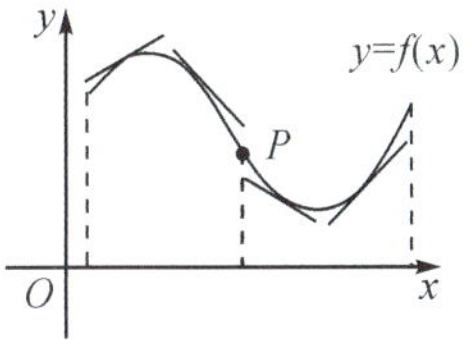

图 2-11

定义 2 若连续曲线 $y=f(x)$ 上的点 P 是凹凸曲线弧的分界点，则称点 P 是曲线 $y=f(x)$ 的**拐点**.

定理 1(曲线凹凸性的判定定理) 设函数 $y=f(x)$ 在 (a,b) 内具有二阶导数，则：

(1) 如果在 (a,b) 内 $f''(x)>0$，则曲线 $y=f(x)$ 在区间 (a,b) 内是凹的；

(2) 如果在 (a,b) 内 $f''(x)<0$，则曲线 $y=f(x)$ 在区间 (a,b) 内是凸的.

例 1 讨论曲线 $f(x)=\ln x$ 的凹凸性.

解 曲线 $f(x)=\ln x$ 的定义域为 $(0,+\infty)$

因为 $f'(x)=\dfrac{1}{x}$，$f''(x)=-\dfrac{1}{x^2}<0$

所以曲线 $f(x)=\ln x$ 是凸的.

定理 2(拐点的必要条件) 设点 $(x_0, f(x_0))$ 是曲线 $f(x)$ 的拐点，则 $f''(x_0)=0$ 或者 $f''(x_0)$ 不存在.

综上所述，判定曲线 $y=f(x)$ 凹凸性和拐点的步骤如下：

(1) 求出定义域；

(2) 求出使 $f''(x)=0$ 的点和 $f''(x)$ 不存在的点，并称这些点为分界点；

(3) 用分界点将 $f(x)$ 的定义域分成若干个子区间，再在每个子区间上判断曲线的凹凸性并确定拐点.

例 2 求曲线 $y=3x^4-4x^3+2$ 的凹凸区间和拐点.

解 曲线 $y=3x^4-4x^3+2$ 的定义域为 $(-\infty,+\infty)$.

因为 $y'=12x^3-12x^2$，$y''=36x^2-24x=36x\left(x-\dfrac{2}{3}\right)$. 令 $y''=0$ 可得 $x_1=0$，$x_2=\dfrac{2}{3}$，

列表讨论如下：

x	$(-\infty,0)$	0	$\left(0,\frac{2}{3}\right)$	$\frac{2}{3}$	$\left(\frac{2}{3},+\infty\right)$
y''	$+$	0	$-$	0	$+$
y	$\cup$	拐点	$\cap$	拐点	$\cup$

由上表可知，曲线的凹区间为$(-\infty,0)$和$\left(\frac{2}{3},+\infty\right)$，凸区间为$\left(0,\frac{2}{3}\right)$，曲线的拐点为$(0,2)$和$\left(\frac{2}{3},\frac{38}{27}\right)$.

二、曲线的渐近线

曲线的渐近线

定义 3 若当曲线上一点沿曲线无限远离原点时，该点与某条直线的距离趋于零，则称此直线为**曲线的渐近线**. 需要指出，并不是任何曲线都有渐近线的，下面分三种情况讨论.

(1)水平渐近线

若曲线 $y=f(x)$ 的定义域为无限区间，满足 $\lim\limits_{x\to\infty}f(x)=C$(或 $\lim\limits_{x\to+\infty}f(x)=C$ 或 $\lim\limits_{x\to-\infty}f(x)=C$ 等)，则称直线 $y=C$ 为曲线 $y=f(x)$ 的**水平渐近线**.

(2)垂直渐近线

若 x_0 是函数 $y=f(x)$ 的间断点，满足 $\lim\limits_{x\to x_0}f(x)=\infty$(或 $\lim\limits_{x\to x_0^-}f(x)=\infty$ 或 $\lim\limits_{x\to x_0^+}f(x)=\infty$ 等)，则称直线 $x=x_0$ 为曲线 $y=f(x)$ 的**垂直渐近线**.

(3)斜渐近线

若曲线 $y=f(x)$ 的定义域为无限区间，记 $k=\lim\limits_{x\to\infty}\frac{f(x)}{x}(k\neq0)$，$b=\lim\limits_{x\to\infty}[f(x)-kx]$，则称直线 $y=kx+b$ 为曲线 $y=f(x)$ 的**斜渐近线**.

例 3 求曲线 $y=\frac{x^2}{1+x}$ 的渐近线.

解 因为 $\lim\limits_{x\to-1}\frac{x^2}{1+x}=\infty$，所以 $x=-1$ 为垂直渐近线.

又因为 $k=\lim\limits_{x\to\infty}\frac{f(x)}{x}=\lim\limits_{x\to\infty}\frac{x^2}{x(1+x)}=\lim\limits_{x\to\infty}\frac{x}{1+x}=1$，

$$b=\lim_{x\to\infty}[f(x)-kx]=\lim_{x\to\infty}\left[\frac{x^2}{1+x}-x\right]=\lim_{x\to\infty}\frac{-x}{1+x}=-1.$$

所以 $y=x-1$ 为斜渐近线.

三、函数图形的描绘

描绘函数 $y=f(x)$ 图形的一般步骤如下：

(1)确定函数的定义域，并考察函数的奇偶性与周期性；

(2)求函数的一、二阶导数，确定可能的极值点及拐点；

(3)列表确定函数的单调性、凹凸性、极值、拐点；

(4)考察曲线的渐近线；

(5)画出函数的图形.

函数图形的描绘

例 4　画出函数 $y=e^{-x^2}$ 的图形.

解　(1)函数的定义域为 $(-\infty,+\infty)$，且为偶函数，图形关于 y 轴对称.

(2)$y'=-2xe^{-x^2}$，$y''=2(2x^2-1)e^{-x^2}$. 令 $y'=0$，可得驻点为 $x=0$. 令 $y''=0$，可得 $x_1=-\frac{\sqrt{2}}{2}$ 和 $x_2=\frac{\sqrt{2}}{2}$.

(3)列表讨论(由于函数关于 y 轴对称，故仅讨论 $x\geqslant 0$ 的情况)如下：

x	0	$\left(0,\frac{\sqrt{2}}{2}\right)$	$\frac{\sqrt{2}}{2}$	$\left(\frac{\sqrt{2}}{2},+\infty\right)$
$f'(x)$	0	$-$	$-$	$-$
$f''(x)$	$-$	$-$	0	$+$
$f(x)$	极大值 1		拐点 $\left(\frac{\sqrt{2}}{2},\frac{\sqrt{e}}{e}\right)$	

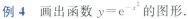

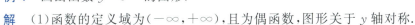

(4)因为 $\lim\limits_{x\to+\infty}e^{-x^2}=0$，所以 $y=0$ 为水平渐近线；

(5)作出函数在区间 $[0,+\infty)$ 上的图形，并运用对称性，画出全部图形(见图 2-12).

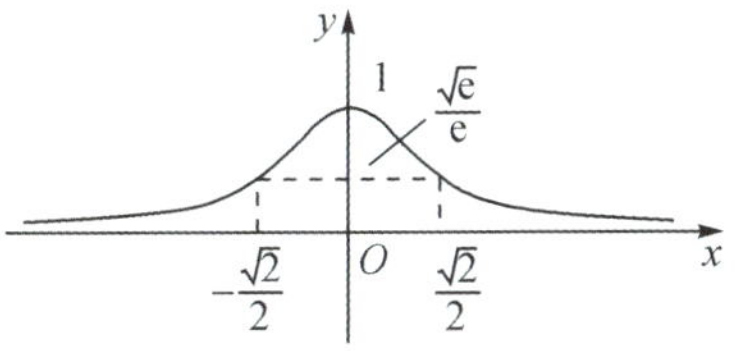

图 2-12

习题 2.9

1. 求曲线 $y=x^4-2x^3+1$ 的凹凸区间和拐点.

2. 求曲线 $y=2+(x-4)^{\frac{1}{3}}$ 的凹凸区间和拐点.

3. 求曲线 $y=\ln(1+x^2)$ 的凹凸区间和拐点.

4. 求曲线 $y=\dfrac{x^3}{(x-1)^2}$ 的渐近线.

5. 描绘函数 $f(x)=1+\dfrac{36x}{(x+3)^2}$ 的图形.

第 2 章自测题

(总分 100 分,时间 90 分钟)

一、判断题(每小题 2 分,共 20 分)

(　　)1. $(\cos x)'=\sin x$.

(　　)2. 若函数 u,v 均为 x 的可导函数,则 $(uv)'=u'v'$.

(　　)3. 若函数 $y=3x^2-\ln 5$,则 $y'=6x-\dfrac{1}{5}$.

(　　)4. 函数 $f(x)=|x-1|$ 在点 $x=1$ 处可导.

(　　)5. 当 $|x|$ 很小时,$\arcsin x\approx x$.

(　　)6. 函数 $y=1+3x^2$ 在区间 $(0,+\infty)$ 上单调递增.

(　　)7. 可导函数的极值点一定是驻点,但驻点不一定是极值点.

(　　)8. $\lim\limits_{x\to\infty}\dfrac{x-\cos x}{x+\cos x}=\lim\limits_{x\to\infty}\dfrac{(x-\cos x)'}{(x+\cos x)'}=\lim\limits_{x\to\infty}\dfrac{1+\sin x}{1-\sin x}=1$.

(　　)9. 函数 $y=\ln x$ 在区间 $(0,+\infty)$ 上是凸的.

(　　)10. 若曲线 $f(x)$ 在点 x_0 处的 $f''(x_0)$ 不存在,则点 $(x_0,f(x_0))$ 不可能是函数的拐点.

二、选择题(每小题 2 分,共 10 分)

(　　)1. 若函数 $f(x)=5x-4e^x$,则 $f'(0)$ 的值为

A. 4　　B. 3　　C. 2　　D. 1

(　　)2. 若函数 $f(x)=\sin x-4x^2$,则 $f''(x)$ 为

A. $\cos x-8x$　　B. $-\cos x-8x$

C. $\sin x-8$　　D. $-\sin x-8$

(　　)3. 若函数 $y=\arctan\sqrt{x}$，则 $\mathrm{d}y$ 为

A. $\frac{1}{1+x}\mathrm{d}x$　　B. $\frac{1}{1+x^2}\mathrm{d}x$

C. $\frac{1}{\sqrt{x}(1+x)}\mathrm{d}x$　　D. $\frac{1}{2\sqrt{x}(1+x)}\mathrm{d}x$

(　　)4. 下列等式中正确的是

A. $x^2\mathrm{d}x=\mathrm{d}(2x)$　　B. $\mathrm{d}(\ln x)=\mathrm{d}\left(\frac{1}{x}\right)$

C. $-\cos x\mathrm{d}x=\mathrm{d}(\sin x)$　　D. $\mathrm{e}^x\mathrm{d}x=\mathrm{d}(\mathrm{e}^x)$

(　　)5. 若函数 $f(x)$ 在 (a,b) 内恒有 $f''(x)<0$，则 $f(x)$ 在 (a,b) 内是

A. 单调递增　　B. 单调递减　　C. 凸的　　D. 凹的

三、填空题(每小题 2 分，共 20 分)

1. 若函数 $f(x)=x^3-\ln x$，则 $f'(1)=$________.

2. 若 $f'(x_0)=2$ 则 $\lim\limits_{\Delta x\to 0}\frac{f(x_0-2\Delta x)-f(x_0)}{\Delta x}=$________.

3. 曲线 $y=3\mathrm{e}^x$ 在点(0,3)处的切线方程为________.

4. 参数方程 $\begin{cases}x=2t+1\\ y=\arcsin t\end{cases}$ 所确定的函数的导数 $\frac{\mathrm{d}y}{\mathrm{d}x}=$________.

5. 若函数 $y-\mathrm{e}^{xy}=4x$，则 $\frac{\mathrm{d}y}{\mathrm{d}x}=$________.

6. 若函数 $f(x)=\sin(1+2x)$，则 $f''(x)=$________.

7. 若函数 $y=2\csc x-\sqrt{5}$，则 $\mathrm{d}y=$________.

8. 函数 $y=3x^2-6x$ 在区间 $[-2,2]$ 上的最大值为________，最小值为________.

9. 曲线 $y=\mathrm{e}^{-3x}$ 的凹区间为________.

10. 曲线 $y=2+(x-1)^3$ 的拐点为________.

四、解答题(共 50 分)

1. 求下列函数的导数(每小题 2 分，共 10 分).

(1) $y=3\mathrm{e}^x-4\sin x+\ln 3$；　　(2) $y=x^2\cos x$；

(3) $y=\frac{x-2}{x+1}$；　　(4) $y=\sin^2(2-3x)$；

(5) $y=\ln(4x-\sqrt{1+x^2})$.

2. 求由方程 $3xy^3-5\ln y=x^4$ 所确定的隐函数 $y=f(x)$ 的导数 $\frac{\mathrm{d}y}{\mathrm{d}x}$(10 分).

3. 求下列函数的极限(每小题 5 分,共 10 分).

(1) $\lim\limits_{x\to 0}\dfrac{\ln(1+4x)}{\sin x}$; (2) $\lim\limits_{x\to 0}\left(\dfrac{1}{e^x-1}-\dfrac{1}{x}\right)$.

4. 求函数 $f(x)=\dfrac{3}{2}x^{\frac{2}{3}}-x$ 的单调区间和极值(10 分).

5. 求函数 $y=\dfrac{x+1}{x^2}$ 的凹凸区间和拐点(10 分).

本章课程思政

通过导数的学习,我们知道函数的极值是一个局部性概念,而函数的最值是一个全局性概念.这就提示我们不要做井底之蛙,坐井观天,而要有大局意识.正如古人所言:"不谋全局者,不足谋一域."牛顿和莱布尼茨分别从运动学、几何学的角度给出导数的概念,而二者的竞争就是没有大局意识的后果.历史上,围绕着谁先发明了微积分而互相指责的论战,牛顿、莱布尼茨以及他们各自的追随者持续了二十多年,可惜,当时牛顿的崇拜者,因为狭隘的民族偏见,对莱布尼茨创造的符号及其方法迟迟不肯接受,固步自封,阻碍了英国分析数学的发展,结果使得原本领先的英国数学水平迅速落后于欧洲大陆.历史证明,盲目排外的狭隘意识和做法的不可取,习近平同志指出:"文明因交流而多彩,文明因互鉴而丰富.文明交流互鉴,是推动人类文明进步和世界和平发展的重要动力."①

拓展阅读

数学家陈省身

陈省身(1911—2004 年),出生于浙江省嘉兴县,1930 年毕业于南开大学.1984—1992 年任南开大学数学研究所所长,1992 年起为名誉所长.他是美国国家科学院院士,第三世界科学院创始成员,英国皇家学会国外会员,意大利国家科学院外籍院士,法国科学院外籍院士,1994 年当选为中国科学院首批外籍院士,被誉为"微分几何之父".

① 习近平.文明交流互鉴是推动人类文明进步和世界和平发展的重要动力[J].求是,2019,9.

陈省身发展了 Gauss-Bonnet(高斯-波尔)公式，被命名为"陈氏示性类(Chern Class)". 他建立微分纤维丛理论，其影响遍及数学的各个领域. 他创立复流形上的值分布理论，包括陈-博特定理，影响及于代数数论. 他为广义的积分几何奠定基础，获得基本运动学公式. 他所引入的陈氏示性类与陈-西蒙斯微分式，已深入数学以外的其他领域，成为理论物理的重要工具. 他先后发表数学论文 158 篇，出版《陈省身论文集》4 卷以及《陈省身文选》等著作，曾荣获最高数学奖——沃尔夫奖，以及全美华人协会杰出成就奖、美国国家科学奖、美国数学会的斯蒂尔终生成就奖等.

本章参考答案

第 3 章　积分及其应用

知识概要

基本概念：原函数、不定积分、积分曲线、曲边梯形、定积分、变上限函数、广义积分.

基本公式：基本积分公式表、分部积分公式、牛顿-莱布尼茨公式.

基本定理：不定积分的性质、不定积分的运算法则、第一换元积分法、第二换元积分法、分部积分公式.

基本方法：直接积分法、第一换元积分法(凑微分法)、第二换元积分法(变量代换)、分部积分公式、利用微积分基本公式计算定积分、变上限函数的导数、定积分的换元积分法、定积分的分部积分法、利用微元法求平面图形的面积、旋转体的体积、平面曲线的弧长.

§3.1　不定积分的概念与性质

学习目标

1. 理解原函数的概念和不定积分的概念；
2. 了解原函数存在理论；理解积分曲线的概念；
3. 掌握不定积分的性质.

学习重点

1. 原函数的概念；
2. 不定积分的概念；
3. 不定积分的性质.

学习难点

1. 不定积分与积分曲线的概念；
2. 运用不定积分的性质求不定积分.

一、原函数的概念

原函数的概念

问题 1：$(x^5)'=5x^4$，我们称 $5x^4$ 是 x^5 的导函数，那么 x^5 是 $5x^4$ 的什么呢？

答：我们称 x^5 是 $5x^4$ 的原函数.

定义 1　如果在区间 I 上，可导函数 $F(x)$ 的导数为 $f(x)$，即对于任意的 $x\in I$，都有

$$F'(x)=f(x) \text{或} \mathrm{d}F(x)=f(x)\mathrm{d}x,$$

称函数 $F(x)$ 为 $f(x)$ 在区间 I 上的**一个原函数**.

问题 2：任何函数都有原函数吗？如果不是，哪些函数存在原函数？

答：不是所有函数都有原函数，我们的结论有：闭区间上的连续函数一定存在原函数.

问题 3：如果 $f(x)$ 有原函数，原函数是否唯一？若不唯一，它会有多少个原函数？

答：如果 $f(x)$ 有原函数，那么 $f(x)$ 的原函数并不是唯一的，它会有无穷多个原函数.

问题 4：$f(x)$ 的所有原函数之间有什么关系，是否可以统一表示？

答：$f(x)$ 的所有原函数之间只相差一个常数，设 $F(x)$ 是 $f(x)$ 在区间上的一个原函数，则 $f(x)$ 的所有原函数均可以表示为 $F(x)+C$.

例 1　已知函数 $f(x)=-\sin x$，求 $f(x)$ 的所有原函数.

解　在区间 $(-\infty,+\infty)$ 内，因为 $(\cos x)'=-\sin x$，所以 $\cos x$ 是 $-\sin x$ 的一个原函数. 又因为 $(\cos x+C)'=-\sin x$（C 为任意常数），所以 $\cos x+C$（C 为任意常数）是 $-\sin x$ 的所有原函数.

二、不定积分的概念

不定积分的概念

定义 2　在区间 I 上，函数 $f(x)$ 的所有原函数称为 $f(x)$ 在区间 I 上的**不定积分**，记作 $\int f(x)\mathrm{d}x$，其中记号 $\int$ 称为**积分号**，$f(x)$ 称为**被积函数**，$f(x)\mathrm{d}x$ 称为**被积表达式**，x 称为**积分变量**. 如果 $F(x)$ 是 $f(x)$ 的一个原函数，那么 $F(x)+C$ 就是 $f(x)$ 的不定积分. 即

$$\int f(x)\mathrm{d}x = F(x)+C.$$

其中 C 是任意常数，称为**积分常数**.

问题 5：不定积分 $\int f(x)\mathrm{d}x$ 的结果中任意常数是必需的吗？

答：不定积分 $\int f(x)\mathrm{d}x$ 表示 $f(x)$ 的所有原函数，它的结果中一定要含有任意常数 C.

例 2　求下列不定积分

(1) $\int x^4\mathrm{d}x$；　　　(2) $\int \cos x\mathrm{d}x$.

解 (1)因为$\left(\frac{1}{5}x^5\right)'=x^4$,即$\frac{1}{5}x^5$是$x^4$的一个原函数,所以

$$\int x^4\mathrm{d}x=\frac{1}{5}x^5+C.$$

(2)因为$(\sin x)'=\cos x$,即$\sin x$是$\cos x$的一个原函数,所以

$$\int \cos x\mathrm{d}x=\sin x+C.$$

定义3 函数$f(x)$的原函数的图形称为$f(x)$的**积分曲线**.

问题6:不定积分$\int f(x)\mathrm{d}x$的图形是什么?

答:因为$f(x)$的原函数之间相差一个常数,所以$f(x)$的所有原函数的图形构成了$f(x)$的**积分曲线族**(见图3-1).

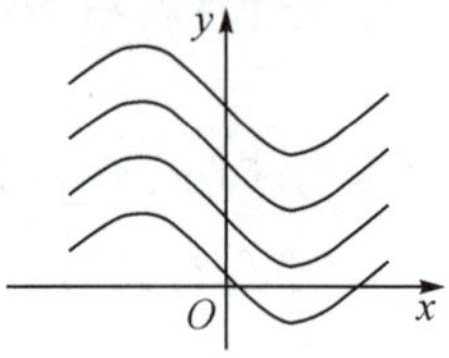

图3-1

例3 设曲线在任意一点$M(x,y)$处的切线斜率为$3x^2$,且曲线过点(2,9),求该曲线的方程.

解 由题意得$\int 3x^2\mathrm{d}x=x^3+c$,即曲线方程为$y=x^3+c$.将点(2,9)代入得$c=1$,所求曲线方程为

$$y=x^3+1.$$

三、不定积分的性质

不定积分的性质

性质1(不定积分与导数、微分的互为逆运算关系)

$$\left[\int f(x)\mathrm{d}x\right]'=f(x)\text{ 或 }\mathrm{d}\int f(x)\mathrm{d}x=f(x)\mathrm{d}x;$$

$$\int F'(x)\mathrm{d}x=F(x)+C\text{ 或}\int \mathrm{d}F(x)=F(x)+C.$$

性质2(不定积分的和差运算的性质)

设函数$f(x)$及$g(x)$的原函数存在,则

$$\int[f(x)\pm g(x)]\mathrm{d}x=\int f(x)\mathrm{d}x\pm\int g(x)\mathrm{d}x.$$

性质3(不定积分的数乘运算的性质)

设函数$f(x)$的原函数存在,k为非零常数,则

$$\int kf(x)\mathrm{d}x=k\int f(x)\mathrm{d}x.$$

方法总结:由函数的导数(或微分)求出原函数的问题是积分学的一个基本问题——不定积分,如在运动学中,已知路程函数$s(t)$,求瞬时速度$v(t)$,就是求$s(t)$的导数;已知$v(t)$,求$s(t)$,就需要求$v(t)$的不定积分.

▶▶▶▶ 习题 3.1 ◀◀◀◀

1. 用微分法验证 $\int(4x^3+2x+1)\mathrm{d}x = x^4+x^2+x+C$.

2. 判断下列式子是否正确：

(1) $\int f'(x)\mathrm{d}x = f(x)$；　　(2) $\int \frac{1}{x^3}\mathrm{d}x = -\frac{1}{x^2}+C$.

3. 设曲线在任意一点处的切线斜率为 $3x^2$，且曲线过点(0,2)，求该曲线的方程.

4. 一物体由静止开始运动，ts 后速度为 $2t$(m/s)，问 2s 后物体离出发点多远？

5. 一物体由静止开始运动，ts 后速度为 $2t$(m/s)，问物体走完 25m 需要多少时间？

§3.2　不定积分的基本公式和直接积分法

学习目标

1. 掌握基本积分表；
2. 掌握运用不定积分的基本公式求不定积分；
3. 掌握运用直接积分法求不定积分.

学习重点

1. 基本积分表；
2. 直接积分法.

学习难点

1. 运用基本积分表和不定积分的性质求不定积分；
2. 直接积分法中的恒等变形技巧.

一、不定积分的基本积分表

不定积分的基本积分表

因为求不定积分是求导数(或微分)的逆运算，所以我们从导数公式可以得到相应的积分公式.

例如：因为 $(x^{\alpha+1})'=(\alpha+1)x^{\alpha}$，即 $\left(\frac{1}{\alpha+1}x^{\alpha+1}\right)'=x^{\alpha}\quad(\alpha\neq-1)$，

所以
$$\int x^{\alpha}\mathrm{d}x = \frac{1}{\alpha+1}x^{\alpha+1}+C(\alpha\neq-1),$$

由此可计算$\int x^2\mathrm{d}x=\frac{1}{2+1}x^{2+1}+C=\frac{1}{3}x^3+C$.

类似地可以得到其他积分公式,下面我们把一些基本的积分公式列成一个表,这个表通常叫作**基本积分表**.

1. $\int k\mathrm{d}x=kx+C$(k 为常数);

2. $\int x^{\mu}\mathrm{d}x=\frac{1}{\mu+1}x^{\mu+1}+C(\mu\neq-1)$;

3. $\int\frac{1}{x}\mathrm{d}x=\ln|x|+C$;

4. $\int \mathrm{e}^x\mathrm{d}x=\mathrm{e}^x+C$;

5. $\int a^x\mathrm{d}x=\frac{a^x}{\ln a}+C$($a>0$ 且 $a\neq 1$).

6. $\int\cos x\mathrm{d}x=\sin x+C$;

7. $\int\sin x\mathrm{d}x=-\cos x+C$;

8. $\int\frac{1}{\cos^2x}\mathrm{d}x=\int\sec^2x\mathrm{d}x=\tan x+C$;

9. $\int\frac{1}{\sin^2x}\mathrm{d}x=\int\csc^2x\mathrm{d}x=-\cot x+C$;

10. $\int\sec x\cdot\tan x\mathrm{d}x=\sec x+C$;

11. $\int\csc x\cdot\cot x\mathrm{d}x=-\csc x+C$;

12. $\int\frac{1}{1+x^2}\mathrm{d}x=\arctan x+C$;

13. $\int\frac{1}{\sqrt{1-x^2}}\mathrm{d}x=\arcsin x+C$.

以上十三个基本积分公式是求不定积分的基础,必须熟记.

二、直接积分法

不定积分的直接积分法

例 1 求下列不定积分:

(1)$\int\sqrt[3]{x}\mathrm{d}x$　　(2)$\int\frac{1}{x^3}\mathrm{d}x$　　(3)$\int x^2\sqrt{x}\mathrm{d}x$.

解 (1) $\int\sqrt[3]{x}\mathrm{d}x=\int x^{\frac{1}{3}}\mathrm{d}x=\frac{1}{\frac{1}{3}+1}x^{\frac{1}{3}+1}+C=\frac{3}{4}x^{\frac{4}{3}}+C$.

(2) $\int \frac{1}{x^3}\mathrm{d}x = \int x^{-3}\mathrm{d}x = \frac{1}{-3+1}x^{-3+1} + C = -\frac{1}{2x^2} + C.$

(3) $\int x^2\sqrt{x}\mathrm{d}x = \int x^{\frac{5}{2}}\mathrm{d}x = \frac{1}{\frac{5}{2}+1}x^{\frac{5}{2}+1} + C = \frac{2}{7}x^{\frac{7}{2}} + C.$

例 2　求 $\int (x^2 + 2x + 3)\mathrm{d}x.$

解　$\int (x^2 + 2x + 3)\mathrm{d}x = \int x^2\mathrm{d}x + \int 2x\mathrm{d}x + \int 3\mathrm{d}x = \frac{1}{3}x^3 + x^2 + 3x + C.$

例 3　求 $\int (x^3 + \cos x + 2^x)\mathrm{d}x.$

解　$\int (x^3 + \cos x + 2^x)\mathrm{d}x = \int x^3\mathrm{d}x + \int \cos x\mathrm{d}x + \int 2^x\mathrm{d}x = \frac{1}{4}x^4 + \sin x + \frac{2^x}{\ln 2} + C.$

例 4　求 $\int 2\cos^2\frac{x}{2}\mathrm{d}x.$

解　$\int 2\cos^2\frac{x}{2}\mathrm{d}x = 2\int \frac{\cos x + 1}{2}\mathrm{d}x = \int (\cos x + 1)\mathrm{d}x = \sin x + x + C.$

例 5　求 $\int \frac{x^4 - 2}{1 + x^2}\mathrm{d}x.$

解　
$$\int \frac{x^4 - 2}{1 + x^2}\mathrm{d}x = \int \frac{(x^4 - 1) - 1}{1 + x^2}\mathrm{d}x = \int \left(x^2 - 1 - \frac{1}{1 + x^2}\right)\mathrm{d}x$$
$$= \frac{x^3}{3} - x - \arctan x + C.$$

方法总结：直接用基本公式与运算性质求不定积分，或者对被积函数进行适当的恒等变形(包括代数变形和三角变形)，再利用积分基本公式与运算法则求不定积分的方法叫作直接积分法. 直接积分法是求大多数简单函数的不定积分的最基本方法.

习题 3.2

1. 求下列不定积分：

(1) $\int \sqrt{x}\mathrm{d}x$；　　(2) $\int 4^x\mathrm{d}x.$

2. 求下列不定积分：

(1) $\int x^2\sqrt[4]{x}\mathrm{d}x$；　　(2) $\int \frac{1}{x^2}\mathrm{d}x.$

3. 求下列不定积分：

(1) $\int (4x^3 + 3x + 5)\mathrm{d}x$；　　(2) $\int \frac{\sqrt{x}}{x^2}\mathrm{d}x$；

(3) $\int (2\sin x + 3\cos x)\mathrm{d}x$；　　(4) $\int \frac{3^x - 4^x}{3^x}\mathrm{d}x.$

4. 求下列不定积分：

(1) $\int \frac{x^2-3}{1+x^2}\mathrm{d}x$；　　(2) $\int \frac{\sqrt{1-x^2}-3}{\sqrt{1-x^2}}\mathrm{d}x$.

5. 计算 $\int \frac{\cos 2x}{\sin x+\cos x}\mathrm{d}x$.

§3.3 不定积分的换元积分法

学习目标

1. 掌握第一类换元积分法；
2. 理解第二类换元积分法；
3. 会利用换元积分法计算不定积分.

学习重点

1. 第一类换元积分法；
2. 第二类换元积分法.

学习难点

1. 凑微分的选择；
2. 三角换元的选择.

一、第一类换元积分法(凑微分法)

不定积分的第一换元积分法

问题 1：计算 $\int \cos 3x\mathrm{d}x$ 可以直接套用公式 $\int \cos x\mathrm{d}x=\sin x+C$ 吗？

答：$\int \cos 3x\mathrm{d}x$ 不能直接套用公式 $\int \cos x\mathrm{d}x=\sin x+C$，因为 $\int \cos 3x\mathrm{d}x\neq \sin 3x+C$，由复合函数的求导法则，得 $(\sin 3x+C)'=3\cos 3x\neq \cos 3x$.

定理 1　若 $\int f(x)\mathrm{d}x=F(x)+C$，则 $\int f(u)\mathrm{d}u=F(u)+C$，其中 $u=\varphi(x)$ 是 x 的任一可微函数.

问题 2：定理 1 有什么作用和意义？

答：定理 1 表明，在基本积分公式中，当自变量 x 换成任一可微函数 $u=\varphi(x)$ 后，公式仍然成立，这就大大扩大了基本积分公式的使用范围.

例 1 求 $\int\cos 2x\mathrm{d}x$.

解 我们把原积分作变形后计算,即

$$\int\cos 2x\mathrm{d}x=\frac{1}{2}\int\cos 2x\mathrm{d}2x\xlongequal{令\ 2x=u}\frac{1}{2}\int\cos u\mathrm{d}u$$

$$=\frac{1}{2}\sin u+C\xlongequal{回代\ u=2x}\frac{1}{2}\sin 2x+C.$$

验证:$\left(\frac{1}{2}\sin 2x+C\right)'=\cos 2x$,故所得结论是正确的.

结论:如果 $f(u)$ 有原函数 $F(u)$,$u=\varphi(x)$ 具有连续的导函数,则

$$\int f[\varphi(x)]\varphi'(x)\mathrm{d}x=\int f[\varphi(x)]\mathrm{d}\varphi(x)\xlongequal{令\ \varphi(x)=u}\int f(u)\mathrm{d}u$$

$$=F(u)+C\xlongequal{回代\ u=\varphi(x)}F[\varphi(x)]+C,$$

这种先凑微分,再作变量代换的方法,叫作**第一类换元法**,也称为**凑微分法**.

例 2 求 $\int e^{4x}\mathrm{d}x$.

解 $\int e^{4x}\mathrm{d}x\xlongequal{凑微分}\frac{1}{4}\int e^{4x}(4x)'\mathrm{d}x=\frac{1}{4}\int e^{4x}\mathrm{d}(4x)\xlongequal{令\ 4x=u}\frac{1}{4}\int e^{u}\mathrm{d}u=\frac{1}{4}e^{u}+C$

$$\xlongequal{回代\ u=4x}\frac{1}{4}e^{4x}+C.$$

例 3 求 $\int\sin^3 x\cos x\mathrm{d}x$.

解 $\int\sin^3 x\cos x\mathrm{d}x\xlongequal{凑微分}\int\sin^3 x(\sin x)'\mathrm{d}x=\int\sin^3 x\mathrm{d}\sin x\xlongequal{令\ \sin x=u}\int u^3\mathrm{d}u$

$$=\frac{u^4}{4}+C\xlongequal{回代\ u=\sin x}\frac{\sin^4 x}{4}+C.$$

问题 3:第一类换元积分法求不定积分的步骤是什么?其难点是什么?

答:用第一类换元积分法求不定积分的步骤是“凑、换元、积分、回代”四步,其难点在于凑微分这一步.

问题 4:如何高效解决凑微分这一步?

答:这就需要我们在解题过程中,不断积累解题的技巧和经验.熟悉下列微分式子,有助于求不定积分.

(1)$\mathrm{d}x=\frac{1}{a}\mathrm{d}(ax+b)$;

(2)$x\mathrm{d}x=\frac{1}{2}\mathrm{d}x^2$;

(3)$e^x\mathrm{d}x=\mathrm{d}(e^x)$;

(4)$\frac{1}{\sqrt{x}}\mathrm{d}x=2\mathrm{d}(\sqrt{x})$;

(5)$\frac{1}{x}\mathrm{d}x=\mathrm{d}(\ln|x|)$;

(6)$\sin x\mathrm{d}x=-\mathrm{d}(\cos x)$;

(7)$\cos x\mathrm{d}x=\mathrm{d}(\sin x)$;

(8)$\sec^2 x\mathrm{d}x=\mathrm{d}(\tan x)$;

(9) $\csc^2 x\mathrm{d}x=-\mathrm{d}(\cot x)$；　　(10) $\dfrac{1}{\sqrt{1-x^2}}\mathrm{d}x=\mathrm{d}(\arcsin x)$；

(11) $\dfrac{1}{1+x^2}\mathrm{d}x=\mathrm{d}(\arctan x)$.

当运算熟练后，所设的变量代换 $u=\varphi(x)$ 可以不必写出，只要一边演算，一边在心中默记就可以了.

凑微分习题讲解

例 4　求 $\int 2x\mathrm{e}^{x^2}\mathrm{d}x$.

解　$\int 2x\mathrm{e}^{x^2}\mathrm{d}x=\int \mathrm{e}^{x^2}\cdot(x^2)'\mathrm{d}x=\int \mathrm{e}^{x^2}\mathrm{d}(x^2)=\mathrm{e}^{x^2}+C.$

例 5　求 $\int\dfrac{\ln^5 x}{x}\mathrm{d}x$.

解　$\int\dfrac{\ln^5 x}{x}\mathrm{d}x=\int\ln^5 x\mathrm{d}(\ln x)=\dfrac{1}{6}\ln^6 x+C.$

例 6　求 $\int\dfrac{1}{x^2}\cos\dfrac{1}{x}\mathrm{d}x$.

解　$\int\dfrac{1}{x^2}\cos\dfrac{1}{x}\mathrm{d}x=-\int\cos\dfrac{1}{x}\mathrm{d}\left(\dfrac{1}{x}\right)=-\sin\dfrac{1}{x}+C.$

以上几例都可以直接利用常用微分式来凑微分，相对较简单，但有时需要对被积函数先进行变形后才能凑微分. 如：

例 7　求 $\int\tan x\mathrm{d}x$.

解　$\int\tan x\mathrm{d}x=\int\dfrac{\sin x}{\cos x}\mathrm{d}x=-\int\dfrac{1}{\cos x}\mathrm{d}\cos x=-\ln|\cos x|+C.$

类似地可得

$$\int\cot x\mathrm{d}x=\ln|\sin x|+C.$$

例 8　求 $\int\sec x\mathrm{d}x$.

解
$$\begin{aligned}\int\sec x\mathrm{d}x&=\int\frac{\sec x(\sec x+\tan x)}{\sec x+\tan x}\mathrm{d}x=\int\frac{\sec^2 x+\sec x\tan x}{\sec x+\tan x}\mathrm{d}x\\&=\int\frac{1}{\sec x+\tan x}\mathrm{d}(\sec x+\tan x)=\ln|\sec x+\tan x|+C.\end{aligned}$$

类似地可得

$$\int\csc x\mathrm{d}x=\ln|\csc x-\cot x|+C.$$

例 9　求 $\int\dfrac{1}{\sqrt{a^2-x^2}}\mathrm{d}x\quad(a>0)$.

解　$\int\dfrac{1}{\sqrt{a^2-x^2}}\mathrm{d}x=\int\dfrac{\mathrm{d}x}{a\sqrt{1-\left(\dfrac{x}{a}\right)^2}}=\int\dfrac{\mathrm{d}\left(\dfrac{x}{a}\right)}{\sqrt{1-\left(\dfrac{x}{a}\right)^2}}=\arcsin\dfrac{x}{a}+C.$

例 10　求$\int \frac{1}{a^2+x^2}\mathrm{d}x \quad (a \neq 0)$.

解　$\int \frac{1}{a^2+x^2}\mathrm{d}x = \frac{1}{a^2}\int \frac{\mathrm{d}x}{1+\left(\frac{x}{a}\right)^2} = \frac{1}{a}\int \frac{\mathrm{d}\left(\frac{x}{a}\right)}{1+\left(\frac{x}{a}\right)^2} = \frac{1}{a}\arctan\frac{x}{a}+C.$

二、不定积分的第二类换元积分法

设 $x=\varphi(t)$ 是单调的可导函数，并且 $\varphi'(x)\neq 0$，又设 $f[\varphi(t)]\varphi'(t)$ 具有原函数 $F(t)$，则 $\int f(x)\mathrm{d}x \xlongequal{\text{令 } x=\varphi(t)} \int f[\varphi(t)]\varphi'(t)\mathrm{d}t = F(t)+C \xlongequal{\text{回代 } t=\varphi^{-1}(x)} F[\varphi^{-1}(x)]+C$，此式称为第二类换元积分公式，其中 $\varphi^{-1}(x)$ 是 $x=\varphi(t)$ 的反函数. 设置 $x=\varphi(t)$ 时，一定要选择单调函数，这样就能由 $x=\varphi(t)$ 得到它的反函数 $t=\varphi^{-1}(x)$.

1. 代数换元

被积函数中含有 $\sqrt[n]{ax+b}$ 的不定积分，令 $\sqrt[n]{ax+b}=t$，即作变换 $x=\frac{1}{a}(t^n-b)(a\neq 0)$，$\mathrm{d}x=\frac{n}{a}t^{n-1}\mathrm{d}t$.

第二换元积分法

（代数换元）

2. 三角换元

被积函数中含有二次根式 $\sqrt{a^2-x^2}$，$\sqrt{a^2+x^2}$，$\sqrt{x^2-a^2}(a>0)$ 的不定积分：

(1) 对于 $\sqrt{a^2-x^2}$，设 $x=a\sin t$，$t\in\left(-\frac{\pi}{2},\frac{\pi}{2}\right)$；

(2) 对于 $\sqrt{a^2+x^2}$，设 $x=a\tan t$，$t\in\left(-\frac{\pi}{2},\frac{\pi}{2}\right)$；

(3) 对于 $\sqrt{x^2-a^2}$，设 $x=a\sec t$，$t\in\left(0,\frac{\pi}{2}\right)$.

第二换元积分法

（三角换元）

例 11　求$\int \frac{2}{1+\sqrt{x}}\mathrm{d}x$.

解　此积分的困难在于被积函数含有 $\sqrt{x}$，为了消去根式，令 $\sqrt{x}=t\ (t>0)$，则 $x=t^2$，$\mathrm{d}x=2t\mathrm{d}t$. 于是

$$\int \frac{2}{1+\sqrt{x}}\mathrm{d}x \xlongequal{\text{令}\sqrt{x}=t} \int \frac{2}{1+t}\cdot 2t\mathrm{d}t = 4\int \frac{1+t-1}{1+t}\mathrm{d}t = 4\int\left(1-\frac{1}{1+t}\right)\mathrm{d}t$$

$$= 4(t-\ln|1+t|)+C \xlongequal{\text{回代 } t=\sqrt{x}} 4[\sqrt{x}-\ln(1+\sqrt{x})]+C.$$

例 12　求$\int \sqrt{2x+3}\mathrm{d}x$.

解　令 $\sqrt{2x+3}=t$，则 $x=\frac{t^2-3}{2}$，$\mathrm{d}x=t\mathrm{d}t$，

于是$\int\sqrt{2x+3}\,\mathrm{d}x \xlongequal{令\sqrt{2x+3}=t} \int t\cdot t\mathrm{d}t=\frac{1}{3}t^3+C \xlongequal{回代 t=\sqrt{2x+3}} \frac{1}{3}(2x+3)^{\frac{3}{2}}+C.$

例 13 求$\int\frac{x}{\sqrt{x-4}}\mathrm{d}x.$

解 令$\sqrt{x-4}=t(t>0)$,则$x=t^2+4$,得$\mathrm{d}x=2t\mathrm{d}t$,于是

$$\int\frac{x}{\sqrt{x-4}}\mathrm{d}x \xlongequal{令 x=t^2+4} \int\frac{t^2+4}{t}\cdot 2t\mathrm{d}t=2\int(t^2+4)\mathrm{d}t=2\left(\frac{1}{3}t^3+4t\right)+C$$

$$=\frac{2}{3}t^3+8t+C \xlongequal{回代 t=\sqrt{x-4}} \frac{2}{3}(x-4)\sqrt{x-4}+8\sqrt{x-4}+C.$$

例 14 求$\int\sqrt{a^2-x^2}\,\mathrm{d}x(a>0).$

解 求这个积分的困难在于被积函数中有根式$\sqrt{a^2-x^2}$,为了去掉根式,我们可以利用三角恒等式$\sin^2t+\cos^2t=1$来达到目的.

令$x=a\sin t\left(-\frac{\pi}{2}<t<\frac{\pi}{2}\right)$,则$\mathrm{d}x=a\cos t\mathrm{d}t$,$\sqrt{a^2-x^2}=a\cos t$,于是

$$\int\sqrt{a^2-x^2}\,\mathrm{d}x=a^2\int\cos^2t\mathrm{d}t=\frac{a^2}{2}\int(1+\cos 2t)\mathrm{d}t=\frac{a^2}{2}\left(t+\frac{1}{2}\sin 2t\right)+C$$

$$=\frac{a^2}{2}(t+\sin t\cos t)+C,$$

把变量t换成x,由$\sin t=\frac{x}{a}$,得$t=\arcsin\frac{x}{a}$,$\cos t=\sqrt{1-\sin^2t}=\frac{\sqrt{a^2-x^2}}{a}$,

于是,原式$=\frac{a^2}{2}\arcsin\frac{x}{a}+\frac{x}{2}\sqrt{a^2-x^2}+C.$

例 15 求$\int\frac{1}{\sqrt{x^2+a^2}}\mathrm{d}x\quad(a>0).$

解 令$x=a\tan t\left(-\frac{\pi}{2}<t<\frac{\pi}{2}\right)$,则$\sqrt{x^2+a^2}=\sqrt{a^2(\tan^2t+1)}=a\sec t$,$\mathrm{d}x=a\sec^2t\mathrm{d}t$,

于是 $\int\frac{1}{\sqrt{x^2+a^2}}\mathrm{d}x=\int\frac{a\sec^2t}{a\sec t}\mathrm{d}t=\int\sec t\mathrm{d}t=\ln|\sec t+\tan t|+C_1$,

由$\tan t=\frac{x}{a}$,作辅助三角形(见图 3-2)知

$$\sec t=\frac{\sqrt{x^2+a^2}}{a}.$$

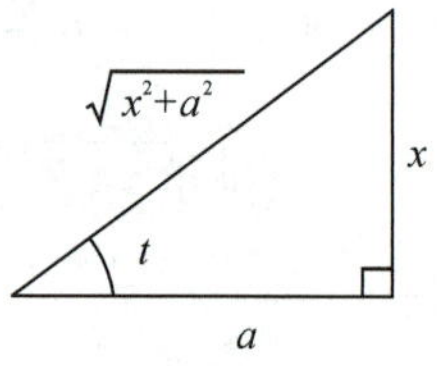

图 3-2

于是

$$\int\frac{1}{\sqrt{x^2+a^2}}\mathrm{d}x=\ln\left|\frac{\sqrt{x^2+a^2}}{a}+\frac{x}{a}\right|+C_1=\ln(\sqrt{x^2+a^2}+x)+C$$(其中$C=C_1-\ln a$).

例 16　求$\int \frac{1}{\sqrt{x^2-a^2}}dx\ (a>0)$.

解　令 $x=a\sec t\ \left(0<t<\frac{\pi}{2}\right)$,则 $dx=a\sec t\tan t dt$,

于是 $\int \frac{1}{\sqrt{x^2-a^2}}dx=\int \frac{a\sec t\tan t}{a\tan t}dt=\int \sec t dt$,由积分结果得

$$\int \frac{1}{\sqrt{x^2-a^2}}dx=\ln|\sec t+\tan t|+C_1$$

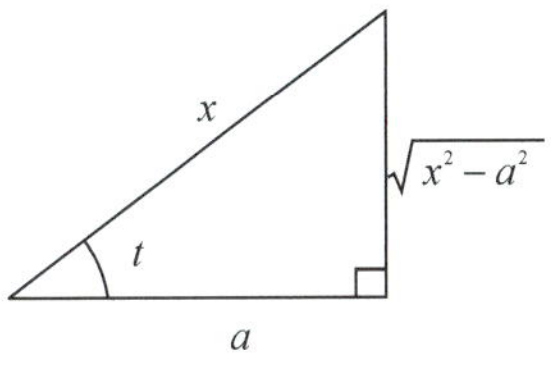

图 3-3

由 $\sec t=\frac{x}{a}$,作辅助三角形(见图 3-3) 知

$$\tan t=\frac{\sqrt{x^2-a^2}}{a}.$$

于是

$$\int \frac{1}{\sqrt{x^2-a^2}}dx=\ln\left|\frac{x}{a}+\frac{\sqrt{x^2-a^2}}{a}\right|+C_1=\ln\left|x+\sqrt{x^2-a^2}\right|+C$$

方法总结:

(1)在运用第一换元积分法时,有时需要对被积函数做适当的代数运算或三角运算,然后再根据基本积分公式凑微分,重点是一个“凑”字,技巧性很强.只有在练习过程中,随时总结和积累经验,才能灵活运用.

(2)第二类换元积分法,使用目的是去根式,重点是一个“令”字.在进行代数换元时,通过变量替换,原来的不定积分转化为关于新的变量的不定积分,在求得关于新的变量的不定积分后,必须回代原变量.在进行三角换元时,可由三角函数边与角的关系,作辅助三角形,以便于回代.

▶▶▶▶ 习题 3.3 ◀◀◀◀

1.求下列不定积分:

(1)$\int \sin 7x dx$;　　(2)$\int e^{-2x}dx$.

2.求下列不定积分:

(1)$\int (x+5)^6 dx$;　　(2)$\int \frac{1}{2x+3}dx$.

3.求下列不定积分:

(1)$\int \frac{1}{\sqrt{9-x^2}}dx$;　　(2)$\int \frac{1}{4+x^2}dx$.

4. 求下列不定积分：

(1) $\int \frac{\cos\sqrt{x}}{\sqrt{x}}\mathrm{d}x$；　　(2) $\int \frac{\sqrt{x-3}}{x}\mathrm{d}x$.

5. 求下列不定积分：

(1) $\int \frac{\mathrm{d}x}{1+\sqrt[3]{2x+4}}$；　　(2) $\int \frac{\sqrt{1-x^2}}{2x}\mathrm{d}x$.

§3.4　不定积分的分部积分法

学习目标

1. 掌握不定积分的分部积分法；
2. 会利用分部积分法计算不定积分.

不定积分的分部积分法

学习重点

不定积分的分部积分法.

学习难点

分部积分公式中 u 和 $\mathrm{d}v$ 的选择.

前面介绍了不定积分的直接积分法和换元积分法，这些积分法的应用范围虽然很广，但还是有很多类型的积分用这些方法是积不出来的. 当被积函数是两种不同类型的函数的乘积时，如 $\int x\cos x\mathrm{d}x$，$\int x\mathrm{e}^x\mathrm{d}x$，$\int x\ln x\mathrm{d}x$，等等，利用前面学过的方法就不一定有效，因此，下面将讨论不定积分的另一种重要方法——分部积分法.

若 $u(x)$ 与 $v(x)$ 可导，不定积分 $\int u'(x)v(x)\mathrm{d}x$ 存在，则不定积分 $\int u(x)v'(x)\mathrm{d}x$ 也存在，且 $\int u(x)v'(x)\mathrm{d}x = u(x)v(x) - \int u'(x)v(x)\mathrm{d}x$，即

$$\int u(x)\mathrm{d}v(x) = u(x)v(x) - \int v(x)\mathrm{d}u(x),$$

此式称为不定积分的**分部积分公式**.

问题 1：分部积分法的核心是什么？

答：分部积分法的核心是将不易求出的积分 $\int u\mathrm{d}v$ 转化为较易求出的积分 $\int v\mathrm{d}u$.

问题 2：分部积分法的关键技术是什么？

答：关键是正确地选取 $u=u(x)$ 和 $v=v(x)$，把积分 $\int f(x)\mathrm{d}x$ 改写成 $\int u\mathrm{d}v$ 的形式，通过积分 $\int v\mathrm{d}u$ 的计算求出原来的积分.

问题 3：分部积分法的使用注意事项有哪些？

答：在分部积分法中，u 和 $\mathrm{d}v$ 的选择不是任意的，如果选取不当，就得不出结果.

在通常情况下，按以下两个原则选择 u 和 $\mathrm{d}v$：

(1) v 要容易求，这是使用分部积分公式的前提；

(2) $\int v\mathrm{d}u$ 要比 $\int u\mathrm{d}v$ 容易求出，这是使用分部积分公式的目的.

分部积分法
例题讲解

例 1 求 $\int x\mathrm{e}^{2x}\mathrm{d}x$.

解 设 $u=x$，$\mathrm{d}v=\mathrm{e}^{2x}\mathrm{d}x=\mathrm{d}\left(\frac{1}{2}\mathrm{e}^{2x}\right)$，则

$$\int x\mathrm{e}^{2x}\mathrm{d}x=\int x\mathrm{d}\left(\frac{1}{2}\mathrm{e}^{2x}\right)=\frac{1}{2}x\mathrm{e}^{2x}-\frac{1}{2}\int\mathrm{e}^{2x}\mathrm{d}x=\frac{1}{2}x\mathrm{e}^{2x}-\frac{1}{4}\mathrm{e}^{2x}+C.$$

例 2 求 $\int x\cos 2x\mathrm{d}x$.

解 令 $u=x$，$\mathrm{d}v=\cos 2x\mathrm{d}x$，则 $v=\frac{1}{2}\sin 2x$，于是

$$\begin{aligned}\int x\cos 2x\mathrm{d}x&=\int x\mathrm{d}\left(\frac{1}{2}\sin 2x\right)=\frac{1}{2}x\sin 2x-\frac{1}{2}\int\sin 2x\mathrm{d}x\\&=\frac{1}{2}x\sin 2x-\left(-\frac{1}{4}\cos 2x\right)+C\\&=\frac{1}{2}x\sin 2x+\frac{1}{4}\cos 2x+C.\end{aligned}$$

例 3 求 $\int\arccos x\mathrm{d}x$.

解 设 $u=\arccos x$，$\mathrm{d}v=\mathrm{d}x$，则

$$\begin{aligned}\int\arccos x\mathrm{d}x&=x\arccos x-\int x\mathrm{d}(\arccos x)=x\arccos x+\int x\cdot\frac{1}{\sqrt{1-x^2}}\mathrm{d}x\\&=x\arccos x-\frac{1}{2}\int\frac{1}{\sqrt{1-x^2}}\mathrm{d}(1-x^2)=x\arccos x-\sqrt{1-x^2}+C.\end{aligned}$$

例 4 求 $\int 2x\arctan x\mathrm{d}x$.

解
$$\begin{aligned}\int 2x\arctan x\mathrm{d}x&=\int\arctan x\mathrm{d}(x^2)=x^2\arctan x-\int x^2\mathrm{d}(\arctan x)\\&=x^2\arctan x-\int x^2\cdot\frac{1}{1+x^2}\mathrm{d}x=x^2\arctan x-\int\left(1-\frac{1}{1+x^2}\right)\mathrm{d}x\\&=x^2\arctan x-x+\arctan x+C.\end{aligned}$$

例 5 求$\int 3x^2\sin x\mathrm{d}x$.

解 $\int 3x^2\sin x\mathrm{d}x=-\int 3x^2\mathrm{d}\cos x=-3x^2\cos x+3\int \cos x\mathrm{d}x^2=-3x^2\cos x+6\int x\cos x\mathrm{d}x$,

对$\int x\cos x\mathrm{d}x$再次使用分部积分公式,得

$$\int x\cos x\mathrm{d}x=\int x\mathrm{d}\sin x=x\sin x-\int \sin x\mathrm{d}x=x\sin x+\cos x+C_1,$$

所以 $\int 3x^2\sin x\mathrm{d}x=-3x^2\cos x+6x\sin x+6\cos x+C$.

例 6 求$\int \mathrm{e}^x\cos x\mathrm{d}x$.

解
$$\begin{aligned}\int \mathrm{e}^x\cos x\mathrm{d}x&=\int \cos x\mathrm{d}(\mathrm{e}^x)=\mathrm{e}^x\cos x-\int \mathrm{e}^x\mathrm{d}(\cos x)\\&=\mathrm{e}^x\cos x+\int \mathrm{e}^x\sin x\mathrm{d}x=\mathrm{e}^x\cos x+\int \sin x\mathrm{d}(\mathrm{e}^x)\\&=\mathrm{e}^x\cos x+\mathrm{e}^x\sin x-\int \mathrm{e}^x\mathrm{d}(\sin x)=\mathrm{e}^x\sin x+\mathrm{e}^x\cos x-\int \mathrm{e}^x\cos x\mathrm{d}x.\end{aligned}$$

移项得 $2\int \mathrm{e}^x\cos x\mathrm{d}x=\mathrm{e}^x(\sin x+\cos x)+C_1$ (注:C_1不能漏掉)

即 $\int \mathrm{e}^x\cos x\mathrm{d}x=\frac{\mathrm{e}^x}{2}(\sin x+\cos x)+C$.

方法总结:下面给出常见的几类被积函数中u和$\mathrm{d}v$的选择.

1. $\int x^n\mathrm{e}^{kx}\mathrm{d}x$,设$u=x^n$,$\mathrm{d}v=\mathrm{e}^{kx}\mathrm{d}x(k\neq 0)$;

2. $\int x^n\sin(ax+b)\mathrm{d}x$,设$u=x^n$,$\mathrm{d}v=\sin(ax+b)\mathrm{d}x(a\neq 0)$;

3. $\int x^n\cos(ax+b)\mathrm{d}x$,设$u=x^n$,$\mathrm{d}v=\cos(ax+b)\mathrm{d}x(a\neq 0)$;

4. $\int x^n\ln x\mathrm{d}x$,设$u=\ln x$,$\mathrm{d}v=x^n\mathrm{d}x$;

5. $\int x^n\arcsin(ax+b)\mathrm{d}x$,设$u=\arcsin(ax+b)$,$\mathrm{d}v=x^n\mathrm{d}x$;

6. $\int x^n\arctan(ax+b)\mathrm{d}x$,设$u=\arctan(ax+b)$,$\mathrm{d}v=x^n\mathrm{d}x$;

7. $\int \mathrm{e}^{kx}\sin(ax+b)\mathrm{d}x$和$\int \mathrm{e}^{kx}\cos(ax+b)\mathrm{d}x$,$u$,$\mathrm{d}v$随意选择.

我们可以用口诀“反对幂三指,谁在前,谁为u,后者凑$\mathrm{d}v$”.

习题 3.4

1. 求下列不定积分：

(1) $\int x\sin 7x\mathrm{d}x$；　　(2) $\int x\mathrm{e}^{-2x}\mathrm{d}x$.

2. 求下列不定积分：

(1) $\int x^3\ln x\mathrm{d}x$；　　(2) $\int \ln x\mathrm{d}x$.

3. 求下列不定积分：

(1) $\int \arctan x\mathrm{d}x$；　　(2) $\int \arcsin x\mathrm{d}x$.

4. 求下列不定积分：

(1) $\int x^2\mathrm{e}^{3x}\mathrm{d}x$；　　(2) $\int \ln(1+x^2)\mathrm{d}x$.

5. 求下列不定积分：

(1) $\int \mathrm{e}^x\sin x\mathrm{d}x$；　　(2) $\int \mathrm{e}^{-x}\sin 2x\mathrm{d}x$.

§3.5　定积分的概念与性质

学习目标

1. 理解定积分的定义与几何意义；
2. 理解并掌握定积分的性质.

学习重点

1. 定积分的思想——分割、求近似、求和、取极限；
2. 定积分的几何意义；
3. 定积分的性质.

学习难点

定积分的定义.

一、定积分的概念

定积分的概念

定义　设函数 $y=f(x)$ 在闭区间 $[a,b]$ 上有界,在 $[a,b]$ 内插入 $n-1$ 个分点(见图 3-4)

$$a=x_0<x_1<x_2<\cdots<x_{n-1}<x_n=b,$$

把区间 $[a,b]$ 分成 n 个小区间:

$[x_0,x_1],[x_1,x_2],\cdots,[x_{n-1},x_n]$,各个小区间的长度依次为

$$\Delta x_1=x_1-x_0,\Delta x_2=x_2-x_1,\cdots,\Delta x_n=x_n-x_{n-1},$$

在每个小区间 $[x_{i-1},x_i]$ 上任取一点 $\xi_i(x_{i-1}\leqslant\xi_i\leqslant x_i)$,作函数值 $f(\xi_i)$ 与小区间长度 Δx_i 的乘积 $f(\xi_i)\Delta x_i(i=1,2,\cdots,n)$,并

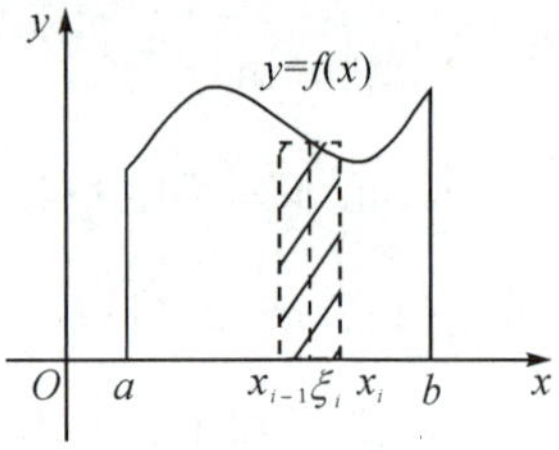

图 3-4

作出和 $S=\sum\limits_{i=1}^{n}f(\xi_i)\Delta x_i$. 记 $\lambda=\max\{\Delta x_1,\Delta x_2,\cdots,\Delta x_n\}$,如果不论对 $[a,b]$ 怎样分法,也不论在小区间 $[x_{i-1},x_i]$ 上点 ξ_i 怎样取法,只要当 $\lambda\to0$ 时,和 S 总趋于确定的常数 I,则称函数 $f(x)$ 在 $[a,b]$ 上**可积**,且称这个极限 I 为函数 $f(x)$ 在区间 $[a,b]$ 上的**定积分**(简称积分),记作 $\int_a^b f(x)\mathrm{d}x$. 即

$$\int_a^b f(x)\mathrm{d}x=I=\lim_{\lambda\to0}\sum_{i=1}^{n}f(\xi_i)\Delta x_i,$$

其中 $f(x)$ 叫作**被积函数**,$f(x)\mathrm{d}x$ 叫作**被积表达式**,x 叫作**积分变量**,a 叫作**积分下限**,b 叫作**积分上限**,$[a,b]$ 叫作**积分区间**.

问题 1:定积分经过哪几个步骤形成?

答:定积分的形成,分四个步骤:分割、求近似、求和、取极限.

问题 2:定积分的结果是什么?

答:定积分本质是一种特定乘积和式的极限,结果是一个数值.

问题 3:什么样的函数会有定积分?

答:闭区间上的连续函数、单调函数、有界且只有有限个第一类间断点的函数均可积.

问题 4:定积分的结果与哪些因素有关?

答:它只与被积函数 $f(x)$ 与积分区间 $[a,b]$ 有关,而与积分变量用什么字母表示无关,即 $\int_a^b f(x)\mathrm{d}x=\int_a^b f(t)\mathrm{d}t=\int_a^b f(u)\mathrm{d}u$.

二、定积分的几何意义

1. 当 $f(x)\geqslant0$ 时,定积分 $\int_a^b f(x)\mathrm{d}x$ 表示由曲线 $y=f(x)$,x 轴及直线 $x=a$ 和 $x=$

b 所围成的曲边梯形的面积，即 $\int_a^b f(x)\mathrm{d}x = S$（见图 3-5）；

2. 当 $f(x) \leqslant 0$ 时，定积分 $\int_a^b f(x)\mathrm{d}x$ 表示上述曲边梯形的面积的相反数，即 $\int_a^b f(x)\mathrm{d}x = -S$（见图 3-6）；

3. 当函数 $f(x)$ 有正有负时，表示各部分面积的代数和，即 $\int_a^b f(x)\mathrm{d}x = S_1 - S_2 + S_3$（见图 3-7）.

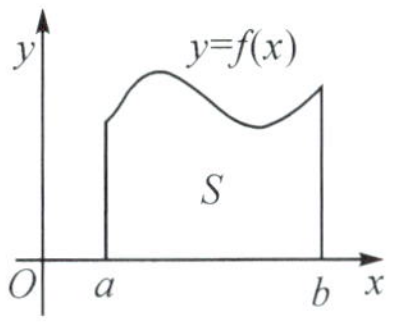

图 3-5

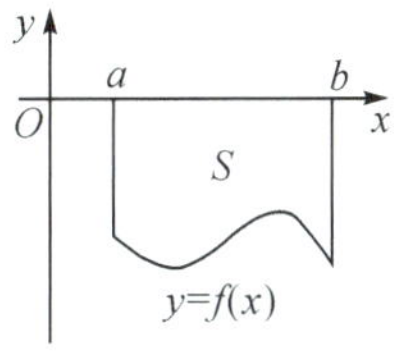

图 3-6

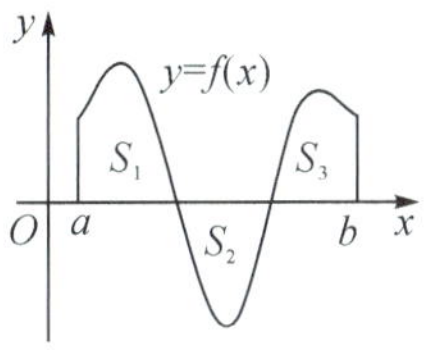

图 3-7

例 1　利用定积分的几何意义计算定积分 $\int_{-2}^{2} \sqrt{4-x^2}\,\mathrm{d}x$.

解　由定积分的几何意义可知，此积分计算的是由曲线 $y=\sqrt{4-x^2}$，直线 $x=-2$，$x=2$ 和 x 轴所围成的曲边梯形在 x 轴上方图形的面积（见图 3-8），图形为 $x^2+y^2=4$ 的上半部分. 由圆的面积公式知，$\int_{-2}^{2} \sqrt{4-x^2}\,\mathrm{d}x = 2\pi$.

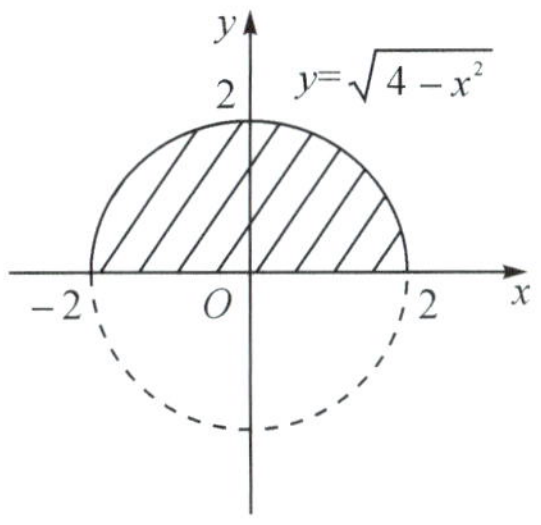

图 3-8

定积分的几何意义与性质

三、定积分的性质

性质 1（定积分的和差运算的性质）

$$\int_a^b [f(x) \pm g(x)]\mathrm{d}x = \int_a^b f(x)\mathrm{d}x \pm \int_a^b g(x)\mathrm{d}x.$$

性质 2（定积分的数乘运算的性质）

$$\int_a^b kf(x)\mathrm{d}x = k\int_a^b f(x)\mathrm{d}x \ (k \text{ 为常数}).$$

性质 3(定积分对区间的可加性)

$$\int_a^b f(x)\mathrm{d}x = \int_a^c f(x)\mathrm{d}x + \int_c^b f(x)\mathrm{d}x.$$

性质 4(定积分变化上下限的关系)

$$\int_a^b f(x)\mathrm{d}x = -\int_b^a f(x)\mathrm{d}x.$$

性质 5(特殊积分公式)

$$\int_a^b 1\mathrm{d}x = b-a, \int_a^a f(x)\mathrm{d}x = 0. \text{其中} \int_a^b 1\mathrm{d}x \text{ 简记为} \int_a^b \mathrm{d}x.$$

性质 6(定积分大小关系的比较)

(1) 若 $f(x)$ 在区间$[a,b]$上恒有 $f(x) \geqslant 0$,则$\int_a^b f(x)\mathrm{d}x \geqslant 0 (a<b)$;

(2) 若当 $x \in [a,b]$ 时,$f(x) \leqslant g(x)$,则$\int_a^b f(x)\mathrm{d}x \leqslant \int_a^b g(x)\mathrm{d}x$;

(3) $\left|\int_a^b f(x)\mathrm{d}x\right| \leqslant \int_a^b |f(x)|\mathrm{d}x (a<b)$.

性质 7(有界函数的定积分估值)

设M与m分别是连续函数$f(x)$在区间$[a,b]$上的最大值和最小值(见图 3-9),则

$$m(b-a) \leqslant \int_a^b f(x)\mathrm{d}x \leqslant M(b-a) (a<b).$$

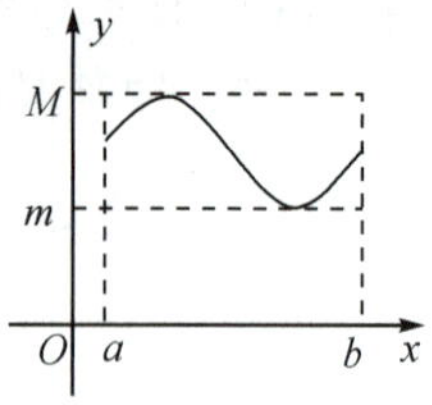

图 3-9

性质 8(积分中值定理)

如果函数 $f(x)$ 在$[a,b]$上连续,那么在$[a,b]$上至少存在一点ξ,使得

$$\int_a^b f(x)\mathrm{d}x = f(\xi)(b-a)$$

称函数值 $f(\xi)$ 为函数 $f(x)$ 在区间$[a,b]$上的平均值,即 $f(\xi) = \dfrac{1}{b-a}\int_a^b f(x)\mathrm{d}x$.

定积分中值定理的几何意义是显然的(见图 3-10). 一条连续曲线 $y=f(x)$ $(f(x) \geqslant 0)$ 在$[a,b]$上的曲边梯形面积等于以区间$[a,b]$长度为底,$[a,b]$中一点ξ的函数值为高的矩形面积.

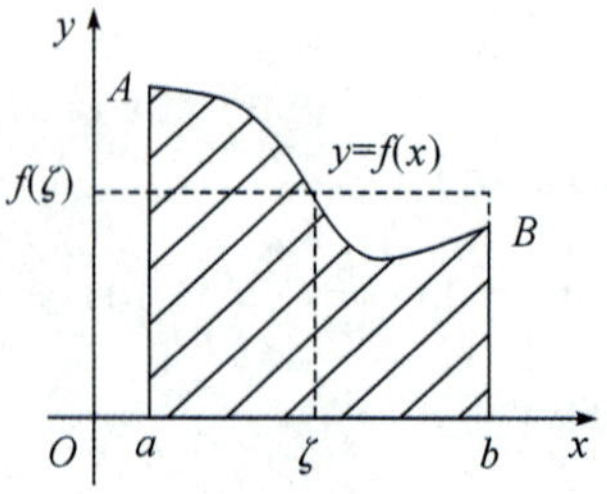

图 3-10

例 2　比较下列两个定积分的大小：

$$I_1=\int_0^1 2^x\mathrm{d}x,I_2=\int_0^1 3^x\mathrm{d}x.$$

解　因为当 $0\leqslant x\leqslant 1$ 时，有 $3^x\geqslant 2^x$，所以根据性质 6 得

$$\int_0^1 3^x\mathrm{d}x\geqslant\int_0^1 2^x\mathrm{d}x.$$

例 3　估计定积分 $\int_{\frac{\pi}{4}}^{\frac{3\pi}{4}}(3+2\sin^2x)\mathrm{d}x$ 的值.

解　因在区间 $\left[\frac{\pi}{4},\frac{3\pi}{4}\right]$ 上，$\frac{1}{2}\leqslant\sin^2x\leqslant 1$，故，$4\leqslant 3+2\sin^2x\leqslant 5$，从而有

$$\left(\frac{3\pi}{4}-\frac{\pi}{4}\right)\times 4\leqslant\int_{\frac{\pi}{4}}^{\frac{3\pi}{4}}(3+2\sin^2x)\mathrm{d}x\leqslant\left(\frac{3\pi}{4}-\frac{\pi}{4}\right)\times 5,$$

即

$$2\pi\leqslant\int_{\frac{\pi}{4}}^{\frac{3\pi}{4}}(3+2\sin^2x)\mathrm{d}x\leqslant\frac{5}{2}\pi.$$

例 4　估计定积分 $\int_0^3(2x^2+3)\mathrm{d}x$ 的值.

解　因 $f(x)=2x^2+3$ 在区间 $[0,3]$ 上单调递增，故 $\max f(x)=21$，$\min f(x)=3$，故

$$(3-0)\times 3\leqslant\int_0^3(2x^2+3)\mathrm{d}x\leqslant(3-0)\times 21,$$

即

$$9\leqslant\int_0^3(2x^2+3)\mathrm{d}x\leqslant 63.$$

方法总结：定积分的定义，实质上是告诉我们一种解决问题的思想方法，人们通过分割、近似替代、求和与取极限四步，用动态的思想去分析静态的事物，用静态的方法去解决动态的问题. 以直代曲，以简单求复杂，最后解决诸如曲边梯形的面积和变力做功的问题，从而引出定积分的理论.

▶▶▶▶ 习题 3.5 ◀◀◀◀

1. 利用定积分的几何意义计算定积分 $\int_0^3\sqrt{9-x^2}\mathrm{d}x$.

2. 估计积分 $\int_{\frac{\pi}{4}}^{\frac{3\pi}{4}}(2+\cos^2x)\mathrm{d}x$ 的值.

3. 估计积分 $\int_1^4(x^2+3)\mathrm{d}x$ 的值.

4. 利用定积分的估值定理证明：$\frac{3}{8} \leqslant \int_1^4 \frac{1}{4+x}\mathrm{d}x \leqslant \frac{3}{5}$.

5. 用定积分表示极限$\lim\limits_{n\to\infty}\frac{1}{n\sqrt{n}}(\sqrt{1}+\sqrt{2}+\cdots+\sqrt{n})$.

§3.6 牛顿-莱布尼茨公式

学习目标

1. 理解变上限函数的定义；
2. 掌握变上限函数的可导性并能求导；
3. 掌握不定积分与定积分的关系；
4. 掌握牛顿-莱布尼茨公式.

学习重点

1. 变上限函数的导数；
2. 牛顿-莱布尼茨公式.

学习难点

1. 变上限函数构成的复合函数的求导；
2. 牛顿-莱布尼茨公式的运用.

一、变上限函数

变上限积分函数

定义 设$f(x)$在区间$[a,b]$上连续，设$x\in[a,b]$为任意一点，则$f(x)$在部分区间$[a,x]$上的定积分$\int_a^x f(x)\mathrm{d}x$称为$y=f(x)$的**变上限积分**，或称为**变上限函数**(见图3-11)，记作$\Phi(x)$，即

$$\Phi(x)=\int_a^x f(x)\mathrm{d}x(a\leqslant x\leqslant b).$$

因为定积分的值与积分变量无关，为了区分积分上限和积分变量，上式又可写作

$$\Phi(x)=\int_a^x f(t)\mathrm{d}t(a\leqslant x\leqslant b).$$

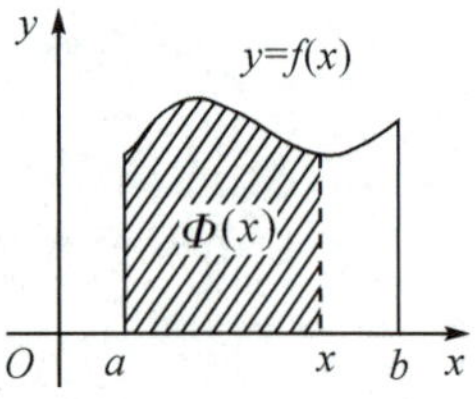

图 3-11

二、变上限函数的导数

设 $f(x)$ 在区间 $[a,b]$ 上连续，则变上限函数

$$\Phi(x)=\int_a^x f(t)\mathrm{d}t$$

在区间 $[a,b]$ 上具有导数，且

$$\Phi'(x)=\frac{\mathrm{d}}{\mathrm{d}x}\int_a^x f(t)\mathrm{d}t=f(x)(a\leqslant x\leqslant b).$$

问题 1：变上限函数 $\Phi(x)$ 有什么性质？

答：(1) $\Phi(x)$ 的自变量为上限 x.

(2) 定义域为 $[a,b]$，变量 t 只是积分变量，t 介于 a 与 x 之间.

(3) $\Phi(x)$ 在区间 $[a,b]$ 上连续，在区间 (a,b) 内可导.

(4) $\Phi'(x)=\left[\int_a^x f(t)\mathrm{d}t\right]'=f(x)$.

一般地，设 $f(x)$ 在区间 $[a,b]$ 上连续，$a\leqslant\varphi(x)\leqslant b$ 且 $\varphi(x)$ 在区间 (a,b) 内可导，则运用复合函数的求导公式可得

$$\frac{\mathrm{d}}{\mathrm{d}x}\int_a^{\varphi(x)} f(t)\mathrm{d}t=f[\varphi(x)]\cdot\varphi'(x).$$

例 1　设 $F(x)=\int_2^x(6t^2-3t+5)\mathrm{d}t$，求 $F'(x)$.

解　$F'(x)=(6t^2-3t+5)\big|_{t=x}=6x^2-3x+5$

例 2　设 $G(x)=\int_3^{3x}\cos t\mathrm{d}t$，求 $G'(x)$.

解　$G'(x)=\cos 3x\times(3x)'=3\cos 3x$

例 3　计算 $\lim\limits_{x\to 0}\dfrac{\int_0^x 4t^3\mathrm{d}t}{x^4}$.

解　这是一个 $\dfrac{0}{0}$ 型的未定式. 我们用洛必达法则来求极限.

$$\lim_{x\to 0}\frac{\int_0^x 4t^3\mathrm{d}t}{x^4}=\lim_{x\to 0}\frac{\left(\int_0^x 4t^3\mathrm{d}t\right)'}{(x^4)'}=\lim_{x\to 0}\frac{4x^3}{4x^3}=1.$$

定理 1(原函数存在定理)

若 $f(x)$ 在区间 $[a,b]$ 上连续，则

$$\Phi(x)=\int_a^x f(t)\mathrm{d}t(a\leqslant x\leqslant b)$$

为 $f(x)$ 在区间 $[a,b]$ 上的原函数.

这个定理肯定了连续函数一定存在原函数，而且初步揭示了定积分与原函数之间的

联系,使得通过原函数来计算定积分有了可能.

三、牛顿 - 莱布尼茨公式

牛顿 - 莱布尼茨公式

定理 2(牛顿 - 莱布尼茨公式) 设函数 $F(x)$ 是 $f(x)$ 在区间 $[a,b]$ 上的原函数,则

$$\int_a^b f(x)\mathrm{d}x = F(x)\Big|_a^b = F(b) - F(a).$$

此公式,也称为**微积分基本公式**.

例 4 计算下列定积分:

(1) $\int_2^4 x\mathrm{d}x$; (2) $\int_0^3 x^2\mathrm{d}x$; (3) $\int_{\frac{\pi}{4}}^{\frac{\pi}{2}} \sin x\mathrm{d}x$.

解 (1) $\int_2^4 x\mathrm{d}x = \frac{1}{2}x^2\Big|_2^4 = 8 - 2 = 6$.

(2) $\int_0^3 x^2\mathrm{d}x = \left[\frac{x^3}{3}\right]_0^3 = \frac{3^3}{3} - \frac{0^3}{3} = 9$.

(3) $\int_{\frac{\pi}{4}}^{\frac{\pi}{2}} \sin x\mathrm{d}x = -\cos x\Big|_{\frac{\pi}{4}}^{\frac{\pi}{2}} = \frac{\sqrt{2}}{2}$.

例 5 求 $\int_1^2 x(2+3x)\mathrm{d}x$.

解 $\int_1^2 x(2+3x)\mathrm{d}x = \int_1^2 (2x+3x^2)\mathrm{d}x = (x^2+x^3)\Big|_1^2 = 10$.

例 6 设 $f(x) = \begin{cases} 2x+1, & x \leqslant 1 \\ 3x^2+2, & x > 1 \end{cases}$,求 $\int_0^3 f(x)\mathrm{d}x$.

解 $$\int_0^3 f(x)\mathrm{d}x = \int_0^1 f(x)\mathrm{d}x + \int_1^3 f(x)\mathrm{d}x = \int_0^1 (2x+1)\mathrm{d}x + \int_1^3 (3x^2+2)\mathrm{d}x$$
$$= [x^2+x]_0^1 + [x^3+2x]_1^3 = 32.$$

方法总结:牛顿 - 莱布尼茨公式是微积分学中最重要的公式之一,它把计算定积分的问题转化为求被积函数的原函数的问题,揭示了定积分与不定积分之间的内在联系.

▶▶▶▶ 习题 3.6 ◀◀◀◀

1. 设 $F(x) = \int_3^x (2t^3 - 5t + 3)\mathrm{d}t$,求 $F'(x)$.

2. 设 $G(x) = \int_4^{x^2} \cos 2t\mathrm{d}t$,求 $G'(x)$.

3. 计算 $\lim\limits_{x\to 0} \dfrac{\int_0^x 2\sin t\mathrm{d}t}{3x^2}$.

4. 求$\int_{1}^{2}(3x^2-2x+5)\mathrm{d}x$.

5. 求$\int_{0}^{3}|x-2|\mathrm{d}x$.

§3.7　定积分的换元积分法与分部积分法

学习目标

1. 熟练掌握定积分的换元积分法；
2. 熟练掌握定积分的分部积分法.

学习重点

1. 定积分的换元积分法；
2. 定积分的分部积分法.

学习难点

1. 选择适当的函数换元；
2. 选择适当的函数，运用微分公式，进行分部积分.

一、定积分的换元积分法

定积分的换元积分法

设函数 $f(x)$ 在区间$[a,b]$上连续，函数 $x=\varphi(t)$ 满足：

(1)$\varphi(\alpha)=a,\varphi(\beta)=b$，即 $x:a\to b$ 时，对应的 $t:\alpha\to\beta$；

(2) 在区间$[\alpha,\beta]$(或$[\beta,\alpha]$) 上 $\varphi(t)$ 单调且具有连续导数，

则

$$\int_{a}^{b}f(x)\mathrm{d}x=\int_{\alpha}^{\beta}f[\varphi(t)]\varphi'(t)\mathrm{d}t,$$

即

$$\int_{a}^{b}f(x)\mathrm{d}x\xlongequal{\text{令 }x=\varphi(t)}\int_{\varphi^{-1}(a)}^{\varphi^{-1}(b)}f[\varphi(t)]\varphi'(t)\mathrm{d}t.$$

问题 1：定积分的换元积分法的目的是什么？

答：通过换元，使新的积分计算比原来的积分简单.

问题 2：定积分的换元积分法的关键是什么？

答：换元的同时要换限.

问题 3:不定积分的换元积分法与定积分的换元积分法的主要区别是什么?

答:不定积分的换元积分法需要回代,而定积分不需要回代.

例 1 求$\int_0^4 \frac{1}{1+\sqrt{x}}\mathrm{d}x$.

解 令$\sqrt{x}=t(t>0)$,相应地变换定积分的上、下限:

当 $x=0$ 时,$t=0$,当 $x=4$ 时,$t=2$.

$$\int_0^4 \frac{1}{1+\sqrt{x}}\mathrm{d}x=\int_0^2 \frac{2t}{1+t}\mathrm{d}t=2\int_0^2\left(1-\frac{1}{1+t}\right)\mathrm{d}t=2[t-\ln(1+t)]\big|_0^2=4-2\ln3$$

例 2 求$\int_4^9 \frac{1}{x+\sqrt{x}}\mathrm{d}x$.

令$\sqrt{x}=t(t>0)$,相应地变换定积分的上、下限:

当 $x=4$ 时,$t=2$,当 $x=9$ 时,$t=3$.

$$\int_4^9 \frac{1}{x+\sqrt{x}}\mathrm{d}x=\int_2^3 \frac{2t}{t^2+t}\mathrm{d}t=2\int_2^3 \frac{1}{t+1}\mathrm{d}t=2(\ln4-\ln3)$$

例 3 求$\int_0^4 \frac{x+3}{\sqrt{2x+1}}\mathrm{d}x$.

解 令$\sqrt{2x+1}=t$,则 $x=\frac{t^2-1}{2}$,$\mathrm{d}x=t\mathrm{d}t$,

且 $x=0$ 时,$t=1$;$x=4$ 时,$t=3$,于是

$$\int_0^4 \frac{x+3}{\sqrt{2x+1}}\mathrm{d}x=\frac{1}{2}\int_1^3(t^2+5)\mathrm{d}t=\frac{28}{3}.$$

例 4 计算$\int_0^3 \sqrt{9-x^2}\mathrm{d}x$.

解 设 $x=3\sin t\left(-\frac{\pi}{2}\leqslant t\leqslant\frac{\pi}{2}\right)$ 则 $\mathrm{d}x=3\cos t\mathrm{d}t$,且 $x=0$ 时 $t=0$;$x=3$ 时 $t=\frac{\pi}{2}$,故$\int_0^3 \sqrt{9-x^2}\mathrm{d}x=9\int_0^{\frac{\pi}{2}}\cos^2 t\mathrm{d}t=\frac{9}{2}\int_0^{\frac{\pi}{2}}(1+\cos2t)\mathrm{d}t$

$$=\frac{9}{2}\left[t+\frac{1}{2}\sin2t\right]_0^{\frac{\pi}{2}}=\frac{9\pi}{4}.$$

例 5 已知$\int_x^{2\ln2}\frac{\mathrm{d}t}{\sqrt{\mathrm{e}^t-1}}=\frac{\pi}{6}$,求 x.

令 $\mathrm{e}^t-1=u$,则 $t=\ln(1+u)$,$\mathrm{d}t=\frac{1}{1+u}\mathrm{d}u$,

且 $t=x$ 时,$u=\mathrm{e}^x-1$;$t=2\ln2$ 时,$u=3$,于是

$$\int_x^{2\ln2}\frac{\mathrm{d}t}{\sqrt{\mathrm{e}^t-1}}=\int_{\mathrm{e}^x-1}^3\frac{\mathrm{d}u}{(1+u)\sqrt{u}}=2\int_{\mathrm{e}^x-1}^3\frac{\mathrm{d}\sqrt{u}}{1+(\sqrt{u})^2}=2\arctan\sqrt{u}\,\big|_{\mathrm{e}^x-1}^3=\frac{\pi}{6},$$

得到 $\arctan\sqrt{\mathrm{e}^x-1}=\frac{\pi}{4}$,$x=\ln2$.

二、对称区间上奇偶函数的积分性质

性质 1(对称区间上奇函数的积分性质)

若 $f(x)$ 在区间 $[-a,a]$ 上连续且为奇函数(见图 3-12),则

$$\int_{-a}^{a} f(x)\mathrm{d}x = 0.$$

性质 2(对称区间上偶函数的积分性质)

若 $f(x)$ 在区间 $[-a,a]$ 上连续且为偶函数(见图 3-13),则

$$\int_{-a}^{a} f(x)\mathrm{d}x = 2\int_{0}^{a} f(x)\mathrm{d}x.$$

对称区间上的定积分

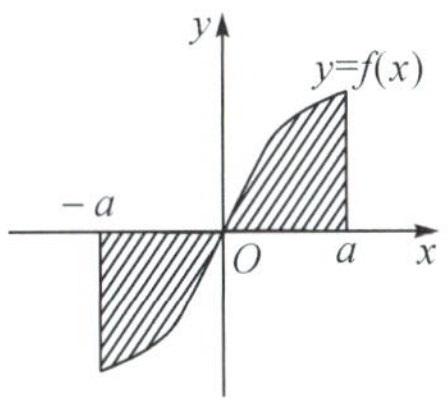

图 3-12

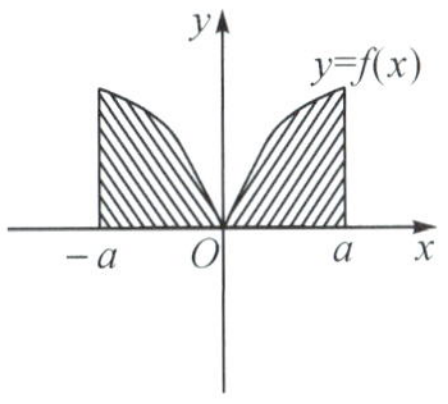

图 3-13

例 6　计算 $\int_{-3}^{3} \frac{x^6 \sin x}{5x^4+2x^2+3}\mathrm{d}x$.

解　$\int_{-3}^{3} \frac{x^6 \sin x}{5x^4+2x^2+3}\mathrm{d}x = 0$.

三、定积分的分部积分法

定积分的分部积分法

设 $u(x)$ 和 $v(x)$ 在区间 $[a,b]$ 上都具有连续导数,则有

$$\int_{a}^{b} u\mathrm{d}v = uv\Big|_{a}^{b} - \int_{a}^{b} v\mathrm{d}u.$$

这就是定积分的分部积分公式.其中 $u,\mathrm{d}v$ 的选择规律与不定积分分部积分法相同.

例 7　求 $\int_{0}^{\pi} x\cos x\mathrm{d}x$.

解　$\int_{0}^{\pi} x\cos x\mathrm{d}x = \int_{0}^{\pi} x\mathrm{d}\sin x = x\sin x\Big|_{0}^{\pi} - \int_{0}^{\pi}\sin x\mathrm{d}x = -2$.

方法总结:换元积分法和分部积分法都是解决积分计算的很重要的方法.

习题 3.7

1. 求$\int_0^3 \frac{x}{\sqrt{x+1}}\mathrm{d}x$.

2. 求$\int_{-1}^1 \frac{2x}{\sqrt{5-4x}}\mathrm{d}x$.

3. 求$\int_0^4 \sqrt{16-x^2}\,\mathrm{d}x$.

4. 求$\int_{-1}^1 \frac{x^2\sin x}{\cos x+x^2+5}\mathrm{d}x$.

5. 求$\int_0^1 x\mathrm{e}^{-x}\mathrm{d}x$.

* §3.8 广义积分

学习目标

1. 掌握无穷区间上的广义积分;
2. 掌握无界函数的广义积分(瑕积分).

学习重点

1. 无穷区间上的广义积分;
2. 无界函数的广义积分.

学习难点

1. 无穷区间上的广义积分的计算;
2. 瑕积分的计算.

无穷区间上的广义积分

1. 无穷区间上的广义积分

定义 1 设 $f(x)$ 在$[a,+\infty)$上连续,任取 $b>a$,如果极限 $\lim\limits_{b\to+\infty}\int_a^b f(x)\mathrm{d}x$ 存在,则称此极限为函数 $f(x)$ 在无穷区间$[a,+\infty)$上的**广义积分**,记作$\int_a^{+\infty} f(x)\mathrm{d}x$,即

$$\int_a^{+\infty} f(x)\mathrm{d}x=\lim_{b\to+\infty}\int_a^b f(x)\mathrm{d}x$$

这时也称广义积分$\int_a^{+\infty} f(x)\mathrm{d}x$ **收敛**;如果上述极限不存在,则称广义积分$\int_a^{+\infty} f(x)\mathrm{d}x$

发散.

类似地，设函数 $f(x)$ 在区间 $(-\infty,b]$ 上连续，任取 $a<b$，如果极限 $\lim\limits_{a\to-\infty}\int_a^b f(x)\mathrm{d}x$ 存在，则称此极限为函数 $f(x)$ 在无穷区间 $(-\infty,b]$ 上的广义积分，记作 $\int_{-\infty}^b f(x)\mathrm{d}x$，即

$$\int_{-\infty}^b f(x)\mathrm{d}x=\lim_{a\to-\infty}\int_a^b f(x)\mathrm{d}x$$

这时也称广义积分 $\int_{-\infty}^b f(x)\mathrm{d}x$ 收敛；如果上述极限不存在，就称广义积分 $\int_{-\infty}^b f(x)\mathrm{d}x$ 发散.

定义 2　设函数 $f(x)$ 在区间 $(-\infty,+\infty)$ 上连续，如果广义积分

$$\int_{-\infty}^c f(x)\mathrm{d}x \text{ 和} \int_c^{+\infty} f(x)\mathrm{d}x$$

都收敛，则称上述两广义积分之和为函数 $f(x)$ 在无穷区间 $(-\infty,+\infty)$ 上的广义积分，记作 $\int_{-\infty}^{+\infty} f(x)\mathrm{d}x$，即

$$\begin{aligned}\int_{-\infty}^{+\infty} f(x)\mathrm{d}x&=\int_{-\infty}^c f(x)\mathrm{d}x+\int_c^{+\infty} f(x)\mathrm{d}x\\&=\lim_{a\to-\infty}\int_a^c f(x)\mathrm{d}x+\lim_{b\to+\infty}\int_c^b f(x)\mathrm{d}x\end{aligned}$$

其中 c 为任意常数，这时也称广义积分 $\int_{-\infty}^{+\infty} f(x)\mathrm{d}x$ **收敛**；否则就称广义积分 $\int_{-\infty}^{+\infty} f(x)\mathrm{d}x$ **发散**.

为书写简便，若 $F'(x)=f(x)$，则可记 $\int_a^{+\infty} f(x)\mathrm{d}x=[F(x)]\big|_a^{+\infty}=F(+\infty)-F(a)$.

其中，$F(+\infty)$ 应理解为 $\lim\limits_{x\to+\infty}F(x)$，$\int_{-\infty}^b f(x)\mathrm{d}x$ 和 $\int_{-\infty}^{+\infty} f(x)\mathrm{d}x$ 也有类似的简写法.

例 1　计算 $\int_1^{+\infty}\frac{1}{x^2}\mathrm{d}x$.

解　取 $b>0$，因为 $\lim\limits_{b\to+\infty}\int_1^b\frac{1}{x^2}\mathrm{d}x=\lim\limits_{b\to+\infty}\left(1-\frac{1}{b}\right)=1$，所以 $\int_1^{+\infty}\frac{1}{x^2}\mathrm{d}x=1$.

2. 无界函数的广义积分(瑕积分)

瑕点：如果函数 $f(x)$ 在点 a 的任一邻域内都无界，那么点 a 称为函数 $f(x)$ 的瑕点，也称为无穷间断点.

瑕积分

定义 3　设函数 $f(x)$ 在 $(a,b]$ 上连续，且 $\lim\limits_{x\to a^+}f(x)=\infty$，若极限 $\lim\limits_{t\to a^+}\int_t^b f(x)\mathrm{d}x$ 存在，则称此极限为函数 $f(x)$ 在 $(a,b]$ 上的**广义积分**(即**瑕积分**)，仍记作 $\int_a^b f(x)\mathrm{d}x$. 即

$$\int_a^b f(x)\mathrm{d}x = \lim_{t\to a^+}\int_t^b f(x)\mathrm{d}x$$

这时也称广义积分$\int_a^b f(x)\mathrm{d}x$ **收敛**,否则称无界函数广义积分$\int_a^b f(x)\mathrm{d}x$ **发散**.

类似地,若函数 $f(x)$ 在$[a,b)$ 上连续,且 $\lim\limits_{x\to b^-} f(x) = \infty$,则可定义无界函数积分$\int_a^b f(x)\mathrm{d}x$ 为

$$\int_a^b f(x)\mathrm{d}x = \lim_{t\to b^-}\int_a^t f(x)\mathrm{d}x$$

若函数 $f(x)$ 在$[a,b]$ 上除点 $c(a < c < b)$ 外连续,且$\lim\limits_{x\to c} f(x) = \infty$,而无界函数$\int_a^c f(x)\mathrm{d}x$ 和$\int_c^b f(x)\mathrm{d}x$ 都收敛,则定义无界函数积分$\int_a^b f(x)\mathrm{d}x$ 为

$$\begin{aligned}\int_a^b f(x)\mathrm{d}x &= \int_a^c f(x)\mathrm{d}x + \int_c^b f(x)\mathrm{d}x \\ &= \lim_{t_1\to c^-}\int_a^{t_1} f(x)\mathrm{d}x + \lim_{t_2\to c^+}\int_{t_2}^b f(x)\mathrm{d}x\end{aligned}$$

并称其为收敛的,否则称其为发散的.

例 2 计算$\int_0^1 \frac{1}{\sqrt{1-x^2}}\mathrm{d}x$

解 $x = 1$ 是瑕点,取 $b > 0$,$\int_0^1 \frac{1}{\sqrt{1-x^2}}\mathrm{d}x = \lim\limits_{b\to 1^-}\int_0^b \frac{1}{\sqrt{1-x^2}}\mathrm{d}x = \lim\limits_{b\to 1^-}\arcsin b = \frac{\pi}{2}$.

方法总结:广义积分有收敛和发散之分,当广义积分收敛时,计算的基本思路是先利用牛顿 - 莱布尼茨公式求定积分,再取极限.

▶▶▶▶ 习题 3.8 ◀◀◀◀

1. 求$\int_1^{+\infty} \frac{1}{x^3}\mathrm{d}x$.

2. 求$\int_{-\infty}^{+\infty} \frac{2}{1+x^2}\mathrm{d}x$.

3. 求$\int_0^4 \frac{1}{\sqrt{x}}\mathrm{d}x$.

4. 求$\int_\mathrm{e}^{+\infty} \frac{1}{x\ln^2 x}\mathrm{d}x$.

5. 求$\int_0^1 \frac{1}{\sqrt{x^2+x}}\mathrm{d}x$.

§3.9　定积分的微元法及其应用

学习目标

1. 理解微元法的思想和方法，会求平面图形的面积；
2. 会求绕坐标轴旋转一周而成的旋转体的体积；
3. 会求平面曲线的弧长.

学习重点

1. 微元法的思想和方法；
2. 平面图形的面积公式；
3. 绕坐标轴旋转一周而成的旋转体的体积公式；
4. 平面曲线的弧长公式.

学习难点

1. 将实际问题用微元法建立定积分数学模型；
2. 正确判别不同类型的问题.

一、定积分的微元法

定积分的微元法

1. 条件

一般地，如果在实际问题中所求量 U 满足以下条件可归结为定积分求解：

(1) 所求量 U 与变量 x 的变化区间 $[a,b]$ 有关；

(2) 所求量 U 对于区间 $[a,b]$ 具有可加性，即把区间 $[a,b]$ 分成许多小区间，整体量等于各部分量之和，即 $U=\sum\limits_{i}\Delta U_i$；

(3) 所求量 U 的部分量 ΔU_i 可近似地表示成 $f(\xi_i)\cdot\Delta x_i$，即 $\Delta U_i\approx f(\xi_i)\cdot\Delta x_i$.

2. 步骤

用定积分来求量 U 的步骤为：

(1) 根据问题，选取一个变量 x 为积分变量，并确定它的变化区间 $[a,b]$；

(2) 设想将区间 $[a,b]$ 分成若干小区间，取其中的任一小区间 $[x,x+\mathrm{d}x]$，求出它所对应的部分量 ΔU 的近似值

$$\Delta U\approx f(x)\mathrm{d}x\,(f(x)\text{ 为区间 }[a,b]\text{ 上一连续函数}),$$

则称 $f(x)\mathrm{d}x$ 为量 U 的微元,且记作 $\mathrm{d}U=f(x)\mathrm{d}x$;

(3) 以 U 的元素 $\mathrm{d}U$ 作被积表达式,以$[a,b]$为积分区间,得

$$U=\int_a^b f(x)\mathrm{d}x.$$

这个方法叫作微元法,其实质是找出 U 的微元 $\mathrm{d}U$ 的微分表达式

$$\mathrm{d}U=f(x)\mathrm{d}x(a\leqslant x\leqslant b).$$

定积分计算平面图形的面积

二、微元法的应用

1. 曲边梯形面积的计算

$f(x)$ 在区间$[a,b]$上连续,且 $f(x)\geqslant 0$,以曲线 $f(x)$ 为曲边,底为$[a,b]$,构成曲边梯形. 面积微元是 $\mathrm{d}A=f(x)\mathrm{d}x$(见图 3-14),再把区间$[a,b]$上的所有面积微元累积起来,就是整个曲边梯形的面积,即

$$A=\int_a^b f(x)\mathrm{d}x.$$

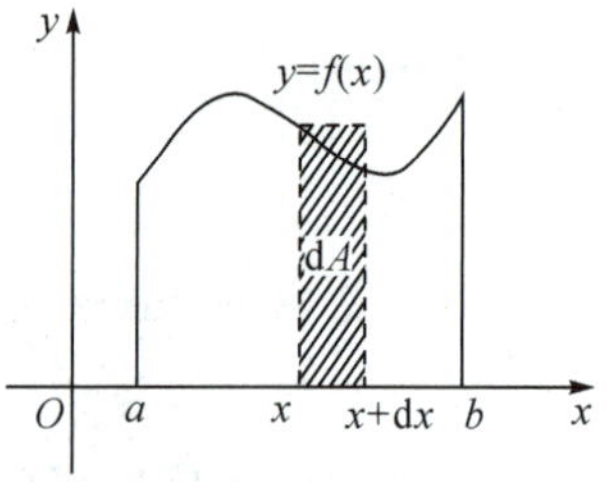

图 3-14

例 1 计算曲线 $y=\sin x$ 在$[0,\pi]$上与 x 轴所围成平面图形(见图 3-15)的面积.

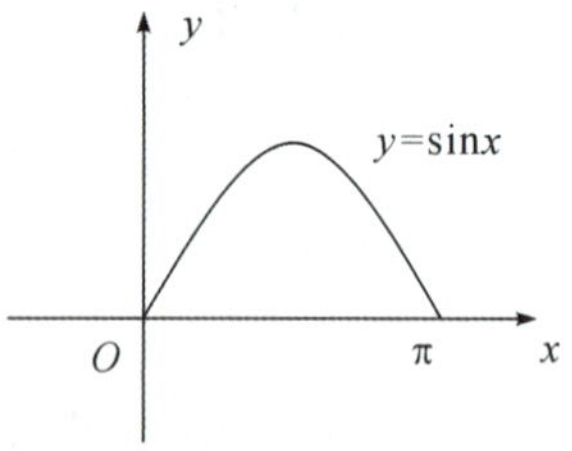

图 3-15

解 由定积分的几何意义知,面积

$$A=\int_0^{\pi}\sin x\mathrm{d}x=[-\cos x]_0^{\pi}=2.$$

2. 平面图形的面积计算

(1) 上下结构型平面图形的面积

由直线 $x=a$,$x=b$ 及曲线 $y=f(x)$、$y=g(x)$($f(x)\geqslant g(x)$)所围成的平面图形称为**上下结构型平面图形**(见图 3-16),面积微元 $\mathrm{d}A=[f(x)-g(x)]\mathrm{d}x$,根据微元法可得其面积:

$$A=\int_a^b[f(x)-g(x)]\mathrm{d}x.$$

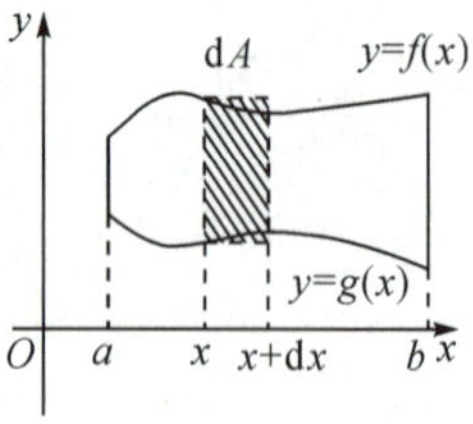

图 3-16

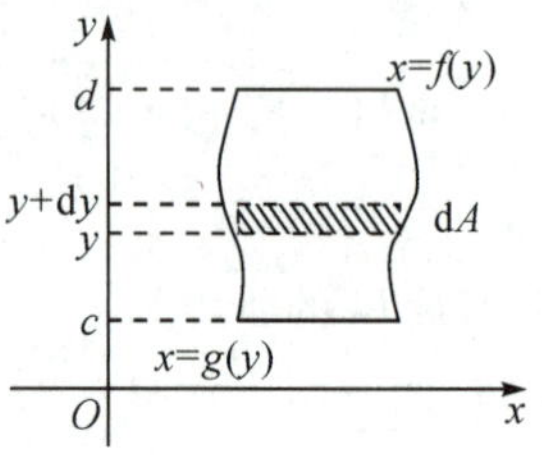

图 3-17

(2) 左右结构型平面图形的面积

由直线 $y=c, y=d$ 及曲线 $x=f(y), x=g(y)(f(y)\geqslant g(y))$ 所围成的平面图形称为**左右结构型平面图形**(见图 3-17)，面积微元 $\mathrm{d}A=[f(y)-g(y)]\mathrm{d}y$，得其面积：

$$A=\int_c^d [f(y)-g(y)]\mathrm{d}y.$$

例 2　求由曲线 $y=2-x^2$ 与直线 $x+y=0$ 所围的面积.

解　先作草图(见图 3-18)，显然为上下结构型面积图形.

由

$$\begin{cases} y=2-x^2 \\ y=-x \end{cases}$$

得交点的横坐标 $x_1=-1, x_2=2$，所以

$$A=\int_{-1}^2 [(2-x^2)-(-x)]\mathrm{d}x$$

$$=\left(2x+\frac{1}{2}x^2-\frac{1}{3}x^3\right)\Big|_{-1}^2=\frac{9}{2}.$$

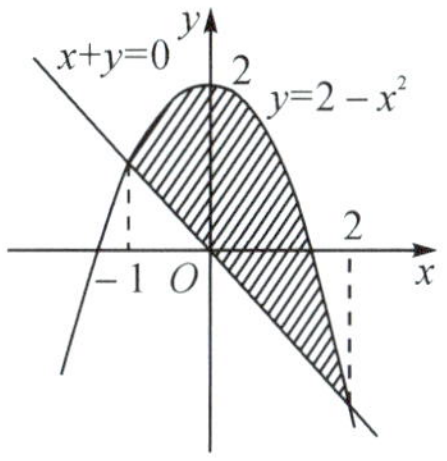

图 3-18

例 3　求由两条曲线 $y=x^2$ 和 $y=\sqrt{x}$ 所围成的面积.

解　先作草图(见图 3-19)，显然为上下结构型面积图形.

由 $\begin{cases} y=x^2 \\ y=\sqrt{x} \end{cases}$ 得交点的横坐标 $x_1=0, x_2=1$，所以

$$A=\int_0^1 (\sqrt{x}-x^2)\mathrm{d}x=\frac{1}{3}.$$

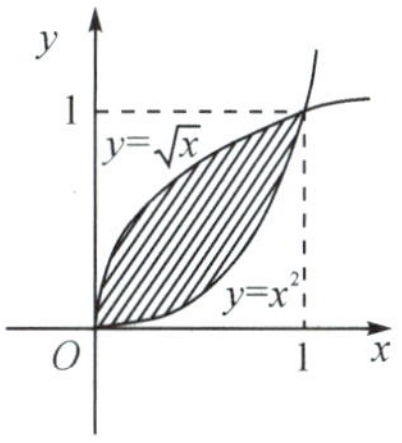

图 3-19

例 4　计算抛物线 $y^2=2x$ 与直线 $y=x-4$ 所围平面图形的面积.

解　**方法一**　作草图(见图 3-20)，可以知道图形是左右结构型.

由 $y^2=2x$ 得反函数 $x=\frac{1}{2}y^2$，由 $x-y=4$ 得反函数 $x=y+4$，由 $\begin{cases} y^2=2x \\ x-y=4 \end{cases}$ 得到两条曲线的交点(2，－2) 和(8，4)，所求面积

$$A=\int_{-2}^4 \left(y+4-\frac{1}{2}y^2\right)\mathrm{d}y=\left(\frac{y^2}{2}+4y-\frac{y^3}{6}\right)\Big|_{-2}^4=18.$$

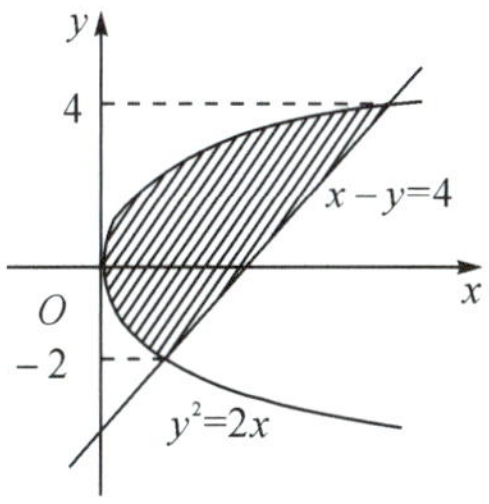

图 3-20

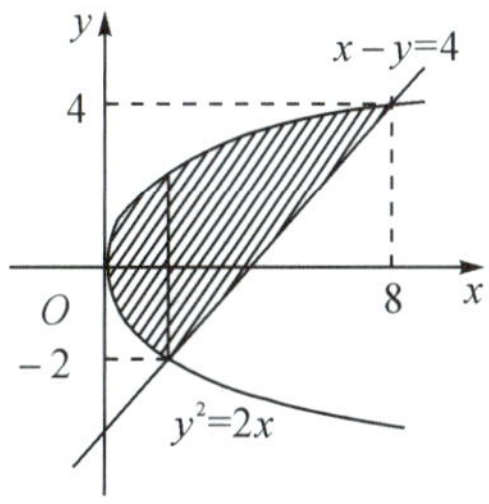

图 3-21

方法二　作草图(见图 3-21)，用直线 $x=2$ 将图形分成两部分，把图形看成是上下结

构型,左侧图形的面积

$$A_1 = \int_0^2 [\sqrt{2x} - (-\sqrt{2x})]\mathrm{d}x = 2\sqrt{2}\left(\frac{2}{3}x^{\frac{3}{2}}\right)\Big|_0^2 = \frac{16}{3},$$

右侧图形的面积

$$A_2 = \int_2^8 [\sqrt{2x} - (x-4)]\mathrm{d}x = \left(\frac{2\sqrt{2}}{3}x^{\frac{3}{2}} - \frac{1}{2}x^2 + 4x\right)\Big|_2^8 = \frac{38}{3},$$

所求图形的面积

$$A = A_1 + A_2 = \frac{16}{3} + \frac{38}{3} = 18.$$

定积分求旋转体的体积

2. 旋转体的体积计算

(1) 上下结构型平面图形绕轴旋转而成的旋转体的体积

由直线 $x = a$,$x = b$ 及曲线 $y = f(x)$ 所围成的上下结构型平面图形绕 x 轴旋转一周而成的封闭的旋转体(见图 3-22),体积微元 $\mathrm{d}V_x = \pi f^2(x)\mathrm{d}x$,根据微元法得其体积公式:

$$V_x = \pi\int_a^b f^2(x)\mathrm{d}x.$$

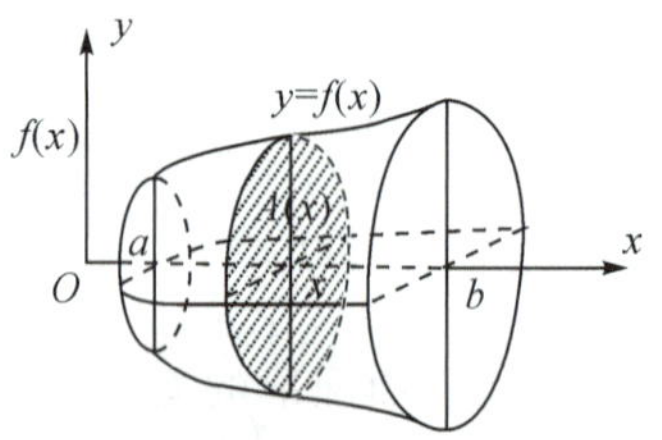

图 3-22

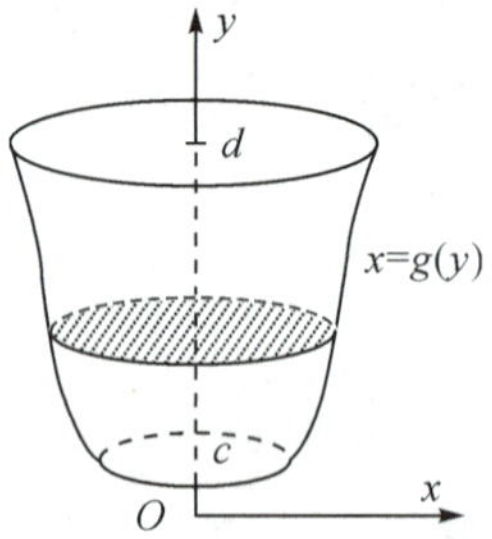

图 3-23

(2) 左右结构型平面图形绕轴旋转而成的旋转体的体积

由直线 $y = c$,$y = d$ 及曲线 $x = g(y)$ 所围成的平面图形绕 y 轴旋转而成的封闭的旋转体(见图 3-23),体积微元 $\mathrm{d}V_y = \pi g^2(y)\mathrm{d}y$,其体积公式为

$$V_y = \pi\int_c^d g^2(y)\mathrm{d}y.$$

例 5 求曲线 $y = x^2 (0 \leqslant x \leqslant 3)$,$x = 3$ 和 $y = 0$ 围成的平面图形绕 x 轴旋转一周所得的旋转体的体积 V_x.

解 作草图(见图 3-24),可以知道图形是上下结构.

$$V_x = \pi\int_0^3 [f(x)]^2\mathrm{d}x = \pi\int_0^3 x^4\mathrm{d}x = \frac{243}{5}\pi.$$

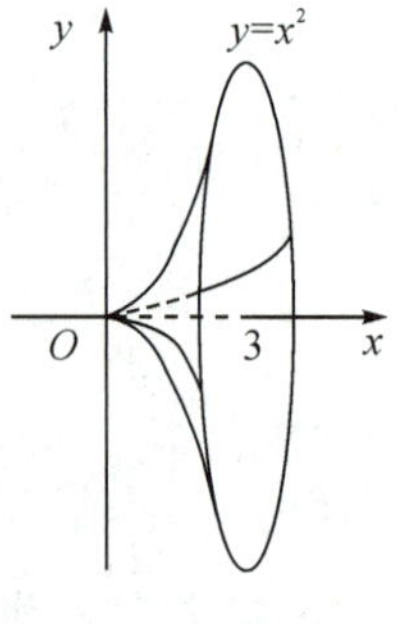

图 3-24

例 6 求曲线 $y = \sqrt{9 - x^2}$ 和 $y = 0$ 围成的平面图形绕 x 轴旋转一周所得的旋转体的体积 V_x.

解　作草图(见图 3-25),可以知道图形是上下结构型. 则

$$V_x = \pi\int_{-3}^{3}[f(x)]^2\mathrm{d}x = 2\pi\int_{0}^{3}(9-x^2)\mathrm{d}x = 36\pi$$

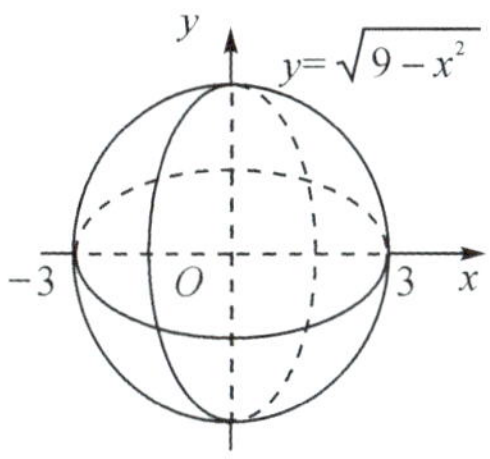

图 3-25

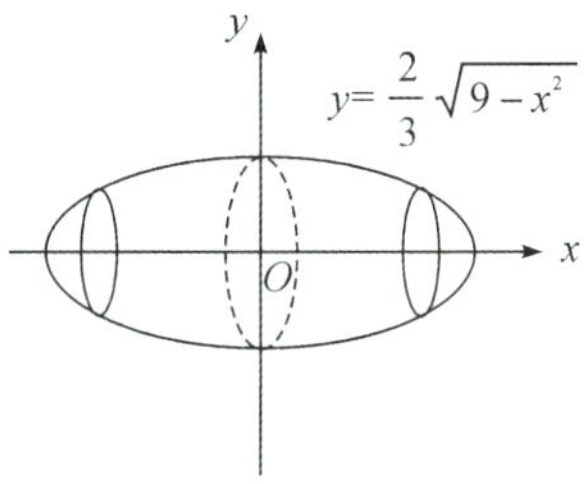

图 3-26

例 7　求椭圆$\frac{x^2}{9}+\frac{y^2}{4}=1$绕 x 轴旋转而成的旋转体的体积.

解　绕 x 轴旋转而成的旋转体(旋转椭球体如图 3-26 所示),可看成由上半个椭圆 $y=\frac{2}{3}\sqrt{9-x^2}$(上下结构型平面图形)绕 x 轴旋转而成.

于是由公式得

$$V_x = \pi\int_{-3}^{3}\frac{4}{9}(9-x^2)\mathrm{d}x = 16\pi.$$

3. 平面曲线的弧长计算

设函数 $f(x)$ 在区间$[a,b]$上具有一阶连续的导数,取 x 为积分变量,则 $x\in[a,b]$,在区间$[a,b]$上任取一小区间$[x,x+\mathrm{d}x]$,那么,这一小区间所对应的曲线弧段$\overset{\frown}{MN}$ 的长度 Δs,可以用它的切线对应的三角形的斜边 MO 来近似替代(见图 3-27). 又因为$|MP|=\mathrm{d}x$,$|OP|=\mathrm{d}y$,于是,由勾股定理得弧长元素为

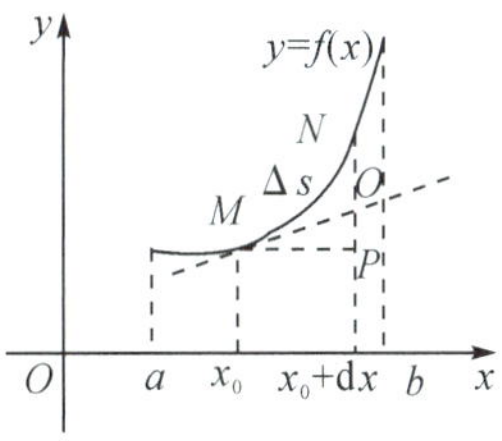

图 3-27

$$\mathrm{d}s = \sqrt{(\mathrm{d}x)^2+(\mathrm{d}y)^2} = \sqrt{(\mathrm{d}x)^2+[f'(x)\mathrm{d}x]^2}$$
$$= \sqrt{1+[f'(x)]^2}\mathrm{d}x,$$

曲线 $f(x)$ 在区间$[a,b]$上的总弧长为

$$s = \int_a^b\sqrt{1+[f'(x)]^2}\mathrm{d}x.$$

例 8　计算曲线 $y=\frac{2}{3}x^{\frac{3}{2}}(0\leqslant x\leqslant 3)$ 的弧长.

解　由 $\mathrm{d}y=\left(\frac{2}{3}x^{\frac{3}{2}}\right)'\mathrm{d}x=\sqrt{x}\mathrm{d}x$ 得

$$\mathrm{d}s = \sqrt{(\mathrm{d}x)^2+(\mathrm{d}y)^2} = \sqrt{1+(\sqrt{x})^2}\,\mathrm{d}x = \sqrt{1+x}\mathrm{d}x,$$

所以

$$s=\int_0^3\sqrt{1+x}\mathrm{d}x=\frac{2}{3}(1+x)^{\frac{3}{2}}\Big|_0^3=\frac{2}{3}\left[(1+3)^{\frac{3}{2}}-(1+0)^{\frac{3}{2}}\right]=\frac{14}{3}.$$

方法总结:通过微元法,能够把平面图形面积、旋转体的体积、平面曲线的弧长的计算问题,转化成数学中的定积分问题.计算面积、体积、弧长的关键,是正确地画出草图,然后利用相应计算公式转化成定积分的计算问题.

▶▶▶▶ 习题 3.9 ◀◀◀◀

1.求曲线 $y=x^2$ 与直线 $y=x$ 围成的平面图形的面积.

2.求由曲线 $y=\frac{1}{x}$,$y=x$ 以及 $y=2$ 所围成的平面图形的面积.

3.求由抛物线 $y=1-x^2$ 和 x 轴所围成的平面图形绕 x 轴旋转所得旋转体的体积.

4.求 $y=\sqrt{x}$ 及 $x=4$,$y=0$ 围成的图形绕 x 轴旋转的体积.

5.求 $y=x^2$ 在$[0,1]$上的曲线段的长度.

第3章自测题

(总分100分,时间90分钟)

一、判断题(每小题2分,共20分)

(　　)1.若 $f(x)$ 在区间$[a,b]$上连续,则 $\left[\int_a^x f(t)\mathrm{d}t\right]'=f(x)$.

(　　)2.$\int_a^b f(x)\mathrm{d}x=F(b)-F(a)$,其中 $F'(x)=f(x)$.

(　　)3.$\int_{-1}^1\sqrt{1-x^2}\mathrm{d}x=\pi$.

(　　)4.$\left[\int_a^b f(x)\mathrm{d}x\right]'=f(x)$.

(　　)5.若在$[a,b]$上 $f(x)$,$g(x)$ 均连续且 $f(x)\neq g(x)$,则 $\int_a^b f(x)\mathrm{d}x\neq\int_a^b g(x)\mathrm{d}x$.

(　　)6.$\int_a^a f(x)\mathrm{d}x=0$.

(　　)7.$\int_2^3 f(x)\mathrm{d}x=-\int_3^2 f(x)\mathrm{d}x$.

(　　)8.$\int_0^1\sqrt{x}\mathrm{d}x\leqslant\int_0^1 x^2\mathrm{d}x$.

(　　)9. 若 $f(x)$ 是$[-a,a]$上的奇函数，则$\int_{-a}^{a} f(x)\mathrm{d}x = 2\int_{0}^{a} f(x)\mathrm{d}x$.

(　　)10. 若 $f(x)$ 在$[a,b]$上连续，且$\int_{a}^{b} f(x)\mathrm{d}x = 0$，则$\int_{a}^{b}[f(x)+1]\mathrm{d}x = 1$.

二、选择题(每小题 2 分，共 10 分)

(　　)1. 已知$\int_{0}^{a}(2x+4)\mathrm{d}x = 5$，则 a 的值为

A. -1　　B. 4　　C. 1　　D. 2

(　　)2. 定积分$\int_{0}^{1} x^7\mathrm{d}x$ 的值为

A. 0　　B. $\frac{1}{8}$　　C. $\frac{1}{7}$　　D. 1

(　　)3. $\int_{-2}^{1}|x|\mathrm{d}x =$

A. -1　　B. 2　　C. 3　　D. 2.5

(　　)4. $\lim\limits_{x\to 0}\dfrac{\int_{0}^{x} 3\sin t^2\mathrm{d}t}{x^3} =$

A. 0　　B. 1　　C. 1/3　　D.

(　　)5. 下列积分中，值为零的是

A. $\int_{-1}^{1} x^2\mathrm{d}x$　　B. $\int_{-1}^{2} x^3\mathrm{d}x$　　C. $\int_{-1}^{1}\mathrm{d}x$　　D. $\int_{-1}^{1} x^2\sin x\mathrm{d}x$

三、填空题(每小题 2 分，共 20 分)

1. $\int_{-2}^{4}|x-2|\mathrm{d}x =$ ________

2. $\int_{-3}^{3} x^2\sin^5 x\mathrm{d}x =$ ________

3. $\int_{1}^{\sqrt{3}}\frac{1}{1+x^2}\mathrm{d}x =$ ________

4. $\frac{\mathrm{d}}{\mathrm{d}x}\int_{4}^{x^3} f(t)\mathrm{d}t =$ ________

5. $\int_{0}^{1}(4x+2)\mathrm{d}x =$ ________

6. $\int_{-\frac{\pi}{2}}^{\frac{\pi}{2}}\frac{\sin^5 x}{2+\cos x}\mathrm{d}x =$ ________

7. $\int\left(\sin\frac{x}{4}+1\right)\mathrm{d}x =$ ________

8. $\int \frac{dx}{x\ln x} =$ ________

9. $\int_0^1 xe^{2x}dx =$ ________

10. 由曲线 $y = x^2$ 与直线 $x = 2, x = 3$ 及 x 轴所围成的曲边梯形的面积为________.

四、计算与解答题(共 50 分)

1. 求下列定积分.(每小题 5 分,共 20 分)

(1) $\int_1^2 (x^4 + x)dx$;　　(2) $\int_1^2 \left(x^3 + \frac{1}{x}\right)dx$;

(3) $\int_1^4 \sqrt{x}(2 + 3\sqrt{x})dx$;　　(4) $\int_2^3 \frac{dx}{2 + 2x}$.

2. 求下列不定积分与定积分.(每小题 5 分,共 20 分)

(1) $\int \frac{e^x}{1 + e^x}dx$;　　(2) $\int_3^4 (x - 3)^{20}dx$;

(3) $\int_0^{+\infty} xe^{-x}dx$;　　(4) $\int_0^3 \frac{2x}{1 + \sqrt{x + 1}}dx$.

3. (1) 求由曲线 $y = x^2$ 与直线 $y = 2x$ 所围成的平面图形的面积.(5 分)

(2) 求椭圆 $\frac{x^2}{a^2} + \frac{y^2}{b^2} = 1$ 绕 x 轴和绕 y 轴旋转而成的旋转体的体积.(5 分)

本章课程思政

微积分的历史发展,让我们充分了解了微积分的文化底蕴,明白了微积分在科技发展中的重要地位和作用,对积分思想的传承和创新,是“继往开来”理念的生动体现,我们这一代人也应“承前启后,继往开来,继续朝着中华民族伟大复兴目标奋勇前进”. 微积分也是“开放交流”理念的成果,因此我们应“扩大国际科技交流合作,加强国际化科研环境建设,形成具有全球竞争力的开放创新生态”①,具体体现为运用好数学知识,关注好数字时代的科技变革,引领开放潮流.

---

① 习近平. 高举中国特色社会主义伟大旗帜 为全面建设社会主义现代化国家而团结奋斗——在中国共产党第二十次全国代表大会上的报告[M]. 北京:人民出版社,2022.

拓展阅读

数学家陈景润

陈景润(1933—1996 年),福建福州人.中国著名数学家,毕业于厦门大学数学系.1953—1954 年在北京四中任教,因口齿不清,被拒绝上讲台授课,只可批改作业.后被“停职回乡养病”,调回厦门大学任资料员,同时研究数论,对组合数学与现代经济管理、科学实验、尖端技术、人类生活的密切关系等问题也作了研究.1956 年调入中国科学院数学研究所.1980 年当选中国科学院物理学数学部委员.历任中国科学院数学研究所研究员、所学术委员会委员,兼贵阳民族学院、河南大学、青岛大学、华中工学院、福建师范大学等校教授,任国家科委数学学科组成员、《数学季刊》主编等职.

他研究哥德巴赫猜想和其他数论问题的成就,至今仍然在世界上遥遥领先,被称为哥德巴赫猜想第一人.世界级的数学大师、美国学者安德烈·韦伊(André Weil)曾这样称赞他:“陈景润的每一项工作,都好像是在喜马拉雅山山巅上行走.”

本章参考答案

第4章　常微分方程

知识概要

基本概念:微分方程,常微分方程,微分方程的阶,微分方程的解、通解和特解,初始条件,线性微分方程,特征方程,特征根.

基本公式:一阶线性微分方程通解公式、二阶常系数线性齐次微分方程通解公式、二阶常系数线性非齐次微分方程特解公式.

基本定理:二阶常系数线性微分方程解的叠加原理.

基本方法:分离变量法、常数变易法.

§4.1　微分方程的一般概念

学习目标

1. 掌握微分方程和微分方程阶的概念,会判断微分方程的阶;
2. 理解微分方程的通解形式和阶的关系,会判断微分方程的通解;
3. 理解微分方程的特解和初始条件,会用初始条件确定特解.

学习重点

1. 微分方程的基本概念;
2. 微分方程的通解和特解.

学习难点

微分方程的通解和特解.

一、两个引例

引例 1　设某一平面曲线上任意一点(x,y)处的切线斜率等于该点横坐标的 2 倍，且曲线通过点$(2,5)$，求该曲线方程.

解　设所求曲线方程为 $y=f(x)$，由导数的几何意义可得

$$y'=2x, \tag{1}$$

等式两边积分 $\int y'\mathrm{d}x=\int 2x\mathrm{d}x$，得

$$y=x^2+c, \tag{2}$$

又因为曲线满足 $f(2)=5$，代入上式得 $c=1$，因此，所求的曲线方程为

$$y=x^2+1. \tag{3}$$

引例 2　列车在直线轨道上以 30 m/s的速度行驶，制动时列车获得加速度$-0.4\ \mathrm{m/s^2}$，求列车制动后的运动方程.

解　设制动后列车的运动方程为 $s=s(t)$，由二阶导数的物理意义可知

$$s''=-0.4, \tag{4}$$

等式两边积分 $\int s''\mathrm{d}t=\int(-0.4)\mathrm{d}t$，得

$$s'=-0.4t+c_1, \tag{5}$$

再积分 $\int s'\mathrm{d}t=\int(-0.4t+c_1)\mathrm{d}t$，得

$$s=-0.2t^2+c_1t+c_2. \tag{6}$$

同时，函数 $s=s(t)$还应满足下列条件：

$$s\big|_{t=0}=0, v=\left.\frac{\mathrm{d}s}{\mathrm{d}t}\right|_{t=0}=30, \tag{7}$$

把上述条件分别代入 s,s'，得 $c_1=30$，$c_2=0$，因此，列车制动后的运动方程为

$$s=-0.2t^2+30t. \tag{8}$$

上述两个引例中，关系式(1)、(4)、(5)都是含有未知函数的导数的方程，我们称它们为微分方程. 下面介绍微分方程的一些基本概念.

微分方程的基本概念

二、微分方程的基本概念

定义 1　含有未知函数的导数(或微分)的方程，称为**微分方程**. 若未知函数是一元函数，这样的微分方程称为**常微分方程**，本章我们只讨论常微分方程，故以后所述微分方程即为常微分方程.

定义 2　微分方程中所含未知函数导数的最高阶数，称为**微分方程的阶**.

例如,方程$\frac{dy}{dx}=x^2+1$,$y'+x^3y=e^{2x}$和$3xy'-x\ln x=0$都是一阶微分方程,方程$\frac{d^2s}{dt^2}=-0.4$和$y''-5y'+6y=x^2$都是二阶微分方程.

一般地,n阶微分方程表示为$F(y^{(n)},y^{(n-1)},\cdots,y'',y',y,x)=0$,其中方程中必须含有$y^{(n)}$这一项,其他各项方程中可以有,也可以没有.

定义 3 如果把一个函数$y=f(x)$代入微分方程后,能使方程成为恒等式,则称该函数为该**微分方程的解**.

定义 4 若微分方程的解中含有独立的任意常数,且独立的任意常数的个数与方程的阶数相同,则称这样的解为该**微分方程的通解**.通解中的任意常数每取一组特定的值所得到的解,称作该微分方程的一个**特解**.

例如,在引例中(2)式是(1)式的通解,(6)式是(4)式的通解.而(3)式是(1)式的特解,(8)式是(4)式的特解.

在引例1中,$y|_{x=2}=5$确定了通解$y=x^2+c$中的常数$c=1$,我们把条件$y|_{x=2}=5$叫作方程(1)的初始条件.引例2中,$s|_{t=0}=0$,$v=\left.\frac{ds}{dt}\right|_{t=0}=30$是方程(4)相应的初始条件.

定义 5 未知函数及其各阶导数在某个特定点的值作为确定通解中任意常数的条件,称为该微分方程的**初始条件**,微分方程的特解也就是满足初始条件的微分方程的解.

例如,在引例中(7)式是(4)式的初始条件.

例 1 验证函数$y=C_1\cos x+C_2\sin x$是微分方程$y''+y=0$的通解,并求满足初始条件$y|_{x=0}=1$, $y'|_{x=0}=-1$的特解.

解 因为$y=C_1\cos x+C_2\sin x$,所以

$$y'=-C_1\sin x+C_2\cos x, y''=-C_1\cos x-C_2\sin x.$$

将y,y',y''代入原方程$y''+y=0$中,得

$$-C_1\cos x-C_2\sin x+C_1\cos x+C_2\sin x=0,$$

故函数$y=C_1\cos x+C_2\sin x$是方程$y''+y=0$的解.又因为这个解中含有独立的任意常数的个数和方程$y''+y=0$的阶数都是2,故为通解.

将初值条件$y|_{x=0}=1$, $y'|_{x=0}=-1$分别代入y,y',得$C_1=1,C_2=-1$.

所以$y''+y=0$满足初值条件的特解是$y=\cos x-\sin x$.

▶▶▶▶ 习题 4.1 ◀◀◀◀

1. 指出下列各微分方程的阶数:

(1)$x(y')^2+2yy'+2x=0$;

(2)$x^2(y'')-3xy'+5x=0$;

(3)$x^3y'''+y''-4\times y'=\cos x$;

(4) $(x^2+1)\mathrm{d}y-2\mathrm{d}x=0$；

(5) $y^{(5)}+\cos y+3xy=0$；

(6) $y^{(5)}-5x^2y'=0$.

2. 判断下列各题中的函数是否为所给微分方程的解：

(1) $xy'=2y, y=5x^2$；

(2) $y''+y=0, y=3\sin x-4\cos x$；

3. 一曲线通过点(1,2)，且曲线上任意一点 $P(x,y)$ 处切线斜率为 $3x^2$，求此曲线方程.

§4.2　一阶微分方程

学习目标

1. 理解可分离变量的微分方程，熟练掌握分离变量法；

2. 理解一阶线性微分方程，熟练掌握一阶线性微分方程的解法；

3. 理解齐次方程的形式，熟练掌握其解法.

学习重点

三类特殊的一阶微分方程的形式及解法.

学习难点

三类特殊的一阶微分方程的解法.

一阶微分方程的一般形式为 $F(y',y,x)=0$，对于一般的一阶微分方程是没有统一的解法的. 本节介绍三类特殊的一阶微分方程及其解法.

可分离变量的微分方程

一、可分离变量的微分方程

定义 1　形如

$$\frac{\mathrm{d}y}{\mathrm{d}x}=f(x)g(y) \tag{1}$$

的微分方程，叫作**可分离变量的微分方程**.

可分离变量的微分方程用分离变量法来求解，求解过程如下：

对方程$\frac{dy}{dx}=f(x)g(y)$分离变量,得

$$\frac{dy}{g(y)}=f(x)dx.$$

两边同时积分

$$\int\frac{dy}{g(y)}=\int f(x)dx.$$

求出积分,得微分方程(1)的通解为

$$G(y)=F(x)+C.$$

其中$G(y)$,$F(x)$分别是$\frac{1}{g(y)}$,$f(x)$的某个原函数.

例 1 求下列微分方程的通解.

(1) $\frac{dy}{dx}-2xy=0$;

解 当$y\neq 0$时,微分方程分离变量可得 $\frac{dy}{y}=2xdx$,

两边积分$\int\frac{1}{y}dy=\int 2xdx$,

得 $\ln|y|=x^2+c_1$ 所以 $|y|=e^{x^2+c_1}$,

故 $y=\pm e^{c_1}\cdot e^{x^2}=ce^{x^2}$(其中,$c=\pm e^{c_1}$),

所以,原微分方程的通解为$y=ce^{x^2}$,其中c为任意常数($c=0$时,得$y=0$是特解).

(2) $y'=\frac{5+y}{5-x}$.

解 微分方程分离变量可得 $\frac{dy}{5+y}=\frac{dx}{5-x}$,

两边积分$\int\frac{dy}{5+y}=\int\frac{dx}{5-x}$,

得$\ln|5+y|=-\ln|5-x|+\ln|c|$,即$\ln|(5+y)(5-x)|=\ln|c|$.

所以 $(5+y)(5-x)=c$是原微分方程的通解.

例 2 求$x\sin ydx+(x^2+1)\cos ydy=0$满足$y|_{x=1}=\frac{\pi}{2}$的解.

解 微分方程分离变量可得 $\frac{\cos y}{\sin y}dy=-\frac{x}{1+x^2}dx$,

故$\frac{1}{\sin y}d\sin y=-\frac{1}{2(1+x^2)}d(1+x^2)$,

两边积分,得 $\ln|\sin y|=-\frac{1}{2}\ln|1+x^2|+\ln|c|$,

故$\sin y=\frac{c}{\sqrt{1+x^2}}$,

又 $y|_{x=1}=\frac{\pi}{2}$，得 $c=\sqrt{2}$，

所以，所求特解为 $\sin y=\sqrt{\frac{2}{1+x^2}}$，即 $\sin^2 y=\frac{2}{1+x^2}$.

例 3　求微分方程 $\frac{\mathrm{d}y}{\mathrm{d}x}=y^2\sin x$ 满足初始条件 $y|_{x=0}=-1$ 的特解.

解　微分方程分离变量可得

$$\frac{\mathrm{d}y}{y^2}=\sin x\mathrm{d}x,$$

两边积分，得 $\frac{1}{y}=\cos x+c$，

所以得通解为 $y=\frac{1}{\cos x+c}$，

将 $y|_{x=0}=-1$ 代入以上通解得 $c=-2$.

所以，所求特解为 $y=\frac{1}{\cos x-2}$.

二、一阶线性微分方程

定义 2　形如

$$\frac{\mathrm{d}y}{\mathrm{d}x}+P(x)y=Q(x) \tag{2}$$

的微分方程称为**一阶线性微分方程**.

当 $Q(x)\equiv 0$ 时，即

$$\frac{\mathrm{d}y}{\mathrm{d}x}+P(x)y=0 \tag{3}$$

称为**一阶线性齐次微分方程**. 当 $Q(x)\neq 0$ 时，则称为**一阶线性非齐次微分方程**.

说明：线性微分方程是指微分方程中未知函数 y 及 y 的各阶导数都是以一次幂的形式出现.

一阶线性齐次微分方程

例如，方程 $y'+\frac{1}{x}y=\cos x$ 是一阶线性非齐次微分方程，它所对应的线性齐次微分方程是 $y'+\frac{1}{x}y=0$. 而方程 $\frac{\mathrm{d}y}{\mathrm{d}x}=x^2+3y^2$，$(y')^3+xy=\mathrm{e}^x$，$yy'+xy=0$ 等，虽然都是一阶微分方程，但都不是线性微分方程.

下面讨论一阶线性齐次微分方程 $\frac{\mathrm{d}y}{\mathrm{d}x}+P(x)y=0$ 的解法. 不难看出，它是可分离变量的微分方程，分离变量得

$$\frac{\mathrm{d}y}{y}=-P(x)\mathrm{d}x,$$

两端积分,并把任意常数写成 $\ln|C|$ 的形式,得

$$\ln|y| = -\int P(x)\mathrm{d}x + \ln|C|,$$

化简后即得一阶线性齐次微分方程的通解为

$$y = C\mathrm{e}^{-\int P(x)\mathrm{d}x}. \tag{4}$$

为了求非齐次方程(2)的通解,我们采用微分方程中常用的"常数变易法",即将(4)式中的常数 C 用函数 $C(x)$ 代替. 因此,我们设(2)的通解为

$$y = C(x)\mathrm{e}^{-\int P(x)\mathrm{d}x}. \tag{5}$$

为进一步求出 $C(x)$,我们将 $y = C(x)\mathrm{e}^{-\int P(x)\mathrm{d}x}$ 代入方程(2)

$$[C(x)\mathrm{e}^{-\int P(x)\mathrm{d}x}]' + P(x)C(x)\mathrm{e}^{-\int P(x)\mathrm{d}x} = Q(x),$$

整理得

$$C'(x) = Q(x)\mathrm{e}^{\int P(x)\mathrm{d}x},$$

两边积分,得

$$C(x) = \int Q(x)\mathrm{e}^{\int P(x)\mathrm{d}x}\mathrm{d}x + C,$$

将 $C(x)$ 代入(5) 式,即得微分方程(2) 的通解为

$$y = \mathrm{e}^{-\int P(x)\mathrm{d}x}\left[\int Q(x)\mathrm{e}^{\int P(x)\mathrm{d}x}\mathrm{d}x + C\right], \tag{6}$$

或

$$y = C\mathrm{e}^{-\int P(x)\mathrm{d}x} + \mathrm{e}^{-\int P(x)\mathrm{d}x}\int Q(x)\mathrm{e}^{\int P(x)\mathrm{d}x}\mathrm{d}x. \tag{7}$$

公式(6) 或(7) 称为一阶线性非齐次微分方程(2) 的通解,公式中的不定积分不再含任意常数 C,因为任意常数 C 在公式推导过程中已经被单独列出来了.

一阶线性非齐次微分方程

例 4 求下列微分方程的通解.

(1) $y' - \dfrac{y}{x} = 3x\ln x$;

解 原微分方程中 $p(x) = -\dfrac{1}{x}$,$Q(x) = 3x\ln x$

通解 $y = \mathrm{e}^{\int \frac{1}{x}\mathrm{d}x}\left[\int 3x\ln x \cdot \mathrm{e}^{-\int \frac{1}{x}\mathrm{d}x}\mathrm{d}x + c\right]$

$$= x\left[\int 3x\ln x \cdot \frac{1}{x}\mathrm{d}x + c\right]$$

$$= x\left[\int 3\ln x\mathrm{d}x + c\right] = x[3x\ln x - 3x + c],$$

即所求通解为 $y = 3x^2(\ln x - 1) + cx$.

(2) $\dfrac{\mathrm{d}y}{\mathrm{d}x} + \dfrac{y}{x} = \dfrac{2\cos x}{x}$.

解 原微分方程中 $p(x) = \dfrac{1}{x}$,$Q(x) = \dfrac{2\cos x}{x}$,

所以通解 $y=\mathrm{e}^{-\int\frac{1}{x}\mathrm{d}x}\left[\int\frac{2\cos x}{x}\mathrm{e}^{\int\frac{1}{x}\mathrm{d}x}+c\right]$

$$=\mathrm{e}^{-\ln x}\left[\int\frac{2\cos x}{x}\mathrm{e}^{\ln x}\mathrm{d}x+c\right]$$

$$=\frac{1}{x}\left[\int\frac{2\cos x}{x}x\,\mathrm{d}x+c\right]$$

$$=\frac{1}{x}(2\sin x+c),$$

即所求通解为 $y=\dfrac{2\sin x+c}{x}$.

例 5　求微分方程$\dfrac{\mathrm{d}y}{\mathrm{d}x}-\dfrac{2}{x+1}y=(x+1)^3$，满足初值条件 $y|_{x=0}=4$ 的特解.

解　对照方程(2)，知 $P(x)=-\dfrac{2}{x+1}$，$Q(x)=(x+1)^3$，代入公式(6)，得

$$y=\mathrm{e}^{\int\frac{2}{x+1}\mathrm{d}x}\left[\int(x+1)^3\mathrm{e}^{-\int\frac{2}{x+1}\mathrm{d}x}\mathrm{d}x+c\right],$$

即得所求方程的通解为

$$y=\left(\frac{1}{2}x^2+x+C\right)(x+1)^2,$$

将所给初始条件$y|_{x=0}=4$ 代入上面的通解中，得 $C=4$，故得所求特解为

$$y=\left(\frac{1}{2}x^2+x+4\right)(x+1)^2.$$

三、齐次方程

齐次方程

定义 3　形如$\dfrac{\mathrm{d}y}{\mathrm{d}x}=f\left(\dfrac{y}{x}\right)$的微分方程称为**齐次方程**.

解法：令 $u=\dfrac{y}{x}$，则 $y=ux$，$\dfrac{\mathrm{d}y}{\mathrm{d}x}=(ux)'=u+x\dfrac{\mathrm{d}u}{\mathrm{d}x}$.

原式方程化为：$u+x\dfrac{\mathrm{d}u}{\mathrm{d}x}=f(u)$

这是可分离变量的微分方程. 分离变量得：$\dfrac{\mathrm{d}u}{f(u)-u}=\dfrac{\mathrm{d}x}{x}$，解出 $u=g(x,u)$，再把 $u=\dfrac{y}{x}$回代，可得原齐次方程的解.

例 6　求 $y^2+x^2\dfrac{\mathrm{d}y}{\mathrm{d}x}=xy\dfrac{\mathrm{d}y}{\mathrm{d}x}$的通解.

解　原微分方程可化为

$$\left(\frac{y}{x}\right)^2+\frac{\mathrm{d}y}{\mathrm{d}x}=\frac{y}{x}\frac{\mathrm{d}y}{\mathrm{d}x}$$

$$即\frac{dy}{dx}=\frac{\left(\frac{y}{x}\right)^2}{\frac{y}{x}-1}$$

令 $u=\frac{y}{x}$,则 $y=ux,\frac{dy}{dx}=(ux)'=u+x\frac{du}{dx}$.

则原方程化为 $u+x\frac{du}{dx}=\frac{u^2}{u-1}$,

分离变量,积分得 $\int\frac{u-1}{u}du=\int\frac{dx}{x}$,

故

$$u-\ln|u|=\ln|x|+c,$$

$$\frac{y}{x}-\ln\left|\frac{y}{x}\right|=\ln|x|+c,$$

化简得

$$\frac{y}{x}-\ln|y|=c,$$

所以,原微分方程的通解为 $y-x\ln|y|=cx$.

表 4-1 总结了一阶微分方程的几种常见类型及其解法.

表 4-1　一阶微分方程的几种常见类型及其解法

方程名称	方程形式	解　法
① 可分离变量的微分方程	$\frac{dy}{dx}=f(x)g(x)$	分离变量,然后积分 $\int\frac{dy}{g(y)}=\int f(x)dx$
② 一阶线性齐次微分方程	$\frac{dy}{dx}+P(x)y=0$	通解公式法 $y=Ce^{-\int P(x)dx}$
③ 一阶线性非齐次微分方程	$\frac{dy}{dx}+P(x)y=Q(x)$	通解公式法 $y=e^{-\int P(x)dx}\left[\int Q(x)e^{\int P(x)dx}dx+C\right]$
④ 齐次方程	$\frac{dy}{dx}=f\left(\frac{y}{x}\right)$	令 $u=\frac{y}{x}$,则 $y=ux$, $\frac{dy}{dx}=u+x\frac{du}{dx}$.

▶▶▶▶ 习题 4.2 ◀◀◀◀

1. 判断下列微分方程是否为线性方程:

(1) $x(y')^2-2yy'+x=0$;

(2) $y''+y'-10y=3x^2+1$;

(3) $y^{(5)}+\cos y+4x=0$;

(4) $y^{(5)}-5x^2y'=1$.

2. 求下列可分离变量微分方程的解：

(1) $\frac{dy}{dx}=3x^2y^2$；　　(2) $\frac{dy}{dx}=(1+2x+3x^2)y$；

(3) $y'=e^{3x-y}, y|_{x=0}=1$；　　(4) $xdy+y^2dx=0, y|_{x=1}=\frac{1}{2}$；

3. 求下列一阶线性微分方程的解：

(1) $y'+y=e^{-5x}$；　　(2) $y'+\frac{y}{x}=\frac{\sin x}{x}, y|_{x=\pi}=1$.

§4.3　可降阶的高阶微分方程

学习目标

1. 熟练掌握 $y^{(n)}=f(x)$ 型微分方程的解法；
2. 熟练掌握 $y''=f(x,y')$ 型微分方程的解法；
3. 熟练掌握 $y''=f(y,y')$ 型微分方程的解法.

学习重点

三种类型可降阶微分方程的形式及解法.

学习难点

$y''=f(y,y')$ 型微分方程的解法.

可降阶的微分方程（n 次积分法）

高阶微分方程的一般形式为 $F(x,y,y',y'',\cdots,y^{(n)})=0$，常见的可降阶的高阶微分方程有如下三种.

一、最简单的高阶微分方程 $y^{(n)}=f(x)$

对方程 $y^{(n)}=f(x)$ 两边积分 n 次

$$y^{(n-1)}=\int f(x)dx+C_1,$$

$$y^{(n-2)}=\int\left[\int f(x)dx+C_1\right]dx+C_2,$$

$$\cdots$$

例 1　求微分方程 $y'''=e^{3x}-2\cos x$ 的通解.

解　对所给方程接连积分三次,得

$$y''=\frac{1}{3}e^{3x}-2\sin x+C_1,$$

$$y'=\frac{1}{9}e^{3x}+2\cos x+C_1x+C_2,$$

$$y=\frac{1}{27}e^{3x}+2\sin x+\frac{1}{2}C_1x^2+C_2x+C_3,$$

所给微分方程的通解为 $y=\frac{1}{27}e^{3x}+2\sin x+\frac{1}{2}C_1x^2+C_2x+C_3$.

或

$$y''=\frac{1}{3}e^{3x}-2\sin x+2C_1,$$

$$y'=\frac{1}{9}e^{3x}+2\cos x+2C_1x+C_2,$$

$$y=\frac{1}{27}e^{3x}+2\sin x+C_1x^2+C_2x+C_3,$$

所给微分方程的通解为 $y=\frac{1}{27}e^{3x}+2\sin x+C_1x^2+C_2x+C_3$.

二、$y''=f(x,y')$(不显含 y)型的微分方程

可降阶的微分方程(不显含 y)

解法:设 $y'=p$,则方程化为

$p'=f(x,p)$(由二阶微分方程化为一阶微分方程)

设此一阶微分方程的通解为 $p=\varphi(x,C_1)$,即

$$\frac{dy}{dx}=\varphi(x,C_1)$$

故原方程的通解为

$$y=\int\varphi(x,C_1)dx+C_2 .$$

例 2　求微分方程 $y''=\frac{1}{x}y'+xe^x$ 的通解.

解　显然,所给微分方程不显含 y,属于 $y''=f(x,y')$型.

设 $y'=p$,代入方程有

$$p'-\frac{1}{x}p=xe^x.$$

这是一阶线性微分方程,利用通解公式得

$$\begin{aligned}p&=e^{\int\frac{1}{x}dx}\left[\int xe^x e^{-\int\frac{1}{x}dx}dx+C_1\right]\\&=x(e^x+C_1)\end{aligned}$$

即
$$p=y'=x(e^x+C_1)$$
所以　$y=xe^x-e^x+\frac{C_1}{2}x^2+C_2$ 是原微分方程的通解.

三、$y''=f(y,y')$（不显含 x）型的微分方程

可降阶的微分方程（不显含 x）

解法：设 $y'=p$，有
$$y''=\frac{dp}{dx}=\frac{dp}{dy}\cdot\frac{dy}{dx}=p\frac{dp}{dy}.$$
原方程化为
$$p\frac{dp}{dy}=f(y,p).$$
设方程 $p\frac{dp}{dy}=f(y,p)$ 的通解为 $y'=p=\varphi(y,C_1)$，分离变量则可得原方程的通解为
$$\int\frac{dy}{\varphi(y,C_1)}=x+C_2.$$
例 3　求微分方程 $yy''-y'^2=0$ 的通解.

解　设 $y'=p$，则 $y''=p\frac{dp}{dy}$，

代入方程，得
$$yp\frac{dp}{dy}-p^2=0.$$
化简并分离变量，得
$$\frac{dp}{p}=\frac{dy}{y}.$$
两边积分得
$$\ln|p|=\ln|y|+\ln|C_1|$$
即
$$p=C_1y \text{ 或 } y'=C_1y$$
再分离变量并两边积分，得
$$\ln|y|=C_1x+\ln C_2$$
化简可得 $y=\pm C_2e^{C_1x}$

所以原微分方程的通解为 $y=Ce^{C_1x}(C=\pm C_2)$

▶▶▶▶ 习题 4.3 ◀◀◀◀

1. 解下列微分方程：

(1) $y'''=e^x-\sin x$；　　(2) $xy''-y'=0$；

(3) $y''-xe^x=0$.

2. 求微分方程 $y''=x+\sin x$ 满足初始条件 $y|_{x=0}=1, y'|_{x=0}=1$ 的特解.

§4.4 二阶线性微分方程

学习目标

1. 理解二阶常系数线性微分方程的概念及其通解结构;
2. 掌握二阶常系数线性微分方程的解法.

学习重点

二阶常系数线性齐次和二阶常系数线性非齐次微分方程的解法.

学习难点

二阶常系数线性非齐次微分方程的特解解法.

在工程及物理问题中,遇到的高阶微分方程很多都是线性方程,本节我们介绍二阶常系数线性微分方程及其解法.

二阶常系数线性齐次微分方程

一、二阶常系数线性齐次微分方程

1. 二阶常系数线性齐次微分方程的定义

定义 1 我们把形如

$$y''+py'+qy=0 \tag{1}$$

的微分方程叫作**二阶常系数线性齐次微分方程**,其中 p,q 均为常数.

2. 二阶常系数线性齐次微分方程解的叠加原理

首先我们给出线性相关和线性无关的定义.

定义 2 设有函数 y_1, y_2,若 $\frac{y_1}{y_2}\equiv$ 常数,则称 y_1 与 y_2 **线性相关**;若 $\frac{y_1}{y_2}\neq$ 常数,则称 y_1 与 y_2 **线性无关**.

例如 $y_1=5\cos x, y_2=\cos x$,因为 $\frac{y_1}{y_2}=\frac{5\cos x}{\cos x}=5$,所以 y_1 与 y_2 线性相关.

再如,$y_1=e^{4x}, y_2=e^x$,因为 $\frac{y_1}{y_2}=\frac{e^{4x}}{e^x}=e^{3x}\neq$ 常数,所以 y_1 与 y_2 线性无关.

定理 1 若函数 y_1 与 y_2 是二阶常系数线性齐次微分方程(1)的两个解,那么 $y=$

$C_1y_1+C_2y_2$ 也是方程(1)的解，其中 C_1,C_2 是任意常数；当 y_1 与 y_2 线性无关时，则 $y=C_1y_1+C_2y_2$ 是方程(1)的通解.

证明(略).

例如，容易验证 $y_1=e^{2x}$ 与 $y_2=e^{3x}$ 是方程 $y''-5y'+6y=0$ 的两个特解，且 $\frac{y_1}{y_2}=\frac{e^{2x}}{e^{3x}}=\frac{1}{e^x}\neq$ 常数，即 y_1 与 y_2 是线性无关的. 因此，$y=C_1e^{2x}+C_2e^{3x}$ 就是方程 $y''-5y'+6y=0$ 的通解.

这个定理表明，二阶常系数线性齐次微分方程的解具有可**叠加性**.

3. 二阶常系数线性齐次微分方程的解法

由定理 1 可知，要求方程 $y''+py'+qy=0$ 的通解，只需先求它的两个线性无关的特解，再根据定理 1 即可写出其通解.

从方程(1)的结构来看，它的特解可能具有如下特点：未知函数 y 与其一阶导数 y'、二阶导数 y'' 是倍数关系. 也就是说，方程中的 y,y',y'' 具有相同的形式. 而指数函数 $y=e^{rx}$ 恰好具有这种特点. 因此，我们设 $y=e^{rx}$ 是方程(1)的解，并将 $y=e^{rx}$，$y'=re^{rx}$，$y''=r^2e^{rx}$ 代入方程(1)，整理得

$$(r^2+pr+q)e^{rx}=0.$$

因为 $e^{rx}\neq0$，故必有

$$r^2+pr+q=0 \tag{2}$$

成立. 由此而知，当 r 是一元二次方程(2)的根时，$y=e^{rx}$ 就是方程(1)的特解.

因此，求微分方程(1)的解的问题，归结为求代数方程(2)的根的问题.

定义 3　一元二次方程 $r^2+pr+q=0$ 叫作微分方程 $y''+py'+qy=0$ 的**特征方程**，特征方程的根叫作**特征根**.

下面将通过特征方程的根的不同情形，给出二阶常系数线性齐次微分方程的通解表达式. 由于方程(2)是一元二次方程，它的根有三种情况，因此方程(1)的解也有三种情况：

(1) 当 $p^2-4q>0$ 时，特征方程(2)有两个不相等的实根

$$r_1=\frac{-p+\sqrt{p^2-4q}}{2},r_2=\frac{-p-\sqrt{p^2-4q}}{2},$$

从而可得方程(1)的两个特解 $y_1=e^{r_1x}$，$y_2=e^{r_2x}$. 又因为 $\frac{y_1}{y_2}=\frac{e^{r_1x}}{e^{r_2x}}=e^{(r_1-r_2)x}\neq$ 常数，所以 y_1 与 y_2 线性无关. 因此，微分方程(1)的通解为 $y=C_1e^{r_1x}+C_2e^{r_2x}$.

(2) 当 $p^2-4q=0$ 时，特征方程(2)有两个相等的实根 $r_1=r_2=r=-\frac{p}{2}$，此时，我们只得到微分方程(1)的一个特解 $y_1=e^{rx}$.

为了求得微分方程(1)的通解，还需求出另一个特解 y_2，且要求 $\frac{y_2}{y_1}\neq$ 常数. 为此，不妨

设$\frac{y_2}{y_1}=C(x)$，即 $y_2=y_1C(x)=e^{rx}C(x)$，其中 $C(x)$为待定函数.下面来求 $C(x)$，将

$$y_2=C(x)e^{rx},$$

$$y'_2=re^{rx}C(x)+e^{rx}C'(x)=e^{rx}[rC(x)+C'(x)],$$

$$\begin{aligned}y''_2&=re^{rx}[rC(x)+C'(x)]+e^{rx}[rC'(x)+C''(x)]\\&=e^{rx}[C''(x)+2rC'(x)+r^2C(x)],\end{aligned}$$

代入方程(1)，整理后得

$$e^{rx}[C''(x)+(2r+p)C'(x)+(r^2+pr+q)C(x)]=0.$$

因为 $e^{rx}\neq0$，且 $r=-\frac{p}{2}$是 $r^2+pr+q=0$ 的重根，故 $r^2+pr+q=0$，$2r+p=0$，所以有 $C''(x)=0$.两次积分后得，$C(x)=C_1x+C_2$.

由于我们只要求$\frac{y_2}{y_1}=C(x)\neq$常数，所以为简便起见，不妨取 $C_1=1$，$C_2=0$，得

$$C(x)=x,$$

从而得到方程(1)的另一个与 $y_1=e^{rx}$线性无关的特解为 $y_2=xy_1=xe^{rx}$，因此微分方程(1)的通解为 $y=(C_1+C_2x)e^{rx}$.

(3) 当 $p^2-4q<0$ 时，特征方程(2)有一对共轭复根

$$r_1=\alpha+i\beta,r_2=\alpha-i\beta,$$

其中，

$$\alpha=-\frac{p}{2},\beta=\frac{\sqrt{4q-p^2}}{2}>0,$$

这时，$y_1=e^{(\alpha+i\beta)x}$与 $y_2=e^{(\alpha-i\beta)x}$是微分方程(1)的两个解.为了得出实数解，由欧拉公式：$e^{i\theta}=\cos\theta+i\sin\theta$，将 y_1 与 y_2 改写为

$$y_1=e^{\alpha x}(\cos\beta x+i\sin\beta x),y_2=e^{\alpha x}(\cos\beta x-i\sin\beta x),$$

由定理 1，可知

$$\overline{y_1}=\frac{1}{2}(y_1+y_2)=e^{\alpha x}\cos\beta x,\overline{y_2}=\frac{1}{2i}(y_1-y_2)=e^{\alpha x}\sin\beta x$$

是方程(1)的两个特解，且$\frac{\overline{y_1}}{\overline{y_2}}=\frac{e^{\alpha x}\cos\beta x}{e^{\alpha x}\sin\beta x}\neq$常数，所以方程(1)的通解为

$$y=e^{\alpha x}(C_1\cos\beta x+C_2\sin\beta x).$$

例 1 求微分方程 $y''-6y'+8y=0$ 的通解.

解 所给微分方程的特征方程为 $r^2-6r+8=0$，特征根为 $r_1=2$，$r_2=4$，故得所给方程的通解为

$$y=C_1e^{2x}+C_2e^{4x}.$$

例 2 求微分方程 $y''-8y'+16y=0$ 的通解.

解 所给微分方程的特征方程为 $r^2-8r+16=0$，特征根为 $r_1=r_2=4$，因此所给方程

的通解为

$$y=(C_1+C_2x)e^{4x}.$$

例 3 求微分方程 $y''+2y'+10y=0$ 的通解.

解 所给微分方程的特征方程是 $r^2+2r+10=0$,
特征根为

$$r_{1,2}=\frac{-2\pm\sqrt{2^2-4\times10}}{2}=-1\pm3i，其中\ \alpha=-1,\beta=3$$

因此所求微分方程的通解为

$$y=e^{-x}(C_1\cos3x+C_2\sin3x).$$

根据上述讨论，求二阶常系数线性齐次微分方程 $y''+py'+qy=0$ 的通解的步骤如下：

(1)写出微分方程对应的特征方程 $r^2+pr+q=0$；

(2)求出特征根 r_1 和 r_2；

(3)由特征根 r_1 和 r_2 的不同情形，写出方程的通解，如下表所示：

特征方程 $r^2+pr+q=0$ 的根	微分方程 $y''+py'+qy=0$ 的通解
①两个不相等的实根 r_1、r_2	$y=C_1e^{r_1x}+C_2e^{r_2x}$
②两个相等实根 $r_1=r_2=r$	$y=(C_1+C_2x)e^{rx}$
③一对共轭复根 $r_{1,2}=\alpha\pm i\beta$	$y=e^{\alpha x}(C_1\cos\beta x+C_2\sin\beta x)$

二、二阶常系数线性非齐次微分方程

二阶常系数线性非齐次微分方程(1)

1. 二阶常系数线性非齐次微分方程的定义

定义 4 我们把形如

$$y''+py'+qy=f(x) \tag{3}$$

的微分方程叫作**二阶常系数线性非齐次微分方程**. 其中 p,q 均为常数，且 $f(x)\neq0$.

例如，$y''+2y'+3y=3x^2$，$y''-2y'+2y=e^{2x}$ 等.

2. 二阶常系数线性非齐次微分方程解的结构定理

关于二阶常系数线性非齐次微分方程 $y''+py'+qy=f(x)$ 解的结构，有如下定理：

定理 2 设 y^* 是二阶常系数线性非齐次微分方程(3)的解，Y 是与(3)相对应的齐次方程 $y''+py'+qy=0$ 的通解，则 $y=Y+y^*$ 是方程(3)的通解.

证明(略).

例如，二阶常系数线性非齐次微分方程 $y''+y=x^2+3$ 有特解 $y^*=x^2+1$，与其对应的齐次方程 $y''+y=0$ 的通解为 $Y=C_1\sin x+C_2\cos x$.

因此 $y=Y+y^*=C_1\sin x+C_2\cos x+x^2+1$ 是方程 $y''+y=x^2+3$ 的通解.

定理 3 设 y_1,y_2 分别是二阶常系数非齐次线性微分方程方程 $y''+py'+qy=f_1(x)$ 与 $y''+py'+qy=f_2(x)$ 的特解，则 $y^*=y_1+y_2$ 是微分方程 $y''+py'+qy=f_1(x)+f_2(x)$ 的特解.

例如，二阶常系数线性非齐次微分方程 $y''+y=x^2+3$ 有特解 $y_1=x^2+1$，$y''+y=2e^x$ 有特解 $y_2=e^x$，不难验证，$y^*=y_1+y_2=x^2+1+e^x$ 是方程 $y''+y=x^2+3+2e^x$ 的特解.

说明:(1)由定理 2 知，二阶常系数线性非齐次微分方程的通解问题归结为求其一个特解.

(2)定理 3 表明，二阶常系数线性非齐次微分方程的特解，对于方程右端的自由项也具有可叠加性.

3. 二阶常系数线性非齐次微分方程的特解

由前面的讨论，二阶常系数线性非齐次微分方程的通解问题归结为求其一个特解，因此，下面只研究线性非齐次微分方程(3)的一个特解的求法即可.

我们仅就方程(3)的右端自由项 $f(x)$ 取以下两种特殊形式进行讨论.

形式 1:自由项 $f(x)=P_n(x)e^{\lambda x}$（$P_n(x)$ 是 n 次多项式，λ 为常数）

此时方程(3)为

$$y''+py'+qy=P_n(x)e^{\lambda x}. \tag{4}$$

方程(4)右端是多项式与指数函数的乘积，而这种乘积的一阶导数、二阶导数仍为多项式与指数函数的乘积（常数可看作零次多项式）. 根据方程(4)左端的特点，可以推测，方程(4)的特解形式仍然是多项式与指数函数 $e^{\lambda x}$ 的乘积. 因此，我们设方程(4)的特解为

$$y^*=Q(x)e^{\lambda x}.$$

其中，$Q(x)$ 是一个次数和系数都待定的多项式.

由假设容易得出，$y^{*\prime}=Q'(x)e^{\lambda x}+\lambda Q(x)e^{\lambda x}$，$y^{*\prime\prime}=Q''(x)e^{\lambda x}+2\lambda Q'(x)e^{\lambda x}+\lambda^2Q(x)e^{\lambda x}$.

把 y^*，$y^{*\prime}$，$y^{*\prime\prime}$ 代入方程(4)，并化简整理可得

$$Q''(x)+(2\lambda+p)Q'(x)+(\lambda^2+p\lambda+q)Q(x)=P_n(x). \tag{5}$$

上式为恒等式，因为等式右端是 n 次多项式，所以等式左端也必为 n 次多项式，我们分下列三种情况来确定 $Q(x)$ 的次数和系数：

(1)如果 λ 不是方程 $r^2+pr+q=0$ 的特征根，即 $\lambda^2+p\lambda+q\neq0$，由(5)式可知，$Q(x)$ 必为 n 次多项式. 因此可设方程(4)的特解为

$$y^*=Q_n(x)e^{\lambda x}$$

其中，$Q_n(x)$ 的次数与自由项 $P_n(x)$ 的次数相同，系数待定.

(2)如果 λ 是方程 $r^2+pr+q=0$ 的一重特征根，即 $\lambda^2+p\lambda+q=0$，但 $2\lambda+p\neq0$. 由(5)式可知，$Q'(x)$ 必为 n 次多项式，从而 $Q(x)$ 是 $n+1$ 次多项式. 因此可设方程(4)的特解为

$$y^*=xQ_n(x)e^{\lambda x}$$

其中，$Q_n(x)$ 的次数与自由项 $P_n(x)$ 的次数相同，系数待定.

(3)如果 λ 是方程 $r^2+pr+q=0$ 的二重特征根，即 $\lambda^2+p\lambda+q=0$，且 $2\lambda+p=0$. 由(5)

式可知，$Q''(x)$必为 n 次多项式，从而 $Q(x)$是 $n+2$ 次多项式. 因此可设方程(4)的特解为

$$y^*=x^2Q_n(x)e^{\lambda x}$$

其中，$Q_n(x)$的次数与自由项 $P_n(x)$的次数相同，系数待定.

由上述讨论，我们容易总结得出如下结论：

二阶常系数线性非齐次微分方程 $y''+py'+qy=P_n(x)e^{\lambda x}$ 具有形如

$$y^*=\begin{cases}Q_n(x)e^{\lambda x}, & \lambda \text{ 不是特征根}\\ xQ_n(x)e^{\lambda x}, & \lambda \text{ 是一重特征根}\\ x^2Q_n(x)e^{\lambda x}, & \lambda \text{ 是二重特征根}\end{cases} \tag{6}$$

的特解，其中 $Q_n(x)$是 n 次待定多项式.

例 4　求微分方程 $y''-2y'+3y=6x+5$ 的一个特解.

解　因为 $\lambda=0$ 不满足特征方程 $r^2-2r+3=0$，所以 $\lambda=0$ 不是特征根，又因为 $P_n(x)=6x+5$，故由(6)式可知，应设 $y^*=Ax+B$，于是 $y^{*\prime}=A$，$y^{*\prime\prime}=0$，

把 y^*，$y^{*\prime}$，$y^{*\prime\prime}$代入原方程，得

$$-2A+3Ax+3B=6x+5,$$

因此，

$$\begin{cases}3A=6,\\ -2A+3B=5.\end{cases}$$

即

$$\begin{cases}A=2\\ B=3\end{cases}$$

所以原微分方程的一个特解是 $y^*=2x+3$.

二阶常系数线性非齐次微分方程(2)

例 5　求微分方程 $y''-5y'+6y=5e^{2x}$ 的一个特解.

解　特征方程为 $r^2-5r+6=0$，特征根为 $r_1=2$，$r_2=3$.

由于 $\lambda=2$ 是特征方程的一重特征根，且 $P_n(x)=5$，由(6)式可知，应设特解为 $y^*=Axe^{2x}$，其中 A 为待定系数，又

$$y^{*\prime}=Ae^{2x}(1+2x),\ y^{*\prime\prime}=4Ae^{2x}(1+x).$$

将 y^*，$y^{*\prime}$，$y^{*\prime\prime}$代入所给方程，得 $4Ae^{2x}(1+x)-5Ae^{2x}(1+2x)+6Axe^{2x}=5e^{2x}$，即 $-Ae^{2x}=5e^{2x}$，解得 $A=-5$，因此，所给方程的一个特解为

$$y^*=-5xe^{2x}.$$

形式 2：自由项 $f(x)=e^{\lambda x}[P_l^{(1)}(x)\cos\omega x+P_n^{(2)}(x)\sin\omega x]$($\lambda$，$\omega$ 为实常数，且 $P_l^{(1)}(x)$，$P_l^{(2)}(x)$分别为 l 次和 n 次多项式)

此时方程(3)为

$$y''+py'+qy=e^{\lambda x}[P_l^{(1)}(x)\cos\omega x+P_n^{(2)}(x)\sin\omega x]. \tag{7}$$

经过分析(略)，可得方程(7)具有如下形式的特解：

$$y^*=\begin{cases}e^{\lambda x}[Q_m^{(1)}(x)\cos\omega x+Q_m^{(2)}(x)\sin\omega x], & \lambda\pm\omega i \text{ 不是特征根}\\ xe^{\lambda x}[Q_m^{(1)}(x)\cos\omega x+Q_m^{(2)}(x)\sin\omega x], & \lambda\pm\omega i \text{ 是特征根}\end{cases}, \tag{8}$$

其中 $Q_m^{(1)}(x)$,$Q_m^{(2)}(x)$是待定 m 次多项式,$m=\max\{l,n\}$.

例 6 求微分方程 $y''+9y=3x+2\cos x$ 的通解.

解 特征方程为 $r^2+9=0$,特征根为 $r_{1,2}=\pm 3\mathrm{i}$,因此,其相对应线性齐次微分方程的通解为 $Y=C_1\cos 3x+C_2\sin 3x$.

下面分别求出方程 $y''+9y=3x$ 与 $y''+9y=2\cos x$ 的特解 y_1 与 y_2,则所给方程的特解为 $y^*=y_1+y_2$.

先求方程 $y''+9y=3x$ 的一个特解 y_1:

通过分析,可设 $y_1=Ax+B$,则 $y'_1=A$,$y''_1=0$.

将 y_1,y'_1,y''_1 代入原方程,得 $9(Ax+B)=3x$,比较上式两边同类项的系数,得 $A=\frac{1}{3}$,$B=0$,故得方程 $y''+9y=3x$ 的一个特解为 $y_1=\frac{1}{3}x$.

再求方程 $y''+9y=2\cos x$ 的一个特解 y_2:

由于 $\omega=1$,因此 $\pm\omega\mathrm{i}=\pm\mathrm{i}$ 不是特征根,故可设方程的特解为

$$y_2=A\cos x+B\sin x,$$

又

$$y'_2=-A\sin x+B\cos x,y''_2=-A\cos x-B\sin x.$$

把 y_2,y'_2,y''_2 代入原微分方程,整理后得 $8A\cos x+8B\sin x=2\cos x$,因此 $A=\frac{1}{4}$,$B=0$,于是得方程 $y''+9y=2\cos x$ 的一个特解为 $y_2=\frac{1}{4}\cos x$.

由定理 3,$y''+9y=3x+2\cos x$ 的一个特解为 $y^*=y_1+y_2=\frac{1}{3}x+\frac{1}{4}\cos x$

因此,由定理 2,原微分方程的通解为

$$y=Y+y^*=C_1\cos 3x+C_2\sin 3x+\frac{1}{3}x+\frac{1}{4}\cos x.$$

▶▶▶▶ 习题 4.4 ◀◀◀◀

1. 求下列微分方程的通解:

(1)$y''+7y'-8y=0$;　　(2)$y''-5y'=0$;

(3)$y''+16y=0$;　　(4)$y''-3y'-10y=0$;

(5)$y''-12y'+36y=0$;　　(6)$y''+6y'+10y=0$;

(7)$y''-4y'+4y=\mathrm{e}^x$;　　(8)$y''+4y=2x^2$.

2. 求下列微分方程满足初值条件的特解:

(1)$y''-3y'+2y=0$,$y|_{x=0}=4$,$y'|_{x=0}=5$;

(2)$y''-7y'+12y=0$,$y|_{x=0}=3$,$y'|_{x=0}=10$.

第 4 章自测题

（总分 100 分，时间 90 分钟）

一、判断题（每小题 2 分，共 20 分）

(　　)1. $y''-7y'+12y=0$ 是二阶线性齐次微分方程.

(　　)2. 函数 $s=-\dfrac{1}{2}gt^2$ 是微分方程 $s''(t)=-g$ 的解.

(　　)3. 函数 $y=e^{3x}$ 是微分方程 $y''-7y'+12y=0$ 的解.

(　　)4. 方程 $(1-x^2)y-xy'=0$ 是可分离变量的微分方程.

(　　)5. 微分方程 $y\ln x\mathrm{d}x=x\ln y\mathrm{d}y$ 满足 $y|_{x=1}=1$ 的特解是 $\ln^2x=\ln^2y$.

(　　)6. 函数 $y=e^{2x}$ 与 $y=xe^{2x}$ 是微分方程 $y''-4y'+4y=0$ 的两个线性无关解.

(　　)7. $y''-3y=0$ 的特征方程为 $r^2-3r=0$.

(　　)8. 微分方程 $y''=\sin x$ 的通解是 $y=-\sin x+C_1x+C_2$.

(　　)9. 方程 $xy'+y=3$ 的通解是 $y=\dfrac{C}{x}+3$.

(　　)10. 微分方程 $y''-4y'+3y=0$ 的通解为 $y=C_1e^x+C_2e^{3x}$.

二、选择题（每小题 2 分，共 10 分）

(　　)1. 微分方程 $y'-y=1$ 的通解是(　　).

A. $y=Ce^x$　　B. $y=Ce^x+1$

C. $y=Ce^x-1$　　D. $y=(C+1)e^x$

(　　)2. 微分方程 $xy'+y=3$ 满足初始条件 $y|_{x=1}=0$ 的特解是(　　).

A. $y=3\left(1-\dfrac{1}{x}\right)$　　B. $y=3(1-x)$　　C. $y=1-\dfrac{1}{x}$　　D. $y=1-x$

(　　)3. 微分方程 $\dfrac{\mathrm{d}y}{\mathrm{d}x}=\dfrac{y}{x}+\tan\dfrac{y}{x}$ 的通解为(　　).

A. $\sin\dfrac{y}{x}=Cx$　　B. $\sin\dfrac{y}{x}-\dfrac{1}{Cx}$

C. $\sin\dfrac{x}{y}=Cx$　　D. $\sin\dfrac{x}{y}=\dfrac{1}{Cx}$

(　　)4. 已知微分方程 $y'+p(x)y=(x+1)^{\frac{5}{2}}$ 的一个特解为 $y^*=\dfrac{2}{3}(x+1)^{\frac{7}{2}}$，则此微分方程的通解是(　　).

A. $y=\dfrac{C}{(x+1)^2}+\dfrac{2}{3}(x+1)^{\frac{7}{2}}$　　B. $y=\dfrac{C}{(x+1)^2}+\dfrac{2}{11}(x+1)^{\frac{7}{2}}$

C. $y=C(x+1)^2+\frac{2}{11}(x+1)^{\frac{7}{2}}$　　D. $y=(x+1)^2+\frac{2}{3}(x+1)^{\frac{7}{2}}$

(　　)5. 微分方程 $y''-y'=e^x+1$ 的一个特解应具有形式(式中 a,b 为常数)(　　).

A. $y=ae^x+b$　　B. $y=axe^x+b$

C. $y=ae^x+bx$　　D. $y=axe^x+bx$

三、填空题(每小题 2 分,共 20 分)

1. 微分方程 $y''-5y'-3y=0$ 的特征方程为________.
2. $y_1=\cos x$ 与 $y_2=\sin x$ 是方程 $y''+y=0$ 的两个解,则该方程的通解为________.
3. 微分方程 $y''-2y'-3y=0$ 的通解为________.
4. 微分方程 $y''-2y'+y=0$ 的通解为________.
5. 微分方程 $y'''=e^{2x}$ 的通解是________.
6. 微分方程 $y''=y'$ 的通解是________.
7. 微分方程 $\frac{dy}{dx}=2xy$ 的通解是________.
8. 微分方程 $y''+4y'+5y=0$ 的通解是________.
9. 已知 $y=1,y=x,y=x^2$ 是某二阶非齐次线性微分方程的三个解,则该微分方程的通解为________.
10. 微分方程 $y''-2y'+2y=e^x$ 的特解可设为________.

四、解答题(共 50 分)

1. 求微分方程 $\frac{dy}{dx}-\frac{2}{x+1}y=(x+1)^3$ 的通解.(10 分)
2. 求微分方程 $\frac{d^2y}{dx^2}+\frac{dy}{dx}=e^x$ 的通解.(10 分)
3. 求微分方程 $y''+y=\sin x$ 的通解.(10 分)
4. 求微分方程 $y'\tan x+y=-3$ 满足初值条件 $y\left(\frac{\pi}{2}\right)=0$ 的特解.(10 分)
5. 求微分方程 $2x\sin y\,dx+(x^2+1)\cos y\,dy=0$ 满足 $y|_{x=1}=\frac{\pi}{2}$ 的特解.(10 分)

本章课程思政

通过常微分方程的学习,同学们是否领悟到一种不一样的数学思想?那就是“猜想”.特征根法、常数变易法等方法的产生在本质上其实就是一种“猜想”.牛顿曾说过“没有大胆的猜测,就做不出伟大的发现”.数学发展史上的许多定理就是由最初的大胆猜想,后经数学家的严谨证明形成的. 同学们在今后的学习道路上也要“大胆假设，小心求证”，既要大胆创新，敢于质疑，又要严谨求证，知行合一. 习近平总书记指出：“我们要以科学的态度对待科学、以真理的精神追求真理……不断拓展认识的广度和深度，敢于说前人没有说过的新话，敢于干前人没有干过的事情，以新的理论指导新的实践.” ①

拓展阅读

数学家丘成桐

丘成桐(Shing-Tung Yau)，原籍广东省梅州市蕉岭县，1949 年出生于广东汕头，同年随父母移居香港. 他是国际知名数学家，菲尔兹奖首位华人得主，美国国家科学院院士、美国艺术与科学院院士、中国科学院外籍院士，现任香港中文大学博文讲座教授兼数学科学研究所所长、哈佛大学 William Casper Graustein 讲座教授、清华大学丘成桐数学科学中心主任.

他 1969 年毕业于香港中文大学崇基学院数学系；1971 年获得加州大学伯克利分校数学博士学位(师从陈省身)；1974—1987 年任斯坦福大学、普林斯顿高等研究院、加州大学圣地亚哥分校数学教授；1987 年起任哈佛大学讲座教授；1993 年被选为美国国家科学院院士；1994 年成为中国科学院外籍院士，同年出任香港中文大学数学科学研究所所长；2003 年出任香港中文大学博文讲座教授；2013 年起任哈佛大学物理系教授.

丘成桐囊括了维布伦几何奖(1981)、菲尔兹奖(1982)、麦克阿瑟奖(1985)、克拉福德奖(1994)、美国国家科学奖(1997)、沃尔夫数学奖(2010)、马塞尔·格罗斯曼奖(2018)等奖项. 特别是在 1982 年，他荣获最高数学奖菲尔兹奖，是第一位获得这项被称为“数学界的诺贝尔奖”的华人. 他也是继陈省身后第二位获得沃尔夫数学奖的华人.

丘成桐证明了卡拉比猜想、正质量猜想等，是几何分析学科的奠基人，以他的名字命名的卡拉比-丘流形，是物理学中弦理论的基本概念，对微分几何和数学物理的发展做出了重要贡献.

本章参考答案

① 习近平. 高举中国特色社会主义伟大旗帜 为全面建设社会主义现代化国家而团结奋斗——在中国共产党第二十次全国代表大会上的报告[M]. 北京：人民出版社，2022.

第 5 章　无穷级数

知识概要

基本概念:常数项无穷级数、一般项、部分和、收敛和发散、正项级数、交错级数、绝对收敛、条件收敛、函数项级数、收敛点、收敛域、发散点、发散域、和函数、幂级数、收敛半径、收敛区间、泰勒级数、麦克劳林级数.

基本公式:幂级数收敛半径公式、6 个常用函数的幂级数展开式.

基本定理:级数收敛的必要条件、阿贝尔定理、正项级数收敛的充要条件、绝对收敛的级数必收敛.

基本方法:利用定义判定级数敛散性、利用性质判定级数敛散性、正项级数比较判别法、正项级数比值判别法、交错级数莱布尼茨判别法、直接展开法、间接展开法.

§5.1　常数项级数的概念与性质

学习目标

1. 掌握无穷级数的概念,会用级数收敛和发散的定义判定级数的敛散性;
2. 理解级数的性质,会用性质判定级数的敛散性.

学习重点

1. 级数的概念及性质;
2. 利用级数收敛和发散的定义判定级数的敛散性;
3. 级数收敛的必要条件.

学习难点

1. 利用级数收敛和发散的定义判定级数的敛散性;
2. 理解并灵活应用级数收敛的必要条件.

一、常数项级数的基本概念

常数项级数的概念和敛散性定义

引例 无限循环小数的表示

在工程测量、科学实验或数值计算中，随着精确度的提高，经常可以遇到类似 1.565656…这样的数据，这种数据可用 1.565656…＝1＋0.56＋0.0056＋0.000056＋…来表示．一般无限循环小数都有类似的表示方式，如：$0.\dot{3}\dot{7}=0.37+0.0037+0.000037+\cdots$在这样的表达式中，出现了无穷多个数相加的形式，那么无穷多个数相加的意义是什么呢？是一个简单的逐项累加过程吗？如果不是，要如何理解？

定义 1 若给定一个常数项数列 $u_1,u_2,\cdots,u_n,\cdots$，则和式 $u_1+u_2+\cdots+u_n+\cdots$称作**常数项无穷级数**，简称**数项级数或无穷级数**，记作$\sum\limits_{n=1}^{\infty}u_n$．即

$$\sum_{n=1}^{\infty}u_n=u_1+u_2+\cdots+u_n+\cdots \tag{1}$$

其中第 n 项叫作级数的一般项或通项．

我们可以通过对无穷级数有限项的和进行研究，观测它的变化趋势，由此来理解无穷级数无穷多项相加的含义．为此，我们引入部分和的概念．

定义 2 级数(1)的前 n 项之和 $S_n=u_1+u_2+\cdots+u_n$，称作级数 $\sum\limits_{n=1}^{\infty}u_n$ 的**部分和**．

当 n 依次取 1,2,3,…时，它们构成一个新的数列$\{S_n\}$：

$$S_1=u_1,$$
$$S_2=u_1+u_2,$$
$$S_3=u_1+u_2+u_3,$$
$$\cdots\cdots$$
$$S_n=u_1+u_2+\cdots+u_n,$$
$$\cdots\cdots$$

称数列$\{S_n\}$为级数的**部分和数列**．

根据部分和数列$\{S_n\}$是否有极限，我们给出级数 $\sum\limits_{n=1}^{\infty}u_n$ 敛散性的定义．

定义 3 如果无穷级数$\sum\limits_{n=1}^{\infty}u_n$ 的部分和数列$\{S_n\}$有极限 S，即

$$\lim_{n\to\infty}S_n=S,$$

则称无穷级数$\sum\limits_{n=1}^{\infty}u_n$ **收敛**，极限 S 称作级数$\sum\limits_{n=1}^{\infty}u_n$ 的**和**，记作

$$\sum_{n=1}^{\infty} u_n = u_1 + u_2 + \cdots + u_n + \cdots = S.$$

如果部分和数列$\{S_n\}$无极限,则称级数$\sum\limits_{n=1}^{\infty} u_n$ **发散**.

当级数$\sum\limits_{n=1}^{\infty} u_n$ 收敛时,其部分和 S_n 是级数的和 S 的近似值,它们之间的差值

$$r_n = S - S_n = u_{n+1} + u_{n+2} + \cdots + u_{n+k} + \cdots,$$

叫作级数的**余项**.

例 1 讨论几何级数(又称为等比级数)$\sum\limits_{n=0}^{\infty} aq^n = a + aq + aq^2 + \cdots + aq^n + \cdots (a \neq 0)$的敛散性.

解 (1) 如果$|q| \neq 1$,则部分和为

$$S_n = \sum_{k=0}^{n-1} aq^k = a + aq + aq^2 + \cdots + aq^{n-1} = \frac{a - aq^n}{1-q}.$$

当$|q| < 1$时,$\lim\limits_{n\to\infty} q^n = 0$,故$\lim\limits_{n\to\infty} S_n = \dfrac{a}{1-q}$,等比级数收敛,其和为$\dfrac{a}{1-q}$;

当$|q| > 1$时,$\lim\limits_{n\to\infty} q^n = \infty$,所以$\lim\limits_{n\to\infty} S_n = \infty$,等比级数发散;

(2) 当 $q = 1$ 时,则 $S_n = a + a + a + \cdots + a = na \to \infty (n \to \infty)$,等比级数发散;

(3)$q = -1$,则 $S_n = a - a + \cdots + (-1)^{n-2}a + (-1)^{n-1}a = \begin{cases} 0, & n \text{ 为偶数} \\ a, & n \text{ 为奇数} \end{cases}$,所以$\lim\limits_{n\to\infty} S_n$不存在,等比级数发散.

综合以上讨论,可以得到几何级数的敛散性结论如下:

当$|q| < 1$时,几何级数$\sum\limits_{n=0}^{\infty} aq^n = a + aq + aq^2 + \cdots + aq^n + \cdots$ 收敛,且$\sum\limits_{n=0}^{\infty} aq^n = \dfrac{a}{1-q}$;

当$|q| \geqslant 1$时,几何级数$\sum\limits_{n=0}^{\infty} aq^n = a + aq + aq^2 + \cdots + aq^n + \cdots$ 发散.

几何级数是一个重要的级数,记住其敛散性结论对今后的学习会有很大的帮助. 例如,我们可以直接由上述结论判断出级数$\sum\limits_{n=0}^{\infty} \left(\dfrac{1}{5}\right)^n$ 收敛,级数$\sum\limits_{n=0}^{\infty} 5^n$ 发散.

例 2 判定级数$\sum\limits_{n=1}^{\infty} \ln\dfrac{n+1}{n} = \ln\dfrac{2}{1} + \ln\dfrac{3}{2} + \ln\dfrac{4}{3} + \cdots + \ln\dfrac{n+1}{n} + \cdots$ 的敛散性.

解 由于 $u_n = \ln\dfrac{n+1}{n} = \ln(n+1) - \ln n, (n = 1,2,3,\cdots)$,

得到级数的部分和

$$\begin{aligned} S_n &= \ln\frac{2}{1} + \ln\frac{3}{2} + \ln\frac{4}{3} + \cdots + \ln\frac{n+1}{n} \\ &= (\ln 2 - \ln 1) + (\ln 3 - \ln 2) + \cdots + [\ln(n+1) - \ln n] \\ &= \ln(n+1) \end{aligned}$$

因为 $\lim\limits_{n\to\infty}S_n=\lim\limits_{n\to\infty}\ln(n+1)=\infty$，所以级数 $\sum\limits_{n=1}^{\infty}\ln\dfrac{n+1}{n}$ 发散.

例 3　判定无穷级数 $\sum\limits_{n=1}^{\infty}\dfrac{1}{n(n+1)}$ 的敛散性.

解　由于 $u_n=\dfrac{1}{n(n+1)}=\dfrac{1}{n}-\dfrac{1}{n+1}$，所以部分和为

$$\begin{aligned}S_n&=\sum_{k=1}^{n}\frac{1}{k(k+1)}=\sum_{k=1}^{n}\left(\frac{1}{k}-\frac{1}{k+1}\right)\\&=\left(1-\frac{1}{2}\right)+\left(\frac{1}{2}-\frac{1}{3}\right)+\left(\frac{1}{3}-\frac{1}{4}\right)+\cdots+\\&\quad\left(\frac{1}{n-1}-\frac{1}{n}\right)+\left(\frac{1}{n}-\frac{1}{n+1}\right)\\&=1-\frac{1}{n+1},\end{aligned}$$

所以 $\lim\limits_{n\to\infty}S_n=\lim\limits_{n\to\infty}\left(1-\dfrac{1}{n+1}\right)=1$，原级数收敛于 1.

无穷级数的性质、收敛的必要条件

二、常数项级数的基本性质

性质 1　如果级数 $\sum\limits_{n=1}^{\infty}u_n$ 与级数 $\sum\limits_{n=1}^{\infty}v_n$ 分别收敛于 S,W，则级数 $\sum\limits_{n=1}^{\infty}(u_n\pm v_n)$ 也收敛，且有

$$\sum_{n=1}^{\infty}(u_n\pm v_n)=\sum_{n=1}^{\infty}u_n\pm\sum_{n=1}^{\infty}v_n=S\pm W$$

性质 2　如果级数 $\sum\limits_{n=1}^{\infty}u_n$ 收敛(发散)，k 为任意非零常数，则级数 $\sum\limits_{n=1}^{\infty}ku_n$ 也收敛(发散)，且收敛时有

$$\sum_{n=1}^{\infty}ku_n=k\sum_{n=1}^{\infty}u_n$$

即级数的每一项同乘以一个非零常数，其敛散性不变.

推论　若 $\sum\limits_{n=1}^{\infty}u_n$，$\sum\limits_{n=1}^{\infty}v_n$ 均收敛，$a,b\in\mathbf{R}$，则级数 $\sum\limits_{n=1}^{\infty}(au_n+bv_n)$ 也收敛，且有 $\sum\limits_{n=1}^{\infty}(au_n+bv_n)=a\sum\limits_{n=1}^{\infty}u_n+b\sum\limits_{n=1}^{\infty}v_n$.

性质 3　在一个级数中加上、去掉或改变有限项，不改变级数的敛散性(若级数收敛，其和可能改变).

性质 4　如果级数 $\sum\limits_{n=1}^{\infty}u_n$ 收敛，则对这个级数的各项间任意加括号后所得的级数仍收敛，且其和不变.

性质 5　**(级数收敛的必要条件)** 若级数 $\sum\limits_{n=1}^{\infty}u_n$ 收敛，则 $\lim\limits_{n\to\infty}u_n=0$.

证 设级数$\sum_{n=1}^{\infty}u_n=u_1+u_2+\cdots+u_n+\cdots$收敛于$S$,其部分和$S_n=\sum_{k=1}^{n}u_k$,显然$u_n=S_n-S_{n-1}$.因此,

$$\lim_{n\to\infty}u_n=\lim_{n\to\infty}(S_n-S_{n-1})=\lim_{n\to\infty}S_n-\lim_{n\to\infty}S_{n-1}=S-S=0.$$

因此,级数$\sum_{n=1}^{\infty}u_n$收敛的必要条件是$\lim_{n\to\infty}u_n=0$.

说明:

(1) 性质5的逆否命题是:**若级数的一般项不趋向于零,该级数发散**.我们常常利用此性质来判断一个级数是发散的.

(2) 需要注意的是**一般项趋向于零的级数不一定收敛**.例如级数$\sum_{n=1}^{\infty}\ln\frac{n+1}{n}$,满足条件$\lim_{n\to\infty}u_n=0$,但是在例2中,我们已经证明它是发散的.

例4 判别级数$\sum_{n=1}^{\infty}\frac{7}{2^n}$的敛散性.

解 显然,$\sum_{n=1}^{\infty}\frac{7}{2^n}=\sum_{n=1}^{\infty}7\times\frac{1}{2^n}$,而几何级数$\sum_{n=1}^{\infty}\frac{1}{2^n}$收敛,由性质2得级数$\sum_{n=1}^{\infty}\frac{7}{2^n}$也收敛.

例5 判别级数$\sum_{n=1}^{\infty}\frac{2n^2}{5n^2+n+1}$的敛散性.

解 因为$\lim_{n\to\infty}u_n=\lim_{n\to\infty}\frac{2n^2}{5n^2+n+1}=\frac{2}{5}\neq0$,所以由性质5,级数发散.

例6 证明调和级数$\sum_{n=1}^{\infty}\frac{1}{n}=1+\frac{1}{2}+\frac{1}{3}+\cdots+\frac{1}{n}+\cdots$是发散的.

证明 假设调和级数收敛,其和为S,便有$\lim_{n\to\infty}(S_{2n}-S_n)=S-S=0$.事实上,

$$S_{2n}-S_n=\frac{1}{n+1}+\frac{1}{n+2}+\cdots+\frac{1}{2n}>\frac{n}{2n}=\frac{1}{2},$$

因此,$0>\frac{1}{2}(n\to\infty)$(矛盾),所以假设不成立.故调和级数发散.

同时注意到,$\lim_{n\to\infty}u_n=\lim_{n\to\infty}\frac{1}{n}=0$,即调和级数的一般项趋近于零,而调和级数发散.

调和级数是发散的这一结论非常重要,在后面的学习中会经常用到。

▶▶▶▶ 习题 5.1 ◀◀◀◀

1.选择题:

(1) 下列命题正确的是(　　)

A.若$\lim_{n\to\infty}u_n=0$,则级数$\sum_{n=1}^{\infty}u_n$收敛;

B. 若$\lim\limits_{n\to\infty}u_n\neq 0$，则级数$\sum\limits_{n=1}^{\infty}u_n$发散；

C. 若级数$\sum\limits_{n=1}^{\infty}u_n$发散，则$\lim\limits_{n\to\infty}u_n\neq 0$；

D. 若级数$\sum\limits_{n=1}^{\infty}u_n$发散，则必有$\lim\limits_{n\to\infty}u_n=\infty$.

(2) 下列命题正确的是(　　)

A. 若级数$\sum\limits_{n=1}^{\infty}u_n$，$\sum\limits_{n=1}^{\infty}v_n$都发散，则级数$\sum\limits_{n=1}^{\infty}(u_n+v_n)$必发散；

B. 若级数$\sum\limits_{n=1}^{\infty}(u_n+v_n)$收敛，则级数$\sum\limits_{n=1}^{\infty}u_n$，$\sum\limits_{n=1}^{\infty}v_n$都收敛；

C. 若级数$\sum\limits_{n=1}^{\infty}u_n$收敛，$\sum\limits_{n=1}^{\infty}v_n$发散，则级数$\sum\limits_{n=1}^{\infty}(u_n+v_n)$必发散；

D. 若级数$\sum\limits_{n=1}^{\infty}(u_n+v_n)$发散，则级数$\sum\limits_{n=1}^{\infty}u_n$，$\sum\limits_{n=1}^{\infty}v_n$都发散.

2. 利用级数敛散性定义判别下列级数的敛散性：

(1) $\sum\limits_{n=1}^{\infty}\dfrac{1}{(2n-1)(2n+1)}$；

(2) $\sum\limits_{n=1}^{\infty}(\sqrt{n+2}-\sqrt{n+1})$.

3. 判别下列级数的敛散性：

(1) $\dfrac{1}{2}+\dfrac{1}{4}+\dfrac{1}{6}+\cdots+\dfrac{1}{2n}+\cdots$；

(2) $\left(\dfrac{1}{2}+\dfrac{1}{3}\right)+\left(\dfrac{1}{2^2}+\dfrac{1}{3^2}\right)+\left(\dfrac{1}{2^3}+\dfrac{1}{3^3}\right)+\cdots+\left(\dfrac{1}{2^n}+\dfrac{1}{3^n}\right)+\cdots$；

(3) $\dfrac{1}{2}+\dfrac{1}{10}+\dfrac{1}{2^2}+\dfrac{1}{20}+\cdots+\dfrac{1}{2^n}+\dfrac{1}{10n}+\cdots$；

(4) $\dfrac{1}{1\cdot 6}+\dfrac{1}{6\cdot 11}+\dfrac{1}{11\cdot 16}+\cdots+\dfrac{1}{(5n-4)\cdot(5n+1)}+\cdots$；

(5) $\sum\limits_{n=1}^{\infty}\left(\dfrac{5}{2}\right)^n$.

§5.2　常数项级数审敛法

学习目标

1. 掌握正项级数的概念，理解正项级数收敛的充要条件，会用比较审敛法和达朗贝尔比值审敛法判别正项级数的敛散性；

2. 掌握交错级数的概念,会用莱布尼茨审敛法判别收敛的交错级数;

3. 理解条件收敛和绝对收敛的概念,会判定收敛级数是条件收敛还是绝对收敛.

学习重点

1. 比较审敛法和达朗贝尔比值审敛法;

2. 莱布尼茨审敛法;

3. 条件收敛和绝对收敛.

学习难点

1. 利用比较审敛法和达朗贝尔比值审敛法判定正项级数的敛散性;

2. 判定收敛级数是条件收敛还是绝对收敛.

在研究了无穷级数的基本概念和性质之后,我们将进一步了解几种特殊的常数项级数及它们敛散性的判别法.

比较判别法

一、正项级数及其审敛法

定义 1 若级数 $\sum_{n=1}^{\infty} u_n$ 中的项 $u_n \geqslant 0(n=1,2,\cdots)$,则称此级数为**正项级数**.

定理 1 正项级数 $\sum_{n=1}^{\infty} u_n$ 收敛的**充分必要条件**是它的部分和数列 $\{S_n\}$ 有界.

证 设级数 $\sum_{n=1}^{\infty} u_n$ 是一个正项级数,显然它的部分和数列 $\{S_n\}$ 是单调增加的,即

$$S_1 \leqslant S_2 \leqslant S_3 \leqslant \cdots \leqslant S_n \leqslant \cdots.$$

若数列 $\{S_n\}$ 有界,根据**单调有界数列必有极限**的准则,有 $\lim\limits_{n\to\infty} S_n$ 存在,即级数 $\sum_{n=1}^{\infty} u_n$ 收敛. 反过来,若级数 $\sum_{n=1}^{\infty} u_n$ 收敛,即 $\lim\limits_{n\to\infty} S_n$ 存在,根据**极限存在的数列必为有界数列**的性质可知,部分和数列 $\{S_n\}$ 是有界的.

定理 2(比较审敛法) 设 $\sum_{n=1}^{\infty} u_n$ 和 $\sum_{n=1}^{\infty} v_n$ 都是正项级数,且 $u_n \leqslant v_n(n=1,2,\cdots)$,

(1) 若级数 $\sum_{n=1}^{\infty} v_n$ 收敛,则级数 $\sum_{n=1}^{\infty} u_n$ 亦收敛(大收则小收);

(2) 若级数 $\sum_{n=1}^{\infty} u_n$ 发散,则级数 $\sum_{n=1}^{\infty} v_n$ 亦发散(小发则大发).

证 (1) 设 $\sum_{n=1}^{\infty} v_n$ 收敛于 σ,由 $u_n \leqslant v_n(n=1,2,\cdots)$,$\sum_{n=1}^{\infty} u_n$ 的部分和 S_n 满足

$$S_n = u_1 + u_2 + \cdots + u_n \leqslant v_1 + v_2 + \cdots + v_n \leqslant \sigma,$$

即单调增加的部分和数列 S_n 有上界，据基本定理知，$\sum\limits_{n=1}^{\infty} u_n$ 收敛.

(2) 反证法：假设 $\sum\limits_{n=1}^{\infty} v_n$ 收敛，则由(1) 可知 $\sum\limits_{n=1}^{\infty} u_n$ 也收敛，这与 $\sum\limits_{n=1}^{\infty} u_n$ 发散矛盾，于是 $\sum\limits_{n=1}^{\infty} v_n$ 发散.

例 1　讨论 p 级数 $\sum\limits_{n=1}^{\infty} \dfrac{1}{n^p} = 1 + \dfrac{1}{2^p} + \dfrac{1}{3^p} + \cdots + \dfrac{1}{n^p} + \cdots$ 的敛散性(其中常数 $p > 0$).

解　当 $0 < p \leqslant 1$ 时，则 $n^p \leqslant n$，所以 $\dfrac{1}{n^p} \geqslant \dfrac{1}{n}$，又因为调和级数 $\sum\limits_{n=1}^{\infty} \dfrac{1}{n}$ 发散，故 $\sum\limits_{n=1}^{\infty} \dfrac{1}{n^p}$ 亦发散；

当 $p > 1$ 时，

$$S_n = 1 + \frac{1}{2^p} + \frac{1}{3^p} + \cdots + \frac{1}{n^p} < 1 + \int_1^2 \frac{1}{x^p}\mathrm{d}x + \int_2^3 \frac{1}{x^p}\mathrm{d}x + \cdots + \int_{n-1}^{n} \frac{1}{x^p}\mathrm{d}x$$

$$= 1 + \int_1^n \frac{1}{x^p}\mathrm{d}x = 1 + \frac{n^{1-p} - 1}{1-p} = 1 + \frac{1 - n^{1-p}}{p-1} < 1 + \frac{1}{p-1}.$$

因此，部分和 S_n 有上界，所以 $\sum\limits_{n=1}^{\infty} \dfrac{1}{n^p}$ 收敛.

综上讨论，当 $0 < p \leqslant 1$ 时，p 级数为发散的；当 $p > 1$ 时，p 级数是收敛的.

说明：p 级数是一个很重要的级数，我们需牢记其敛散性结论. 类似 p 级数的正项级数的敛散性可以与 p 级数比较.

比值判别法

例 2　证明级数 $\sum\limits_{n=1}^{\infty} \dfrac{1}{n(n+1)}$ 收敛.

证明　因为级数的一般项满足 $\dfrac{1}{n(n+1)} \leqslant \dfrac{1}{n^2} (n = 1,2,\cdots)$

而级数 $\sum\limits_{n=1}^{\infty} \dfrac{1}{n^2}$ 是收敛的，根据定理 2 可得，级数 $\sum\limits_{n=1}^{\infty} \dfrac{1}{n(n+1)}$ 收敛.

例 3　证明级数 $\sum\limits_{n=1}^{\infty} \dfrac{1}{\sqrt{2n-1}}$ 发散.

证明　因为级数的一般项满足 $\dfrac{1}{\sqrt{2n-1}} > \dfrac{1}{\sqrt{2n}} (n = 1,2,\cdots)$

而级数 $\sum\limits_{n=1}^{\infty} \dfrac{1}{\sqrt{2n}} = \dfrac{1}{\sqrt{2}} \sum\limits_{n=1}^{\infty} \dfrac{1}{\sqrt{n}}$ 是发散的，根据定理 2 可得，级数 $\sum\limits_{n=1}^{\infty} \dfrac{1}{\sqrt{2n-1}}$ 发散.

定理 3(达朗贝尔比值审敛法)　设有正项级数 $\sum\limits_{n=1}^{\infty} u_n$，若 $\lim\limits_{n \to \infty} \dfrac{u_{n+1}}{u_n} = \rho$，则

(1) 当 $\rho < 1$ 时，级数收敛；

(2) 当 $\rho > 1$(也包括 $\rho = +\infty$) 时，级数发散；

(3) 当 $\rho=1$ 时,级数的敛散性不确定.

例 4 判定级数 $\sum\limits_{n=1}^{\infty}\dfrac{5^n}{n^2}$ 的敛散性.

解 因为 $\lim\limits_{n\to\infty}\dfrac{u_{n+1}}{u_n}=\lim\limits_{n\to\infty}\dfrac{\dfrac{5^{n+1}}{(n+1)^2}}{\dfrac{5^n}{n^2}}=\lim\limits_{n\to\infty}\dfrac{5(n+1)^2}{n^2}=5>1$,由比值审敛法,级数 $\sum\limits_{n=1}^{\infty}\dfrac{5^n}{n^2}$ 是发散的.

例 5 判定级数 $\sum\limits_{n=1}^{\infty}\dfrac{2^n}{n!}$ 的敛散性.

解 因为 $\lim\limits_{n\to\infty}\dfrac{u_{n+1}}{u_n}=\lim\limits_{n\to\infty}\dfrac{\dfrac{2^{n+1}}{(n+1)!}}{\dfrac{2^n}{n!}}=\lim\limits_{n\to\infty}\dfrac{2}{n+1}=0<1$,由比值审敛法,级数 $\sum\limits_{n=1}^{\infty}\dfrac{2^n}{n!}$ 收敛.

例 6 判定级数 $\sum\limits_{n=1}^{\infty}\dfrac{n!}{n^n}$ 的敛散性.

解 因为 $\lim\limits_{n\to\infty}\dfrac{u_{n+1}}{u_n}=\lim\limits_{n\to\infty}\dfrac{\dfrac{(n+1)!}{(n+1)^{n+1}}}{\dfrac{n!}{n^n}}=\lim\limits_{n\to\infty}\dfrac{n^n}{(n+1)^n}=\lim\limits_{n\to\infty}\dfrac{1}{\left(1+\dfrac{1}{n}\right)^n}=\dfrac{1}{\mathrm{e}}<1$,由比值审敛法,级数 $\sum\limits_{n=1}^{\infty}\dfrac{n!}{n^n}$ 收敛.

二、交错级数及其审敛法

交错级数

定义 2 如果级数 $\sum\limits_{n=1}^{\infty}(-1)^{n+1}u_n$ 中 $u_n>0$,则称此级数为**交错级数**.

定理 4(莱布尼茨审敛法) 如果交错级数 $\sum\limits_{n=1}^{\infty}(-1)^{n-1}u_n(u_n>0)$ 满足条件:

(1) $u_n\geqslant u_{n+1}$,$(n=1,2,\cdots)$;

(2) $\lim\limits_{n\to\infty}u_n=0$,

则交错级数收敛,且其和 $S\leqslant u_1$,余项 r_n 的绝对值 $|r_n|\leqslant u_{n+1}$.

例 7 判断交错级数 $\sum\limits_{n=1}^{\infty}(-1)^{n-1}\dfrac{1}{n}$ 的敛散性.

解 因为 $u_n=\dfrac{1}{n}>\dfrac{1}{n+1}=u_{n+1}\ (n=1,2,\cdots)$

又因为 $\lim\limits_{n\to\infty}u_n=\lim\limits_{n\to\infty}\dfrac{1}{n}=0$,故由莱布尼茨审敛法,交错级数 $\sum\limits_{n=1}^{\infty}(-1)^{n-1}\dfrac{1}{n}$ 收敛.

例 8 判断交错级数 $\sum_{n=1}^{\infty}(-1)^{n-1}\frac{n}{3^n}$ 的敛散性.

解 因为 $u_n-u_{n+1}=\frac{n}{3^n}-\frac{n+1}{3^{n+1}}=\frac{2n-1}{3^{n+1}}>0,(n=1,2,\cdots)$

即 $u_n\geqslant u_{n+1}(n=1,2,\cdots)$

又因为 $\lim\limits_{n\to\infty}u_n=\lim\limits_{n\to\infty}\frac{n}{3^n}=0$,

故由莱布尼茨审敛法,交错级数 $\sum_{n=1}^{\infty}(-1)^{n-1}\frac{n}{3^n}$ 收敛.

三、条件收敛与绝对收敛

条件收敛和绝对收敛

定义 3 设级数 $\sum_{n=1}^{\infty}u_n$ 的各项 $u_n(n=1,2,\cdots)$ 为任意实数,若级数 $\sum_{n=1}^{\infty}u_n$ 的各项的绝对值所构成的正项级数 $\sum_{n=1}^{\infty}|u_n|$ 收敛,则称 $\sum_{n=1}^{\infty}u_n$ **绝对收敛**. 若级数 $\sum_{n=1}^{\infty}u_n$ 收敛,而级数 $\sum_{n=1}^{\infty}|u_n|$ 发散,则称级数 $\sum_{n=1}^{\infty}u_n$ **条件收敛**.

由 p 级数的敛散性结论可知 $\sum_{n=1}^{\infty}(-1)^{n-1}\frac{1}{n^2}$ 绝对收敛,结合例 7 可知 $\sum_{n=1}^{\infty}(-1)^{n-1}\frac{1}{n}$ 条件收敛.

对于 $\sum_{n=1}^{\infty}u_n$ 各项的绝对值所组成的正项级数 $\sum_{n=1}^{\infty}|u_n|$ 和级数 $\sum_{n=1}^{\infty}u_n$ 的敛散性有如下关系:

定理 5 如果级数 $\sum_{n=1}^{\infty}|u_n|$ 收敛,则级数 $\sum_{n=1}^{\infty}u_n$ 必收敛.

由定理 5 知可将任意项级数的敛散性判定转化成正项级数的敛散性判定.

例 9 判定任意项级数 $\sum_{n=1}^{\infty}\frac{\sin\frac{n\pi}{3}}{n^3}$ 的敛散性.

解 因为 $\left|\frac{\sin\frac{n\pi}{3}}{n^3}\right|\leqslant\frac{1}{n^3}$,

又因为 $\sum_{n=1}^{\infty}\frac{1}{n^3}$ 收敛,由比较判别法知 $\sum_{n=1}^{\infty}\left|\frac{\sin\frac{n\pi}{3}}{n^3}\right|$ 收敛,

又由定理 5 知,级数 $\sum_{n=1}^{\infty}\frac{\sin\frac{n\pi}{3}}{n^3}$ 收敛.

习题 5.2

1. 单项选择题:

(1) 对于级数$\sum\limits_{n=1}^{\infty}(-1)^n\frac{1}{n^p}$,以下结论正确的是(　　).

A. 当 $p>1$ 时级数条件收敛　　B. 当 $p>1$ 时级数绝对收敛

C. 当 $0<p\leqslant 1$ 时级数绝对收敛　　D. 当 $0<p\leqslant 1$ 时级数发散

(2) 下列级数条件收敛的是(　　).

A. $\sum\limits_{n=1}^{\infty}(-1)^{n-1}\frac{1}{\sqrt{n}}$　　B. $\sum\limits_{n=1}^{\infty}(-1)^{n-1}\frac{1}{5^n}$

C. $\sum\limits_{n=1}^{\infty}(-1)^{n-1}\frac{n+3}{3n-1}$　　D. $\sum\limits_{n=1}^{\infty}(-1)^{n-1}\frac{n}{\sqrt{3n^2-1}}$

2. 用比较审敛法判别下列级数的敛散性.

(1) $\sum\limits_{n=1}^{\infty}\frac{1}{n\sqrt{n+2}}$;　(2) $\sum\limits_{n=1}^{\infty}\frac{1+n}{5+n^2}$;　(3) $\sum\limits_{n=1}^{\infty}\frac{1}{1+4^n}$.

3. 用比值审敛法判别下列级数的敛散性.

(1) $\sum\limits_{n=1}^{\infty}\frac{4^n}{n}$;　(2) $\sum\limits_{n=1}^{\infty}\frac{3^n\cdot n!}{n^n}$.

4. 判别下列级数的敛散性,若收敛,指出是条件收敛还是绝对收敛.

(1) $\sum\limits_{n=1}^{\infty}(-1)^{n-1}\frac{1}{6n-1}$;　(2) $\sum\limits_{n=1}^{\infty}(-1)^{n-1}\frac{n}{3^{n-1}}$;

(3) $\sum\limits_{n=1}^{\infty}(-1)^{n-1}\frac{1}{n(n+5)}$;　(4) $\sum\limits_{n=1}^{\infty}(-1)^{n-1}\frac{1}{\sqrt{n+1}}$;

(5) $\sum\limits_{n=1}^{\infty}\frac{\cos n\alpha}{n^2}$;　(6) $\sum\limits_{n=1}^{\infty}(-1)^n\frac{1}{\ln(n+3)}$.

§5.3 幂级数

学习目标

1. 掌握幂级数的概念,会求幂级数的收敛半径、收敛区间、收敛域;
2. 理解阿贝尔定理,会用阿贝尔定理判断级数的收敛点和发散点;
3. 掌握幂级数的运算性质,会用运算性质求幂级数的和函数.

学习重点

1. 幂级数的收敛半径、收敛区间、收敛域；
2. 阿贝尔定理；
3. 幂级数的运算性质.

学习难点

1. 理解阿贝尔定理，用阿贝尔定理判断级数的收敛点和发散点；
2. 用幂级数的运算性质求幂级数的和函数.

一、函数项级数的一般概念

函数项级数、幂级数、阿贝尔定理

定义 1　设有定义在区间 I 上的函数列 $u_1(x), u_2(x), \cdots, u_n(x), \cdots$，由此函数列构成的表达式

$$\sum_{n=1}^{\infty} u_n(x) = u_1(x) + u_2(x) + \cdots + u_n(x) + \cdots \tag{1}$$

称作**函数项无穷级数**，简称**函数项级数**.

对于确定的值 $x_0 \in I$，函数项级数(1) 成为常数项级数 $\sum\limits_{n=1}^{\infty} u_n(x_0)$.

若 $\sum\limits_{n=1}^{\infty} u_n(x_0)$ 收敛，则称点 x_0 是函数项级数 $\sum\limits_{n=1}^{\infty} u_n(x)$ 的**收敛点**；若 $\sum\limits_{n=1}^{\infty} u_n(x_0)$ 发散，则称点 x_0 是函数项级数 $\sum\limits_{n=1}^{\infty} u_n(x)$ 的**发散点**. 函数项级数的所有收敛点的集合称为它的**收敛域**，函数项级数的所有发散点的集合称为它的**发散域**.

对于函数项级数收敛域内任意一点 x，$\sum\limits_{n=1}^{\infty} u_n(x)$ 收敛的和与 x 的取值相关，故其和为 x 的函数，设为 $S(x)$. 通常称 $S(x)$ 为函数项级数的**和函数**. 它的定义域就是级数的收敛域，并记 $S(x) = u_1(x) + u_2(x) + \cdots + u_n(x) + \cdots$.

若将函数项级数 $\sum\limits_{n=1}^{\infty} u_n(x)$ 的前 n 项之和(即部分和) 记作 $S_n(x)$，则在收敛域上必有 $\lim\limits_{n\to\infty} S_n(x) = S(x)$.

$r_n(x) = S(x) - S_n(x)$ 称作函数项级数的**余项**，且 $\lim\limits_{n\to\infty} r_n(x) = 0$.

二、幂级数及其收敛性

函数项级数中最常见的一类级数是幂级数.

定义 2　形式为 $a_0+a_1(x-x_0)+a_2(x-x_0)^2+\cdots+a_n(x-x_0)^n+\cdots$ 的级数,称为 $x-x_0$ 的**幂级数**,简记作 $\sum_{n=0}^{\infty}a_n(x-x_0)^n$,其中 $a_0,a_1,a_2,\cdots,a_n,\cdots$ 均为常数,称为幂级数的**系数**.

当 $x_0=0$ 时,得级数 $\sum_{n=0}^{\infty}a_nx^n=a_0+a_1x+a_2x^2+\cdots+a_nx^n+\cdots$ 称为 x 的**幂级数**.

$\sum_{n=0}^{\infty}a_n(x-x_0)^n$ 是幂级数的一般形式,作变量代换 $t=x-x_0$ 可以把它化为 $\sum_{n=0}^{\infty}a_nt^n$,即 $\sum_{n=0}^{\infty}a_nx^n$ 的形式.因此,在下述讨论中,如不作特殊说明,我们用幂级数 $\sum_{n=0}^{\infty}a_nx^n$ 作为讨论的对象.

先看一个典型的例子,考察等比级数(显然也是幂级数)$1+x+x^2+\cdots+x^n+\cdots$ 的收敛性.

当 $|x|<1$ 时,该级数收敛于 $\frac{1}{1-x}$;

当 $|x|\geqslant 1$ 时,该级数发散.

因此,该幂级数在开区间 $(-1,1)$ 内收敛,在 $(-\infty,-1]$ 及 $[1,+\infty)$ 内发散.

由此例,我们观察到,该**幂级数的收敛域是在一个对称区间上**.这一结论对一般的幂级数也成立.

定理 1(阿贝尔定理)　若幂级数 $\sum_{n=0}^{\infty}a_nx^n$ 当 $x=x_0(\neq 0)$ 时收敛,则适合不等式 $|x|<|x_0|$ 的一切 x 使该幂级数绝对收敛;若幂级数 $\sum_{n=0}^{\infty}a_nx^n$ 当 $x=x_0(\neq 0)$ 时发散,则适合不等式 $|x|>|x_0|$ 的一切 x 使该幂级数发散.

阿贝尔定理揭示了幂级数的收敛域的特点(**远收则近收,近发则远发**).

对于幂级数 $\sum_{n=0}^{\infty}a_nx^n$,若在 $x=x_0(\neq 0)$ 处收敛,则在开区间 $(-|x_0|,|x_0|)$ 之内,它亦收敛;若在 $x=x_0(\neq 0)$ 处发散,则在开区间 $(-|x_0|,|x_0|)$ 之外,它亦发散.这表明,幂级数的发散点不可能位于原点与收敛点之间.

推论　如果幂级数 $\sum_{n=0}^{\infty}a_nx^n$ 不是仅在原点收敛,也不是在整个数轴上都收敛,则必有一个确定的正数 R 存在,使得

(1) 当 $|x|<R$ 时,幂级数 $\sum_{n=0}^{\infty}a_nx^n$ 绝对收敛;

(2) 当 $|x|>R$ 时,幂级数 $\sum_{n=0}^{\infty}a_nx^n$ 发散;

(3) 当 $x=\pm R$ 时,幂级数 $\sum_{n=0}^{\infty}a_nx^n$ 可能收敛,也可能发散.

正数 R 称作幂级数 $\sum\limits_{n=0}^{\infty} a_n x^n$ 的**收敛半径**，区间 $(-R, R)$ 叫作幂级数的**收敛区间**.

进一步讨论 $x = \pm R$ 处幂级数的收敛性，得到相应的幂级数的收敛域为 $(-R, R)$，$(-R, R]$，$[-R, R)$ 或 $[-R, R]$.

特别地，如果幂级数只在 $x = 0$ 处收敛，则表示收敛半径 $R = 0$；如果幂级数对一切 x 都收敛，则表示收敛半径 $R = +\infty$.

定理 2　设有幂级数 $\sum\limits_{n=0}^{\infty} a_n x^n$，且 $\lim\limits_{n \to \infty} \left| \dfrac{a_{n+1}}{a_n} \right| = \rho$，如果

(1) $\rho \neq 0$，则收敛半径 $R = \dfrac{1}{\rho}$，$\sum\limits_{n=0}^{\infty} a_n x^n$ 的收敛区间为 $(-R, R)$；

(2) $\rho = 0$，则收敛半径 $R = +\infty$，$\sum\limits_{n=0}^{\infty} a_n x^n$ 的收敛区间为 $(-\infty, \infty)$；

(3) $\rho = +\infty$，则收敛半径 $R = 0$，$\sum\limits_{n=0}^{\infty} a_n x^n$ 只在 $x = 0$ 处收敛.

对于结论(1)，如果再讨论级数 $\sum\limits_{n=0}^{\infty} a_n x^n$ 在 $x = \pm R$ 处的敛散性，就会得到相应的收敛域为 $(-R, R)$，$(-R, R]$，$[-R, R)$ 或 $[-R, R]$.

例 1　求幂级数 $x - \dfrac{x^2}{2} + \dfrac{x^3}{3} - \cdots + (-1)^{n-1} \dfrac{x^n}{n} + \cdots$ 的收敛半径、收敛区间和收敛域.

解　因为

$$\rho = \lim_{n \to \infty} \left| \frac{a_{n+1}}{a_n} \right| = \lim_{n \to \infty} \left| \frac{(-1)^n \dfrac{1}{n+1}}{(-1)^{n-1} \dfrac{1}{n}} \right| = \lim_{n \to \infty} \frac{n}{n+1} = 1,$$

所以 $R = \dfrac{1}{\rho} = 1$，则收敛区间为 $(-1, 1)$.

在左端点 $x = -1$，幂级数成为 $-\sum\limits_{n=1}^{\infty} \dfrac{1}{n}$，它是发散的；在右端点 $x = 1$，幂级数成为 $\sum\limits_{n=1}^{\infty} (-1)^{n-1} \dfrac{1}{n}$，它是收敛的. 综合以上，得原幂级数的收敛域为 $(-1, 1]$.

例 2　求幂级数 $\sum\limits_{n=1}^{\infty} n^{2n} x^n$ 的收敛半径、收敛区间和收敛域.

解　$\rho = \lim\limits_{n \to \infty} \left| \dfrac{a_{n+1}}{a_n} \right| = \lim\limits_{n \to \infty} \left| \dfrac{(n+1)^{2(n+1)}}{n^{2n}} \right| = \lim\limits_{n \to \infty} (n+1)^2 \left(1 + \dfrac{1}{n}\right)^{2n}$ $= +\infty$，则级数的收敛半径 $R = 0$，级数只在 $x = 0$ 处收敛.

幂级数的收敛半径和收敛域

例 3　求幂级数 $\sum\limits_{n=1}^{\infty} \dfrac{1}{n!} x^n$ 的收敛半径、收敛区间和收敛域.

解　因为

$$\rho=\lim_{n\to\infty}\left|\frac{a_{n+1}}{a_n}\right|=\lim_{n\to\infty}\left|\frac{\frac{1}{(n+1)!}}{\frac{1}{n!}}\right|=\lim_{n\to\infty}\frac{1}{n+1}=0,$$

所以级数$\sum_{n=1}^{\infty}(-1)^{n-1}\frac{1}{n!}x^n$的收敛半径为$R=+\infty$,收敛区间及收敛均为$(-\infty,+\infty)$.

例 4 求幂级数$\sum_{n=1}^{\infty}\frac{n}{5^n}(x-1)^n$的收敛半径、收敛区间和收敛域.

解 设$t=x-1$,则级数$\sum_{n=1}^{\infty}\frac{n}{5^n}(x-1)^n$变形为$\sum_{n=1}^{\infty}\frac{n}{5^n}t^n$,

$$\rho=\lim_{n\to\infty}\left|\frac{a_{n+1}}{a_n}\right|=\lim_{n\to\infty}\left|\frac{\frac{(n+1)}{5^{(n+1)}}}{\frac{n}{5^n}}\right|=\lim_{n\to\infty}\frac{n+1}{5n}=\frac{1}{5}.$$

则级数$\sum_{n=1}^{\infty}\frac{n}{5^n}t^n$的收敛半径$R=\frac{1}{\rho}=5$,收敛区间为$(-5,5)$;以$t=x-1$回代得$-5<x-1<5$,即$-4<x<6$,级数$\sum_{n=1}^{\infty}\frac{n}{5^n}(x-1)^n$的收敛区间为$-4<x<6$,把$x=-4$,$x=6$代入$\sum_{n=1}^{\infty}\frac{n}{5^n}(x-1)^n$中得$\sum_{n=1}^{\infty}(-1)^n n$和$\sum_{n=1}^{\infty}n$,这两个级数都发散,因此$\sum_{n=1}^{\infty}\frac{n}{5^n}(x-1)^n$的收敛域为$(-4,6)$.

例 5 求幂级数$\sum_{n=1}^{\infty}\frac{5n-1}{2^n}x^{2n-2}$的收敛半径、收敛区间和收敛域.

解 此幂级数缺少奇数次幂项,根据比值审敛法的原理,得

$$\lim_{n\to\infty}\left|\frac{u_{n+1}(x)}{u_n(x)}\right|=\lim_{n\to\infty}\left|\frac{\frac{5n+4}{2^{n+1}}x^{2n}}{\frac{5n-1}{2^n}x^{2n-2}}\right|=\lim_{n\to\infty}\frac{5n+4}{10n-2}x^2=\frac{1}{2}x^2.$$

当$\frac{1}{2}x^2<1$,即$|x|<\sqrt{2}$时,幂级数收敛,收敛区间为$(-\sqrt{2},\sqrt{2})$;当$\frac{1}{2}x^2>1$,即$|x|>\sqrt{2}$时,幂级数发散.

对于左端点$x=-\sqrt{2}$,幂级数成为

$$\sum_{n=1}^{\infty}\frac{5n-1}{2^n}(-\sqrt{2})^{2n-2}=\sum_{n=1}^{\infty}\frac{5n-1}{2^n}\cdot 2^{n-1}=\sum_{n=1}^{\infty}\frac{5n-1}{2},$$

它是发散的.

对于右端点$x=\sqrt{2}$,幂级数成为

$$\sum_{n=1}^{\infty}\frac{5n-1}{2^n}(\sqrt{2})^{2n-2}=\sum_{n=1}^{\infty}\frac{5n-1}{2^n}\cdot 2^{n-1}=\sum_{n=1}^{\infty}\frac{5n-1}{2},$$

它也是发散的.

综上所述，幂级数的收敛半径为$\sqrt{2}$，收敛区间为$(-\sqrt{2},\sqrt{2})$，收敛域为$(-\sqrt{2},\sqrt{2})$.

三、幂级数的运算

幂级数的运算具有以下性质：

幂级数的运算

性质 1（幂级数的加，减运算性质）　设幂级数$\sum_{n=1}^{\infty}a_nx^n$及$\sum_{n=1}^{\infty}b_nx^n$的收敛区间分别为$(-R_1,R_1)$与$(-R_2,R_2)$，记

$$R=\min\{R_1,R_2\}.$$

当$|x|<R$时，有

$$\sum_{n=1}^{\infty}a_nx^n\pm\sum_{n=1}^{\infty}b_nx^n=\sum_{n=1}^{\infty}(a_n\pm b_n)x^n.$$

性质 2（和函数的性质）　幂级数$\sum_{n=1}^{\infty}a_nx^n$的和函数$s(x)$在收敛域内连续.

性质 3（逐项可导性质）　幂级数$\sum_{n=1}^{\infty}a_nx^n$的和函数$s(x)$在收敛区间$(-R,R)$内可导，且有

$$s'(x)=\left(\sum_{n=0}^{\infty}a_nx^n\right)'=\sum_{n=0}^{\infty}(a_nx^n)'=\sum_{n=1}^{\infty}na_nx^{n-1}.$$

性质 4（逐项可积性质）　幂级数$\sum_{n=1}^{\infty}a_nx^n$的和函数$s(x)$在收敛区间$(-R,R)$内可积，且有

$$\int_0^x s(x)\mathrm{d}x=\int_0^x\left(\sum_{n=0}^{\infty}a_nx^n\right)\mathrm{d}x=\sum_{n=0}^{\infty}\int_0^x a_nx^n\mathrm{d}x=\sum_{n=0}^{\infty}\frac{a_n}{n+1}x^{n+1}.$$

例 6　求$\sum_{n=1}^{\infty}(-1)^{n+1}\frac{x^{n+1}}{n(n+1)}$的和函数.

解　因为

$$\rho=\lim_{n\to\infty}\left|\frac{a_{n+1}}{a_n}\right|=\lim_{n\to\infty}\left|\frac{(-1)^{n+2}\frac{1}{(n+1)(n+2)}}{(-1)^{n+1}\frac{1}{n(n+1)}}\right|=\lim_{n\to\infty}\frac{n}{n+2}=1,$$

则$R=1$.

设$s(x)=\sum_{n=1}^{\infty}(-1)^{n+1}\frac{x^{n+1}}{n(n+1)}(-1<x<1)$，

则

$$s'(x)=\sum_{n=1}^{\infty}(-1)^{n+1}\frac{x^n}{n},$$

$$s''(x)=\sum_{n=1}^{\infty}(-1)^{n+1}x^{n-1}=1-x+x^2+\cdots=\frac{1}{1+x},$$

$$\int_0^x s''(x)\mathrm{d}x=\int_0^x \frac{1}{1+x}\mathrm{d}x,$$

则 $s'(x)-s'(0)=\ln(1+x)$.

又因为 $s'(0)==\sum_{n=1}^{\infty}(-1)^{n+1}\frac{0^n}{n}=0$,所以

$$s'(x)=\ln(1+x),$$

$$\int_0^x s'(x)\mathrm{d}x=\int_0^x \ln(1+x)\mathrm{d}x,$$

$$s(x)-s(0)=(1+x)\ln(1+x)\mid_0^x-\int_0^x \mathrm{d}x.$$

则有

$$s(x)=(1+x)\ln(1+x)-x.$$

当 $x=-1$ 时,幂级数成为 $\sum_{n=1}^{\infty}(-1)^{n+1}\frac{(-1)^{n+1}}{n(n+1)}=\sum_{n=1}^{\infty}\frac{1}{n(n+1)}$,它是收敛的;

当 $x=1$ 时,幂级数成为 $\sum_{n=1}^{\infty}(-1)^{n+1}\frac{1^{n+1}}{n(n+1)}=\sum_{n=1}^{\infty}\frac{(-1)^{n+1}}{n(n+1)}$,它也是收敛的;

因此,当 $x\in[-1,1]$ 时,有 $\sum_{n=1}^{\infty}(-1)^{n+1}\frac{x^{n+1}}{n(n+1)}=(1+x)\ln(1+x)-x$.

例 7 求数项级数 $1-\frac{1}{2}+\frac{1}{3}-\frac{1}{4}+\cdots+(-1)^{n-1}\frac{1}{n}+\cdots$ 之和.

解 因为 $1+x+x^2+\cdots+x^{n-1}+\cdots=\frac{1}{1-x}(-1<x<1)$,则对上述等式两边同时逐项求积分,有

$$\int_0^x 1\mathrm{d}x+\int_0^x x\mathrm{d}x+\int_0^x x^2\mathrm{d}x+\cdots+\int_0^x x^{n-1}\mathrm{d}x+\cdots=\int_0^x \frac{1}{1-x}\mathrm{d}x,$$

得到

$$x+\frac{x^2}{2}+\frac{x^3}{3}\cdots+\frac{x^n}{n}+\cdots=-\ln(1-x).$$

当 $x=-1$ 时,幂级数成为 $(-1)+\frac{(-1)^2}{2}+\cdots+\frac{(-1)^n}{n}+\cdots=\sum_{n=1}^{\infty}(-1)^{n-1}\frac{1}{n}$,是一个收敛的交错级数.

当 $x=1$ 时,幂级数成为 $1+\frac{1}{2}+\frac{1}{3}+\frac{1}{4}+\cdots+\frac{1}{n}+\cdots$,它是调和级数,是发散的.

综合之,$x+\frac{x^2}{2}+\frac{x^3}{3}\cdots+\frac{x^n}{n}+\cdots=-\ln(1-x)$,$(-1\leqslant x<1)$,所以

$$1-\frac{1}{2}+\frac{1}{3}-\cdots+(-1)^{n-1}\frac{1}{n}+\cdots=\ln 2.$$

习题 5.3

1. 填空题

(1) 若幂级数 $\sum_{n=1}^{\infty} a_n(x-3)^n$ 在 $x=1$ 处收敛，则在 $x=4$ 处________(收敛或发散)；

(2) 若 $\lim_{n\to\infty}\left|\frac{a_n}{a_{n+1}}\right| = 3$，则幂级数 $\sum_{n=1}^{\infty} a_n x^n$ 的收敛半径为________；

(3) $\sum_{n=1}^{\infty} \frac{(-2)^n x^n}{n}$ 的收敛区间是________.

2. 求下列级数的收敛半径与收敛区间.

(1) $\sum_{n=1}^{\infty} 2nx^n$；

(2) $\sum_{n=1}^{\infty} (-1)^n \frac{x^n}{n^3}$；

(3) $\sum_{n=1}^{\infty} \frac{x^n}{n2^n}$；

(4) $\sum_{n=1}^{\infty} (-1)^n \frac{x^{2n+1}}{2n+1}$.

3. 求幂级数 $\sum_{n=1}^{\infty} \frac{x^{2n}}{7^n}$ 的收敛域.

4. 利用逐项求导或逐项积分，求下列级数在收敛区间的和函数.

(1) $\sum_{n=1}^{\infty} nx^{n-1}(-1<x<1)$；

(2) $\sum_{n=1}^{\infty} \frac{x^{2n-1}}{2n-1}(-1<x<1)$.

§5.4　函数展开成幂级数

学习目标

1. 掌握泰勒级数、麦克劳林级数的定义，会用直接展开法把函数展开成幂级数；

2. 熟记常用函数的幂级数展开式，会用间接展开法把函数展开成幂级数.

学习重点

1. 泰勒级数、麦克劳林级数，用直接展开法把函数展开成幂级数；

2. 用间接展开法把函数展开成幂级数.

学习难点

1. 用直接展开法把函数展开成幂级数；

2. 用间接展开法把函数展开成幂级数.

前面讨论了幂级数在收敛域内的运算，本节讨论相反的问题，即把函数表示成幂级数的形式.

一、泰勒级数

定义 1 如果 $f(x)$在 $x=x_0$ 处具有**任意阶**的导数，我们把级数

$$f(x_0)+\frac{f'(x_0)}{1!}(x-x_0)+\frac{f''(x_0)}{2!}(x-x_0)^2+\cdots+\frac{f^{(n)}(x_0)}{n!}(x-x_0)^n+\cdots,$$

称之为函数 $f(x)$在 $x=x_0$ 处的**泰勒级数**.

特别地，当 $x_0=0$ 时，

$$f(x)=f(0)+\frac{f'(0)}{1!}x+\frac{f''(0)}{2!}x^2+\cdots+\frac{f^{(n)}(0)}{n!}x^n+\cdots,$$

这时，我们称之为**函数 $f(x)$的麦克劳林级数**.

二、函数展开成幂级数

1. 直接展开法

利用麦克劳林公式将函数 $f(x)$展开成 x 幂级数的方法称作直接展开法，其一般步骤如下：

函数展开成幂级数(直接法)

(1) 求出函数 $f(x)$的各阶导数；

(2) 求各阶导数在 $x=0$ 的值 $f(0), f'(0), f''(0), \cdots, f^{(n)}(0), \cdots$；

(3) 写出麦克劳林级数

$$f(0)+\frac{f'(0)}{1!}x+\frac{f''(0)}{2!}x^2+\cdots+\frac{f^{(n)}(0)}{n!}x^n+\cdots,$$

并求其收敛半径 R 和收敛域.

例 1 将函数 $f(x)=\mathrm{e}^x$ 展开成麦克劳林级数.

解 因为 $f^{(n)}(x)=\mathrm{e}^x, f^{(n)}(0)=1(n=0,1,2,\cdots)$，于是得麦克劳林级数

$$1+\frac{x}{1!}+\frac{x^2}{2!}+\cdots+\frac{x^n}{n!}+\cdots.$$

又 $\rho=\lim\limits_{n\to\infty}\left|\frac{a_{n+1}}{a_n}\right|=\lim\limits_{n\to\infty}\left|\frac{\frac{1}{(n+1)!}}{\frac{1}{n!}}\right|=\lim\limits_{n\to\infty}\frac{1}{n+1}=0$，所以 $R=+\infty$，因此

$$\mathrm{e}^x=1+\frac{x}{1!}+\frac{x^2}{2!}+\cdots+\frac{x^n}{n!}+\cdots(-\infty<x<+\infty).$$

例 2 将函数 $f(x)=\sin x$ 在 $x=0$ 处展开成幂级数.

解 因为 $f^{(n)}(x)=\sin\left(x+n\cdot\frac{\pi}{2}\right)(n=0,1,2,\cdots)$，所以

$$f^{(n)}(0)=\sin\left(n\cdot\frac{\pi}{2}\right)=\begin{cases}0, n=0,2,4,\cdots\\(-1)^{\frac{n-1}{2}}, n=1,3,5,\cdots\end{cases}.$$

于是得幂级数

$$\frac{x}{1!}-\frac{x^3}{3!}+\frac{x^5}{5!}-\cdots+(-1)^{n-1}\frac{x^{2n-1}}{(2n-1)!}+\cdots,$$

容易求出其收敛半径为 $R=+\infty$.

因此,我们得到展开式

$$\sin x=\frac{x}{1!}-\frac{x^3}{3!}+\frac{x^5}{5!}-\cdots+(-1)^{n-1}\frac{x^{2n-1}}{(2n-1)!}+\cdots, x\in(-\infty,+\infty).$$

2. 间接展开法

虽然运用麦克劳林公式将函数展开成幂级数的方法步骤明确,但是运算过程过于烦琐. 因此可以利用一些已知函数的幂级数展开式,通过幂级数的运算求得另外一些函数的幂级数展开式. 这种求函数的幂级数展开式的方法称作间接展开法.

函数展开成幂级数(间接法)

例 3　将函数 $f(x)=\cos x$ 展开成 x 的幂级数.

解　对展开式

$$\sin x=\frac{x}{1!}-\frac{x^3}{3!}+\frac{x^5}{5!}-\cdots+(-1)^{n-1}\frac{x^{2n-1}}{(2n-1)!}+\cdots(-\infty<x<+\infty).$$

两边关于 x 逐项求导,得

$$\cos x=1-\frac{x^2}{2!}+\frac{x^4}{4!}-\cdots+(-1)^{n-1}\frac{x^{2n-2}}{(2n-2)!}+\cdots, x\in(-\infty,+\infty).$$

例 4　将函数 $f(x)=\ln(1+x)$ 展开成 x 的幂级数.

解　因为 $f'(x)=\dfrac{1}{1+x}$,所以

$$\frac{1}{1+x}=1-x+x^2-x^3+\cdots+(-1)^n x^n+\cdots(-1<x<1).$$

将上式从 0 到 x 逐项积分得

$$\ln(1+x)=x-\frac{x^2}{2}+\frac{x^3}{3}-\cdots+(-1)^n\frac{x^{n+1}}{n+1}+\cdots.$$

当 $x=1$ 时,交错级数 $1-\dfrac{1}{2}+\dfrac{1}{3}-\cdots+(-1)^n\dfrac{1}{n+1}+\cdots$ 收敛.

故 $\ln(1+x)=x-\dfrac{x^2}{2}+\dfrac{x^3}{3}-\cdots+(-1)^n\dfrac{x^{n+1}}{n+1}+\cdots(-1<x\leqslant 1)$.

我们根据前面的例题结论,总结了**6 个常用函数的幂级数展开式**,以下公式请熟记,方便间接展开法的应用.

(1) $\dfrac{1}{1-x}=1+x+x^2+x^3+\cdots=\sum\limits_{n=0}^{\infty}x^n, x\in(-1,1)$

(2) $\frac{1}{1+x}=1-x+x^2-x^3+\cdots=\sum_{n=0}^{\infty}(-1)^n x^n, x\in(-1,1)$

(3) $\ln(1+x)=x-\frac{x^2}{2}+\frac{x^3}{3}-\cdots=\sum_{n=0}^{\infty}(-1)^n\frac{x^{n+1}}{n+1}(-1<x\leqslant 1)$

(4) $e^x=1+x+\frac{x^2}{2!}+\frac{x^3}{3!}+\cdots=\sum_{n=0}^{\infty}\frac{1}{n!}x^n, x\in(-\infty,+\infty)$

(5) $\sin x=x-\frac{x^3}{3!}+\frac{x^5}{5!}-\cdots=\sum_{n=0}^{\infty}(-1)^n\frac{1}{(2n+1)!}x^{2n+1}, x\in(-\infty,+\infty)$

(6) $\cos x=1-\frac{x^2}{2!}+\frac{x^4}{4!}-\cdots=\sum_{n=0}^{\infty}(-1)^n\frac{1}{(2n)!}x^{2n}, x\in(-\infty,+\infty)$

例 5 将函数 $f(x)=\frac{1}{x^2+4x+3}$ 展开成 $x-1$ 的幂级数.

解 作变量替换 $t=x-1$，则 $x=t+1$，有

$$f(x)=\frac{1}{(x+3)(x+1)}=\frac{1}{(t+4)(t+2)}$$
$$=\frac{1}{2(t+2)}-\frac{1}{2(t+4)}=\frac{1}{4\left(1+\frac{t}{2}\right)}-\frac{1}{8\left(1+\frac{t}{4}\right)}.$$

又因为

$$\frac{1}{4\left(1+\frac{t}{2}\right)}=\frac{1}{4}\sum_{n=0}^{\infty}(-1)^n\left(\frac{t}{2}\right)^n\left(-1<\frac{t}{2}<1\right),$$
$$\frac{1}{8\left(1+\frac{t}{4}\right)}=\frac{1}{8}\sum_{n=0}^{\infty}(-1)^n\left(\frac{t}{4}\right)^n\left(-1<\frac{t}{4}<1\right),$$

所以

$$f(x)=\frac{1}{4}\sum_{n=0}^{\infty}(-1)^n\left(\frac{t}{2}\right)^n-\frac{1}{8}\sum_{n=0}^{\infty}(-1)^n\left(\frac{t}{4}\right)^n(-2<t<2)$$
$$=\sum_{n=0}^{\infty}(-1)^n\left(\frac{1}{2^{n+2}}-\frac{1}{2^{2n+3}}\right)(x-1)^n(-1<x<3).$$

▶▶▶▶ 习题 5.4 ◀◀◀◀

1. 将下列函数展开成 x 的幂级数.

(1) $y=\ln(1-x)$；

(2) $y=5^x$.

2. 将函数 $f(x)=\frac{1}{1+x}$ 在点 $x=1$ 处展开成幂级数.

3. 将函数 $f(x)=\cos x$ 展开成 $x+\frac{\pi}{6}$ 的幂级数.

第 5 章自测题

（总分 100 分，时间 90 分钟）

一、判断题（每小题 2 分，共 20 分）

（　　）1. 级数 $\sum_{n=1}^{\infty}\left(\frac{8}{5}\right)^n$ 是收敛的.

（　　）2. 级数 $\sum_{n=1}^{\infty}\left(\frac{2}{3}\right)^n$ 是收敛的.

（　　）3. $\lim_{n\to\infty}u_n=0$ 是数项级数 $\sum_{n=1}^{\infty}u_n$ 收敛的必要条件.

（　　）4. $|q|<1$，则必有级数 $\sum_{n=0}^{\infty}q^n=\frac{1}{1-q}$.

（　　）5. 若 $\lim_{n\to\infty}u_n\neq 0$，则级数 $\sum_{n=1}^{\infty}u_n$ 可能收敛，也可能发散.

（　　）6. 若级数 $\sum_{n=1}^{\infty}a_n$ 收敛，级数 $\sum_{n=1}^{\infty}b_n$ 发散，则级数 $\sum_{n=1}^{\infty}(a_n+b_n)$ 发散.

（　　）7. 正项级数 $\sum_{n=1}^{\infty}a_n$，当 $\frac{a_{n+1}}{a_n}<1$ 时收敛.

（　　）8. $\sin x=\sum_{n=0}^{\infty}(-1)^n\frac{1}{(2n+1)!}x^{2n+1}(-\infty<x<+\infty)$.

（　　）9. 交错级数 $\sum_{n=1}^{\infty}(-1)^{n-1}u_n(u_n>0)$ 满足 $\lim_{n\to\infty}u_n=0$ 且 $u_{n+1}<u_n$ 时一定收敛.

（　　）10. $x+x^2+x^3+\cdots=\frac{x}{1-x}$.

二、选择题（每小题 2 分，共 10 分）

（　　）1. 级数 $\sum_{n=1}^{\infty}\frac{1}{n^{2p}}$ 满足什么条件时一定收敛？

A. $0<p<1$　　B. $p<0$

C. $p>0$　　D. $p>\frac{1}{2}$

（　　）2. 下列级数中发散的级数为

A. $\sum_{n=1}^{\infty}\frac{3}{n^2}$　　B. $\sum_{n=1}^{\infty}\frac{1}{n^3}$

C. $\sum_{n=1}^{\infty}\sqrt{\frac{3n}{n+2}}$　　D. $\sum_{n=1}^{\infty}\left(\frac{1}{8}\right)^n$

(　　)3. 下列级数中发散的级数为

A. $\sum_{n=1}^{\infty}\frac{1}{20n\sqrt{n}}$　　B. $\sum_{n=1}^{\infty}\frac{1}{n^5}$

C. $\sum_{n=1}^{\infty}\sqrt{\frac{3n+1}{5n+4}}$　　D. $\sum_{n=1}^{\infty}\left(\frac{1}{4}\right)^n$

(　　)4. 如果 $\lim\limits_{n\to\infty}u_n=5$，则数项级数 $\sum_{n=1}^{\infty}u_n$

A. 一定收敛，且和不为零　　B. 一定收敛，且和为零

C. 一定发散　　D. 可能收敛，也可能发散

(　　)5. 下列为收敛级数的是

A. $\sum_{n=1}^{\infty}(n+1)$　　B. $\sum_{n=1}^{\infty}n^2$

C. $\sum_{n=1}^{\infty}(2n^2-n)$　　D. $\sum_{n=1}^{\infty}\frac{1}{n(n+2)}$

三、填空题(每小题 2 分，共 20 分)

1. 已知级数 $1+\frac{1}{2}+\frac{1}{4}+\cdots+\frac{1}{2^{n-1}}+\cdots$ 它的前 n 项和为 S_n，则 $\lim\limits_{n\to\infty}S_n=$ ________.

2. 幂级数 $\sum_{n=0}^{\infty}\frac{x^n}{4^n}$ 的收敛半径为________.

3. 将循环小数 $0.\dot{8}\dot{7}$ 化为分数为________.

4. 幂级数 $\sum_{n=1}^{\infty}\frac{1}{(n+1)!}x^n$ 的收敛域为________.

5. 函数 $f(x)=\frac{1}{1+x}$ 的幂级数展开式为________.

6. $\sum_{n=1}^{\infty}(\sqrt{n+2}-\sqrt{n})$ 的敛散性为________.

7. 幂级数 $\sum_{n=0}^{\infty}a_nx^n$ 在 $x=4$ 处收敛，则该级数在 $x=3$ 处________.

8. 正项级数 $\sum_{n=1}^{\infty}a_n$ 收敛的充分必要条件是它的部分和数列________.

9. 若 $\sum_{n=1}^{\infty}|a_n|$ 收敛，则称 $\sum_{n=1}^{\infty}a_n$ 是________收敛的.

10. 若级数 $\sum_{n=1}^{\infty}a_n$ 收敛，则 $\lim\limits_{n\to\infty}a_n=$ ________.

四、解答题(共 50 分)

1. 判断级数 $\sum_{n=1}^{\infty}\frac{1}{(n+3)(n+4)}$ 的敛散性.(10 分)

2. 用比值判别法判断级数 $\sum_{n=1}^{\infty}\frac{n}{4^n}$ 的敛散性.(10 分)

3. 将函数 $f(x)=\frac{1}{x}$ 展开成 $x-2$ 的幂级数.(10 分)

4. 求幂级数 $\sum_{n=1}^{\infty}nx^{n-1}$ 的和函数,并指出其收敛区间.(10 分)

5. 将函数 $f(x)=\frac{x}{2-x-x^2}$ 展开成 x 的幂级数.(10 分)

本章课程思政

公元前 300 年我国著名哲学家庄周所著的《庄子·天下篇》记载:“一尺之棰,日取其半,万世不竭.”意思是一尺长的棍棒,每日截取它的一半,永远截不完.而将每天截下的那一部分长度加起来用数学形式表达出来就是无穷级数.事物由无穷组成,“人民的力量是无穷的”.正项级数的比值审敛法告诉我们,人生如数学,处处存在比较,与人相比,特别是与优秀的人相比,可以看到自己的不足;与己相比,可以看到自己的进步与成长.但是这种比较要恰当,正项级数的判别法是如此,人亦如此.人生规划如同对函数进行幂级数展开,间接展开更像是站在巨人的肩膀上,从而更容易取得更大的成绩.而我们的巨人就是人民,因此“我们要站稳人民立场、把握人民愿望、尊重人民创造、集中人民智慧,形成为人民所喜爱、所认同、所拥有的理论”①.

拓展阅读

数学家苏步青

苏步青(1902—2003 年),浙江温州平阳人,祖籍福建省泉州市,中国科学院院士,中国著名的数学家、教育家,中国微分几何学派创始人,被誉为“东方国度上灿烂的数学明星”“东方第一几何学家”“数学之王”.

① 习近平.高举中国特色社会主义伟大旗帜 为全面建设社会主义现代化国家而团结奋斗——在中国共产党第二十次全国代表大会上的报告[M].北京:人民出版社,2022.

他1927年毕业于日本东北帝国大学数学系，1931年获该校理学博士学位，1948年当选为中央研究院院士，1955年被选聘为中国科学院学部委员，1959年加入中国共产党，1978年后任复旦大学校长、数学研究所所长，复旦大学名誉校长、教授.

他从1927年起在国内外发表数学论文160余篇，出版了10多部专著.他创立了国际公认的中国微分几何学学派；他对K展空间和一般度量空几何学、射影空间曲线的研究，荣获1956年国家自然科学奖二等奖.

苏步青主要从事微分几何学和计算几何学等方面的研究，在仿射微分几何学和射影微分几何学研究方面取得了出色成果，在一般空间微分几何学、高维空间共轭理论、几何外形设计、计算机辅助几何设计等方面取得了突出成就.

本章参考答案

第6章　空间解析几何与向量代数

知识概要

基本概念:空间直角坐标系、向量、向量的模、单位向量、自由向量、向径、向量的坐标、向量的方向余弦、向量的数量积与向量积、平面的点法式与一般式方程、直线的点向式、参数式与一般式方程.

基本公式:两点间距离公式、向量的模与方向余弦公式、数量积与向量积的坐标公式、点到平面的距离公式、平面与直线间的夹角公式.

基本方程:平面的点法式方程、平面的一般式方程,直线的点向式方程、直线的参数式方程、直线的一般式方程.

§6.1　空间直角坐标系

学习目标

1. 理解空间直角坐标系的概念;
2. 会确定空间点的位置;
3. 会求空间一点关于坐标原点、坐标轴及坐标平面的对称点.

学习重点

1. 空间直角坐标系的概念;
2. 确定空间点的位置;
3. 计算空间一点关于坐标原点、坐标轴及坐标平面的对称点.

学习难点

确定空间点的位置.

空间直角坐标系

定义 1 过空间一个点 O,作三条相互垂直的数轴,它们都以 O 为原点,这三条数轴分别叫作 x 轴(横轴)、y 轴(纵轴)和 z 轴(竖轴).

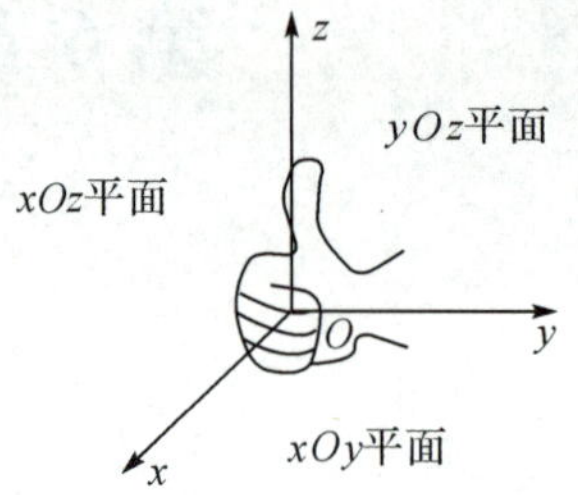

图 6-1

一般地,x 轴、y 轴和 z 轴具有相同单位长度,通常将 x 轴和 y 轴放置在水平面上,那么 z 轴就垂直于水平面;它们的方向通常符合右手螺旋法则:即伸出右手,让四指与大拇指垂直,并使四指先指向 x 轴,然后让四指沿握拳方向旋转 90°指向 y 轴,此时大拇指的方向即为 z 轴方向. 这样就构成了**空间直角坐标系**,O 称为坐标原点(见图 6-1).

定义 2 在空间直角坐标系中,每两轴所确定的平面称为坐标平面,简称**坐标面**. 即 xOy 坐标面、yOz 坐标面和 zOx 坐标面.

定义 3 在空间直角坐标系中,坐标面把空间分为八个部分,每一个部分称为一个**卦限**. 在 xOy 坐标面上方有四个卦限,下方有四个卦限. 含 x 轴、y 轴和 z 轴正向的卦限称为第Ⅰ卦限,然后逆着轴 z 正向看时,按逆时针顺序依次为Ⅱ,Ⅲ,Ⅳ卦限,对于分别位于Ⅰ,Ⅱ,Ⅲ,Ⅳ卦限下面的四个卦限,依次为第Ⅴ,Ⅵ,Ⅶ,Ⅷ卦限(见图 6-2).

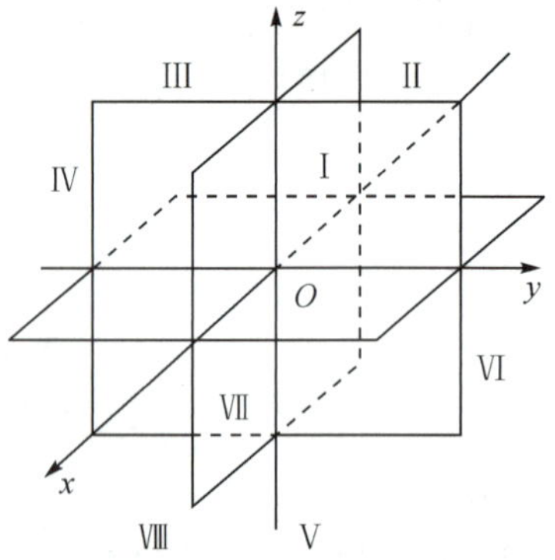

图 6-2

定义 4 设 P 为空间的任意一点,过点 P 作垂直于坐标面 xOy 的直线得垂足 P',过 P' 分别与 x 轴、y 轴垂直且相交的直线,过 P 作与 z 轴垂直且相交的直线,依次得 x,y 和 z 轴上的三个垂足 M,N 和 R. 设 x,y,z 分别是 M、N 和 R 点在数轴上的坐标,这样空间内任一点 P 就确定了唯一的一组有序的数组 x,y,z,用 (x,y,z) 表示. 反之,任给出一组有序数组 x,y 和 z,也确定了空间内唯一的一个点 P,而 x,y 和 z 恰恰是点 P 的坐标.

根据上面的法则,建立了空间一点 P 与一组有序数组 (x,y,z) 之间的一一对应关系. 有序数组 (x,y,z) 称为点 P 的坐标,x,y,z 分别称为 ***x* 坐标**、***y* 坐标**和 ***z* 坐标**(见图 6-3).

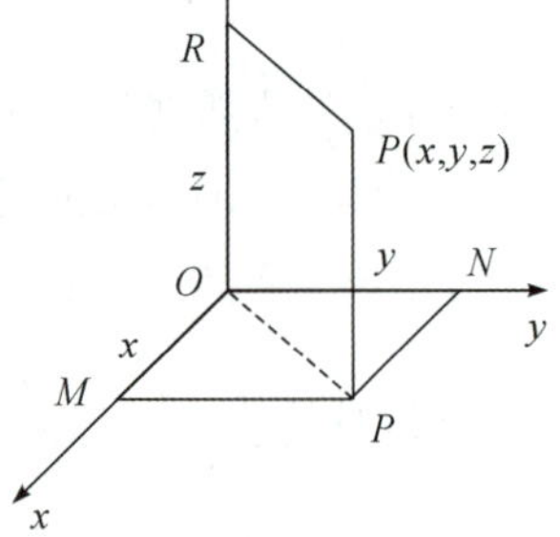

图 6-3

例 1 指出下列各点的位置:

(1) $(-3,0,0)$; (2) $(3,0,-7)$; (3) $(3,2,1)$;

(4) $(-4,-3,-1)$.

解 (1)在 x 轴上;(2)在 xOz 面上;(3)在第Ⅰ卦限内;(4)在第Ⅶ卦限内.

说明:空间直角坐标系各卦限内的点对应数组的符号:Ⅰ(+++),Ⅱ(-++),Ⅲ(--+),Ⅳ(+-+),Ⅴ(++-),Ⅵ(-+-),Ⅶ(---),Ⅷ(+--).

例 2　求点 $P(x,y,z)$关于 x 轴、y 轴、z 轴、xOy 面、yOz 面、zOx 面及原点对称的点的坐标.

解　$P(x,y,z)$关于 x 轴对称的点的坐标为$(x,-y,-z)$.

$P(x,y,z)$关于 y 轴对称的点的坐标为$(-x,y,-z)$.

$P(x,y,z)$关于 z 轴对称的点的坐标为$(-x,-y,z)$.

$P(x,y,z)$关于 xOy 面对称的点的坐标为$(x,y,-z)$.

$P(x,y,z)$关于 yOz 面对称的点的坐标为$(-x,y,z)$.

$P(x,y,z)$关于 zOx 面对称的点的坐标为$(x,-y,z)$.

$P(x,y,z)$关于原点对称的点的坐标为$(-x,-y,-z)$.

▶▶▶▶ 习题 6.1 ◀◀◀◀

1. 指出下列各点的位置:

(1)$(0,0,6)$;　(2)$(0,4,-3)$;　(3)$(1,-2,-4)$;

(4)$(-3,5,-1)$;　(5)$(4,-3,2)$;　(6)$(-2,-1,5)$.

2. 求下列各点关于 x 轴、yOz 面及原点对称的点的坐标:

(1)$(0,-2,1)$;　(2)$(4,-1,3)$;　(3)$(-1,0,-2)$.

§6.2　向量及其线性运算

学习目标

1. 理解向量的概念;
2. 掌握向量的线性运算.

学习重点

1. 向量的概念;
2. 向量的线性运算.

学习难点

向量的线性运算.

一、向量的线性运算

定义 1 既有大小又有方向的量称为**向量**(或矢量).

向量一般用黑体小写字母表示,如 $\boldsymbol{a},\boldsymbol{b},\boldsymbol{c}$ 等. 有时也用 $\vec{a},\vec{b},\vec{c}$ 等表示向量. 几何上,也常用有向线段来表示. 起点为 A,终点为 B 的向量(见图 6-4)记为$\overrightarrow{AB}$.

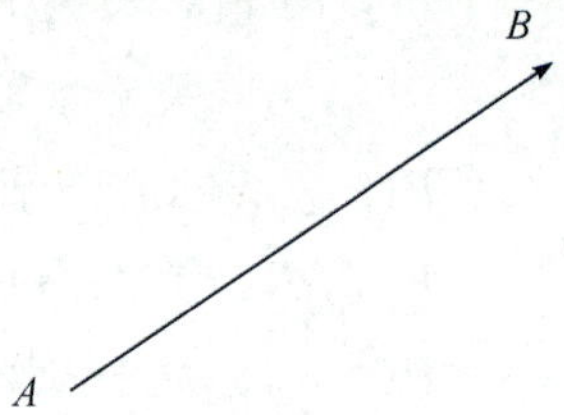

图 6-4

定义 2 向量的大小称为**向量的模**. 用 $|\boldsymbol{a}|$,$|\vec{a}|$ 或 $|\overrightarrow{AB}|$ 表示向量的模.

定义 3 模为 1 的向量称为**单位向量**.

定义 4 模为 0 的向量称为**零向量**,记为 $\mathbf{0}$. 规定零向量的方向为任意方向.

定义 5 如果向量 $\boldsymbol{a}$ 和 $\boldsymbol{b}$ 的大小相等且方向相同,则称向量 $\boldsymbol{a}$ 和 $\boldsymbol{b}$ **相等**,记为 $\boldsymbol{a}=\boldsymbol{b}$.

二、向量的线性运算

1. 向量的加法

向量加法的**平行四边形法则**:将向量 $\boldsymbol{a}$ 和 $\boldsymbol{b}$ 的起点放在一起,并以 $\boldsymbol{a}$ 和 $\boldsymbol{b}$ 为邻边作平行四边形,则从起点到对角顶点的向量称为向量 $\boldsymbol{a}$ 和 $\boldsymbol{b}$ 的和向量(见图 6-5),记为 $\boldsymbol{a}+\boldsymbol{b}$.

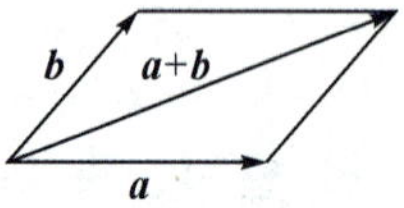

图 6-5

向量加法的**三角形法则**:将向量 $\boldsymbol{b}$ 的起点放到向量 $\boldsymbol{a}$ 的终点上,则以向量 $\boldsymbol{a}$ 的起点为起点,以向量 $\boldsymbol{b}$ 的终点为终点的向量称为向量 $\boldsymbol{a}$ 与 $\boldsymbol{b}$ 的和向量(见图 6-6),记为 $\boldsymbol{a}+\boldsymbol{b}$.

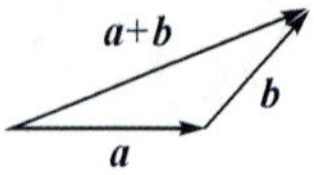

图 6-6

向量加法满足:

(1)交换律:$\boldsymbol{a}+\boldsymbol{b}=\boldsymbol{b}+\boldsymbol{a}$;(2)结合律:$(\boldsymbol{a}+\boldsymbol{b})+\boldsymbol{c}=\boldsymbol{a}+(\boldsymbol{b}+\boldsymbol{c})$.

2. 数乘向量

定义 6 设 λ 为一实数,向量 $\boldsymbol{a}$ 与数 λ 的乘积是一个向量,记为 $\lambda\boldsymbol{a}$. 它平行于向量 $\boldsymbol{a}$,即

$$\lambda \boldsymbol{a} \parallel \boldsymbol{a}$$

规定:(1)向量 $\lambda\boldsymbol{a}$ 的模等于 $|\lambda|$ 与 $\boldsymbol{a}$ 的模的乘积,即 $|\lambda\boldsymbol{a}|=|\lambda||\boldsymbol{a}|$;

(2)当 $\lambda>0$ 时,$\lambda\boldsymbol{a}$ 与 $\boldsymbol{a}$ 同向,当 $\lambda<0$ 时,$\lambda\boldsymbol{a}$ 与 $\boldsymbol{a}$ 反向;

(3)当 $\lambda=0$ 时,$\lambda\boldsymbol{a}=\boldsymbol{0}$(零向量).

向量与数的乘法满足:

(1)结合律:$\lambda(\mu\boldsymbol{a})=(\lambda\mu)\boldsymbol{a}=\mu(\lambda\boldsymbol{a})$;

(2)分配律:$(\lambda+\mu)\boldsymbol{a}=\lambda\boldsymbol{a}+\mu\boldsymbol{a}$,$\lambda(\boldsymbol{a}+\boldsymbol{b})=\lambda\boldsymbol{a}+\lambda\boldsymbol{b}$;

(3)交换律:$\lambda\boldsymbol{a}=\boldsymbol{a}\lambda$.

定义 7　设 $\boldsymbol{a}$ 是一个非零向量,则称向量 $\boldsymbol{a}^0=\dfrac{\boldsymbol{a}}{|\boldsymbol{a}|}$ 为与向量 $\boldsymbol{a}$ **同向的单位向量**.显然,$\boldsymbol{a}=|\boldsymbol{a}|\boldsymbol{a}^0$,即任何非零向量都可表示为它的模与同向单位向量的乘积.

定义 8　当 $\lambda=-1$ 时,记 $(-1)\boldsymbol{a}=-\boldsymbol{a}$,则 $-\boldsymbol{a}$ 与 $\boldsymbol{a}$ 的方向相反,模相等,$-\boldsymbol{a}$ 称为向量 $\boldsymbol{a}$ 的**负向量**(或**逆向量**).

3. 向量的减法

向量 $\boldsymbol{a}$ 和 $\boldsymbol{b}$ 的差规定为 $\boldsymbol{a}-\boldsymbol{b}=\boldsymbol{a}+(-\boldsymbol{b})$.

向量减法的**三角形法则**:把 $\boldsymbol{a}$ 和 $\boldsymbol{b}$ 的起点放在一起,即 $\boldsymbol{a}-\boldsymbol{b}$ 是以 $\boldsymbol{b}$ 的终点为起点,以 $\boldsymbol{a}$ 的终点为终点的方向向量(见图 6-7).

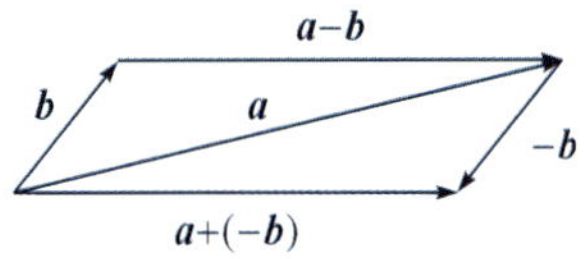

图 6-7

例 1　若 $\boldsymbol{a},\boldsymbol{b}$ 均为非零向量,请指出下列各式成立的条件:

(1)$|\boldsymbol{a}+\boldsymbol{b}|=|\boldsymbol{a}-\boldsymbol{b}|$;(2)$|\boldsymbol{a}+\boldsymbol{b}|=|\boldsymbol{a}|-|\boldsymbol{b}|$;(3)$\dfrac{\boldsymbol{a}}{|\boldsymbol{a}|}=\dfrac{\boldsymbol{b}}{|\boldsymbol{b}|}$.

解　(1)当向量 $\boldsymbol{a}$ 与 $\boldsymbol{b}$ 垂直时,$|\boldsymbol{a}+\boldsymbol{b}|=|\boldsymbol{a}-\boldsymbol{b}|$.

(2)当向量 $\boldsymbol{a}$ 与 $\boldsymbol{b}$ 反向时,$|\boldsymbol{a}+\boldsymbol{b}|=|\boldsymbol{a}|-|\boldsymbol{b}|$.

(3)当向量 $\boldsymbol{a}$ 与 $\boldsymbol{b}$ 同向且平行时,$\dfrac{\boldsymbol{a}}{|\boldsymbol{a}|}=\dfrac{\boldsymbol{b}}{|\boldsymbol{b}|}$.

例 2　若 $\boldsymbol{u}=\boldsymbol{a}+2\boldsymbol{b}-\boldsymbol{c}$,$\boldsymbol{v}=-2\boldsymbol{a}+\boldsymbol{b}-3\boldsymbol{c}$,求 $2\boldsymbol{u}-3\boldsymbol{v}$ 和 $4\boldsymbol{u}+2\boldsymbol{v}$.

解　
$$\begin{aligned}2\boldsymbol{u}-3\boldsymbol{v}&=2(\boldsymbol{a}+2\boldsymbol{b}-\boldsymbol{c})-3(-2\boldsymbol{a}+\boldsymbol{b}-3\boldsymbol{c})=(2\boldsymbol{a}+4\boldsymbol{b}-2\boldsymbol{c})-(-6\boldsymbol{a}+3\boldsymbol{b}-9\boldsymbol{c})\\&=8\boldsymbol{a}+\boldsymbol{b}+7\boldsymbol{c}.\end{aligned}$$
$$\begin{aligned}4\boldsymbol{u}+2\boldsymbol{v}&=4(\boldsymbol{a}+2\boldsymbol{b}-\boldsymbol{c})+2(-2\boldsymbol{a}+\boldsymbol{b}-3\boldsymbol{c})=(4\boldsymbol{a}+8\boldsymbol{b}-4\boldsymbol{c})+(-4\boldsymbol{a}+2\boldsymbol{b}-6\boldsymbol{c})\\&=10\boldsymbol{b}-10\boldsymbol{c}.\end{aligned}$$

例 3　设 $|\boldsymbol{a}|=3$,$|\boldsymbol{b}|=4$,$\boldsymbol{a}$ 与 $\boldsymbol{b}$ 的夹角为 $\dfrac{\pi}{2}$,求 $|\boldsymbol{a}+\boldsymbol{b}|$ 和 $|\boldsymbol{a}-\boldsymbol{b}|$.

解 因为 $\boldsymbol{a}$ 与 $\boldsymbol{b}$ 的夹角为$\frac{\pi}{2}$,所以向量 $\boldsymbol{a}$ 与 $\boldsymbol{b}$ 相互垂直,由例 1 的可知$|\boldsymbol{a}+\boldsymbol{b}|=|\boldsymbol{a}-\boldsymbol{b}|$.又因为$|\boldsymbol{a}|=3$,$|\boldsymbol{b}|=4$,所以由直角三角形边长关系知$|\boldsymbol{a}+\boldsymbol{b}|=|\boldsymbol{a}-\boldsymbol{b}|=5$.

▶▶▶▶ 习题 6.2 ◀◀◀◀

1. 如果 $\boldsymbol{a}$,$\boldsymbol{b}$ 均为非零向量,请指出下列各式成立的条件:

(1)$|\boldsymbol{a}+\boldsymbol{b}|=|\boldsymbol{a}|+|\boldsymbol{b}|$;　　(2)$|\boldsymbol{a}-\boldsymbol{b}|=|\boldsymbol{a}|+|\boldsymbol{b}|$.

2. 设 $\boldsymbol{u}=2\boldsymbol{a}+\boldsymbol{b}-2\boldsymbol{c}$,$\boldsymbol{v}=\boldsymbol{a}-2\boldsymbol{b}+3\boldsymbol{c}$,求 $3\boldsymbol{u}-2\boldsymbol{v}$ 和 $2\boldsymbol{u}+4\boldsymbol{v}$.

3. 设$|\boldsymbol{a}|=|\boldsymbol{b}|=2$,$\boldsymbol{a}$ 与 $\boldsymbol{b}$ 的夹角为$\frac{\pi}{3}$,求$|\boldsymbol{a}+\boldsymbol{b}|$和$|\boldsymbol{a}-\boldsymbol{b}|$.

§6.3　向量的坐标

学习目标

1. 掌握向量的坐标表示;
2. 会求向径、向量的模、空间两点的距离;
3. 掌握向量线性运算的坐标表示;
4. 会求向量的方向余弦.

学习重点

1. 向径、向量的模;
2. 空间两点间的距离公式;
3. 向量线性运算的坐标表示;
4. 向量的方向余弦.

学习难点

1. 向量线性运算的坐标表示;
2. 向量方向余弦.

向量的坐标

一、向量的坐标

在给定的空间直角坐标系中,沿 x 轴、y 轴和 z 轴的正向各取一单位向量,并分别记

为 $\boldsymbol{i},\boldsymbol{j},\boldsymbol{k}$，称它们为基本单位向量.

1. 向径及其坐标表示

定义 1　起点在坐标原点 O、终点为 M 的向量 $\overrightarrow{OM}$ 称为点 M 的**向径**，记为 $r(M)$ 或 $\overrightarrow{OM}$.

设点 M 的坐标为 (x,y,z)，过点 M 分别作 x 轴、y 轴和 z 轴的垂面，交 x 轴、y 轴和 z 轴于点 A,B 和 C（见图 6-8）.

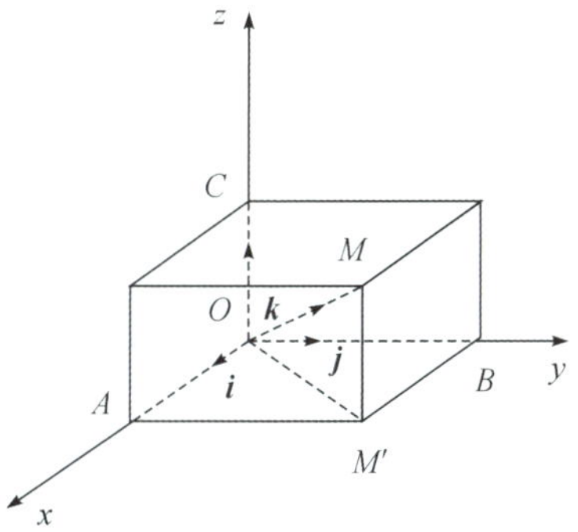

图 6-8

显然向量 $\overrightarrow{OA}=x\boldsymbol{i}$，$\overrightarrow{OB}=y\boldsymbol{j}$，$\overrightarrow{OC}=z\boldsymbol{k}$.

由向量的加法法则得 $\overrightarrow{OM}=\overrightarrow{OM'}+\overrightarrow{M'M}=(\overrightarrow{OA}+\overrightarrow{OB})+\overrightarrow{OC}=x\boldsymbol{i}+y\boldsymbol{j}+z\boldsymbol{k}$，称其为点 $M(x,y,z)$ 的向径 $\overrightarrow{OM}$ 的坐标表达式，简记为 $\overrightarrow{OM}=\{x,y,z\}$.

2. 向量的坐标表达式

设 $M_1(x_1,y_1,z_1)$，$M_2(x_2,y_2,z_2)$ 为空间中两点，向径 $\overrightarrow{OM_1}$，$\overrightarrow{OM_2}$ 的坐标表达式为 $\overrightarrow{OM_1}=x_1\boldsymbol{i}+y_1\boldsymbol{j}+z_1\boldsymbol{k}$，$\overrightarrow{OM_2}=x_2\boldsymbol{i}+y_2\boldsymbol{j}+z_2\boldsymbol{k}$，则以 M_1 为起点，以 M_2 为终点的向量

$$\begin{aligned}\overrightarrow{M_1M_2}&=\overrightarrow{OM_2}-\overrightarrow{OM_1}=(x_2\boldsymbol{i}+y_2\boldsymbol{j}+z_2\boldsymbol{k})-(x_1\boldsymbol{i}+y_1\boldsymbol{j}+z_1\boldsymbol{k})\\&=(x_2-x_1)\boldsymbol{i}+(y_2-y_1)\boldsymbol{j}+(z_2-z_1)\boldsymbol{k},\end{aligned}$$

即以 $M_1(x_1,y_1,z_1)$ 为起点，以 $M_2(x_2,y_2,z_2)$ 为终点的向量 $\overrightarrow{M_1M_2}$ 的坐标表达式为

$$\overrightarrow{M_1M_2}=(x_2-x_1)\boldsymbol{i}+(y_2-y_1)\boldsymbol{j}+(z_2-z_1)\boldsymbol{k}.$$

3. 向量的模

任给一向量 $\boldsymbol{a}=a_1\boldsymbol{i}+a_2\boldsymbol{j}+a_3\boldsymbol{k}$，都可将其视为以点 $M(a_1,a_2,a_3)$ 为终点的向径 $\overrightarrow{OM}$，则 $|\overrightarrow{OM}|^2=|\overrightarrow{OA}|^2+|\overrightarrow{OB}|^2+|\overrightarrow{OC}|^2$，即 $|\boldsymbol{a}|^2=|a_1|^2+|a_2|^2+|a_3|^2$.

因此向量 $\boldsymbol{a}=a_1\boldsymbol{i}+a_2\boldsymbol{j}+a_3\boldsymbol{k}$ 的模为 $|\boldsymbol{a}|=\sqrt{a_1^2+a_2^2+a_3^2}$.

4. 空间两点间的距离公式

设点 $M_1(x_1,y_1,z_1)$ 与点 $M_2(x_2,y_2,z_2)$，且两点间的距离记作 $d(M_1M_2)$，则

$$d(M_1M_2)=|\overrightarrow{M_1M_2}|=\sqrt{(x_2-x_1)^2+(y_2-y_1)^2+(z_2-z_1)^2}.$$

例 1　(1)写出点 $A(1,3,-2)$ 的向径；(2)写出起点为 $A(1,3,-2)$，终点为 $B(3,4,0)$

的向量的坐标表达式;(3)计算 A,B 两点间的距离.

解 (1)$\overrightarrow{OA}=\boldsymbol{i}+3\boldsymbol{j}-2\boldsymbol{k}$;

(2)$\overrightarrow{AB}=(3-1)\boldsymbol{i}+(4-3)\boldsymbol{j}+[0-(-2)]\boldsymbol{k}=2\boldsymbol{i}+\boldsymbol{j}+2\boldsymbol{k}$;

(3)$d(AB)=|\overrightarrow{AB}|=\sqrt{2^2+1^2+2^2}=\sqrt{9}=3$.

二、向量线性运算的坐标表示

设 $\boldsymbol{a}=a_1\boldsymbol{i}+a_2\boldsymbol{j}+a_3\boldsymbol{k},\boldsymbol{b}=b_1\boldsymbol{i}+b_2\boldsymbol{j}+b_3\boldsymbol{k}$,则有

(1)$\boldsymbol{a}+\boldsymbol{b}=(a_1+b_1)\boldsymbol{i}+(a_2+b_2)\boldsymbol{j}+(a_3+b_3)\boldsymbol{k}$;

(2)$\boldsymbol{a}-\boldsymbol{b}=(a_1-b_1)\boldsymbol{i}+(a_2-b_2)\boldsymbol{j}+(a_3-b_3)\boldsymbol{k}$;

(3)$\lambda\boldsymbol{a}=\lambda(a_1\boldsymbol{i}+a_2\boldsymbol{j}+a_3\boldsymbol{k})=\lambda a_1\boldsymbol{i}+\lambda a_2\boldsymbol{j}+\lambda a_3\boldsymbol{k}$;

(4)$\boldsymbol{a}=\boldsymbol{b}\Leftrightarrow a_1=b_1,a_2=b_2,a_3=b_3$;

(5)$\boldsymbol{a}//\boldsymbol{b}\Leftrightarrow\frac{a_1}{b_1}=\frac{a_2}{b_2}=\frac{a_3}{b_3}$.

例 2 设 $\boldsymbol{a}=2\boldsymbol{i}+3\boldsymbol{j}-4\boldsymbol{k},\boldsymbol{b}=-\boldsymbol{i}+2\boldsymbol{j}-3\boldsymbol{k}$,求 $2\boldsymbol{a}-3\boldsymbol{b}$.

解 $2\boldsymbol{a}-3\boldsymbol{b}=2(2\boldsymbol{i}+3\boldsymbol{j}-4\boldsymbol{k})-3(-\boldsymbol{i}+2\boldsymbol{j}-3\boldsymbol{k})=(4\boldsymbol{i}+6\boldsymbol{j}-8\boldsymbol{k})-(-3\boldsymbol{i}+6\boldsymbol{j}-9\boldsymbol{k})$

$=7\boldsymbol{i}+\boldsymbol{k}$.

三、向量的方向余弦

定义 2 设向量 $\boldsymbol{a}=a_1\boldsymbol{i}+a_2\boldsymbol{j}+a_3\boldsymbol{k}$ 与 x 轴、y 轴、z 轴的正向夹角分别 $\alpha,\beta,\gamma(0\leqslant\alpha,\beta,\gamma\leqslant\pi)$,称其为向量 $\boldsymbol{a}$ 的三个**方向角**,并称 $\cos\alpha,\cos\beta,\cos\gamma$ 为 $\boldsymbol{a}$ 的**方向余弦**,向量 $\boldsymbol{a}$ 的方向余弦的坐标表示为

$$\cos\alpha=\frac{a_1}{\sqrt{a_1^2+a_2^2+a_3^2}},\quad \cos\beta=\frac{a_2}{\sqrt{a_1^2+a_2^2+a_3^2}},\quad \cos\gamma=\frac{a_3}{\sqrt{a_1^2+a_2^2+a_3^2}}.$$

并且
$$\cos^2\alpha+\cos^2\beta+\cos^2\gamma=1.$$

例 3 设 $\boldsymbol{a}=\{-1,\sqrt{2},1\}$,求 $\boldsymbol{a}$ 的模、$\boldsymbol{a}^0$、方向余弦及方向角.

解 因为 $\boldsymbol{a}=\{-1,\sqrt{2},1\}$,所以 $|\boldsymbol{a}|=\sqrt{(-1)^2+(\sqrt{2})^2+1^2}=2$

$$\boldsymbol{a}^0=\frac{\boldsymbol{a}}{|\boldsymbol{a}|}=\frac{1}{2}\{-1,\sqrt{2},1\}=\left\{-\frac{1}{2},\frac{\sqrt{2}}{2},\frac{1}{2}\right\}$$

方向余弦:$\cos\alpha=\frac{-1}{2}=-\frac{1}{2},\cos\beta=\frac{\sqrt{2}}{2}=,\cos\gamma=\frac{1}{2}$

因为 $0\leqslant\alpha,\beta,\gamma\leqslant\pi$,所以

方向角:$\alpha=\frac{2\pi}{3},\beta=\frac{\pi}{4},\gamma=\frac{\pi}{3}$.

注意：从本例不难发现由向量 $\boldsymbol{a}$ 的方向余弦值构成的向量就是与向量 $\boldsymbol{a}$ 同向的单位向量 $\boldsymbol{a}^0$，即

$$\boldsymbol{a}^0=\frac{\boldsymbol{a}}{|\boldsymbol{a}|}=\frac{1}{\sqrt{a_1^2+a_2^2+a_3^2}}\{a_1,a_2,a_3\}$$
$$=\left\{\frac{a_1}{\sqrt{a_1^2+a_2^2+a_3^2}},\frac{a_2}{\sqrt{a_1^2+a_2^2+a_3^2}},\frac{a_3}{\sqrt{a_1^2+a_2^2+a_3^2}}\right\}$$
$$=\{\cos\alpha,\cos\beta,\cos\gamma\}.$$

▶▶▶▶ 习题 6.3 ◀◀◀◀

1. 已知三点 $A(2,-1,-2)$，$B(1,0,-1)$，$C(1,4,-2)$，求 $2\overrightarrow{AB}-3\overrightarrow{AC}$ 及 $\overrightarrow{AB}+\overrightarrow{BC}+\overrightarrow{CA}$.

2. 设 $\boldsymbol{a}=-2\boldsymbol{i}+\boldsymbol{j}-2\boldsymbol{k}$，$\boldsymbol{b}=\boldsymbol{i}+3\boldsymbol{j}-4\boldsymbol{k}$，求：

(1) $2\boldsymbol{a}+3\boldsymbol{b}$；(2) $|\boldsymbol{a}|$；(3) $|3\boldsymbol{a}-2\boldsymbol{b}|$.

3. 已知两点 $A(3,-3,0)$，$B(-2,0,-1)$，求与 $\overrightarrow{AB}$ 同向的单位向量.

4. 设 $\boldsymbol{a}=\{\sqrt{2},-1,-1\}$，求 $\boldsymbol{a}$ 的模、方向余弦及方向角.

§6.4　向量的数量积与向量积

学习目标

1. 掌握向量的数量积；
2. 掌握向量的向量积；
3. 掌握向量平行和垂直的条件.

学习重点

1. 向量的数量积的定义、坐标表示及运算规律；
2. 向量的向量积的定义、坐标表示及运算规律；
3. 向量平行和垂直的条件.

学习难点

1. 向量的向量积的坐标表示；
2. 计算向量的向量积.

一、向量的数量积

1. 数量积的定义

一般地,两向量 $\boldsymbol{a},\boldsymbol{b}$ 的夹角是指它们的起点放在同一点时,两向量所夹的不大于 π 的角,通常记为 $(\widehat{\boldsymbol{a},\boldsymbol{b}})$.

向量的数量积

设向量 $\boldsymbol{a},\boldsymbol{b}$ 之间的夹角为 $\theta(0\leqslant\theta\leqslant\pi)$,则称 $|\boldsymbol{a}||\boldsymbol{b}|\cos\theta$ 为向量 $\boldsymbol{a}$ 与 $\boldsymbol{b}$ 的**数量积**(或称为**点积**),记作 $\boldsymbol{a}\cdot\boldsymbol{b}$,即 $\boldsymbol{a}\cdot\boldsymbol{b}=|\boldsymbol{a}||\boldsymbol{b}|\cos\theta$.

特别地,当 $\boldsymbol{a}=\boldsymbol{b}$ 时,$\boldsymbol{a}\cdot\boldsymbol{a}=|\boldsymbol{a}||\boldsymbol{a}|\cos\theta=|\boldsymbol{a}|^2$.

例 1 已知基本单位向量 $\boldsymbol{i},\boldsymbol{j},\boldsymbol{k}$ 是三个相互垂直的单位向量,试证:

$\boldsymbol{i}\cdot\boldsymbol{i}=\boldsymbol{j}\cdot\boldsymbol{j}=\boldsymbol{k}\cdot\boldsymbol{k}=1,\boldsymbol{i}\cdot\boldsymbol{j}=\boldsymbol{j}\cdot\boldsymbol{k}=\boldsymbol{k}\cdot\boldsymbol{i}=0$.

证明 因为 $|\boldsymbol{i}|=|\boldsymbol{j}|=|\boldsymbol{k}|=1$,所以 $\boldsymbol{i}\cdot\boldsymbol{i}=|\boldsymbol{i}||\boldsymbol{i}|\cos\theta=1(\theta=0)$.

同理可知:$\boldsymbol{j}\cdot\boldsymbol{j}=\boldsymbol{k}\cdot\boldsymbol{k}=1$;

因为 $\boldsymbol{i},\boldsymbol{j},\boldsymbol{k}$ 之间的夹角皆为 $\dfrac{\pi}{2}$,所以有 $\boldsymbol{i}\cdot\boldsymbol{j}=|\boldsymbol{i}||\boldsymbol{j}|\cos\dfrac{\pi}{2}=1\cdot1\cdot0=0$.

同理可知 $\boldsymbol{j}\cdot\boldsymbol{k}=\boldsymbol{k}\cdot\boldsymbol{i}=0$.

2. 数量积的运算规律

两个向量的数量积满足下列运算规律:

交换律:$\boldsymbol{a}\cdot\boldsymbol{b}=\boldsymbol{b}\cdot\boldsymbol{a}$;

分配律:$(\boldsymbol{a}+\boldsymbol{b})\cdot\boldsymbol{c}=\boldsymbol{a}\cdot\boldsymbol{c}+\boldsymbol{b}\cdot\boldsymbol{c}$;

结合律:$\lambda(\boldsymbol{a}\cdot\boldsymbol{b})=(\lambda\boldsymbol{a})\cdot\boldsymbol{b}=\boldsymbol{a}\cdot(\lambda\boldsymbol{b})$(其中 λ 为常数).

3. 数量积的坐标表达式

设 $\boldsymbol{a}=a_1\boldsymbol{i}+a_2\boldsymbol{j}+a_3\boldsymbol{k},\boldsymbol{b}=b_1\boldsymbol{i}+b_2\boldsymbol{j}+b_3\boldsymbol{k}$,则

$$\begin{aligned}\boldsymbol{a}\cdot\boldsymbol{b}&=(a_1\boldsymbol{i}+a_2\boldsymbol{j}+a_3\boldsymbol{k})\cdot(b_1\boldsymbol{i}+b_2\boldsymbol{j}+b_3\boldsymbol{k})\\&=a_1b_1\boldsymbol{i}\cdot\boldsymbol{i}+a_1b_2\boldsymbol{i}\cdot\boldsymbol{j}+a_1b_3\boldsymbol{i}\cdot\boldsymbol{k}+a_2b_1\boldsymbol{j}\cdot\boldsymbol{i}+a_2b_2\boldsymbol{j}\cdot\boldsymbol{j}+\\&\quad a_2b_3\boldsymbol{j}\cdot\boldsymbol{k}+a_3b_1\boldsymbol{k}\cdot\boldsymbol{i}+a_3b_2\boldsymbol{k}\cdot\boldsymbol{j}+a_3b_3\boldsymbol{k}\cdot\boldsymbol{k}\\&=a_1b_1+a_2b_2+a_3b_3.\end{aligned}$$

由数量积的定义可知,非零向量 $\boldsymbol{a},\boldsymbol{b}$ 的夹角的余弦为

$$\cos(\widehat{\boldsymbol{a},\boldsymbol{b}})=\frac{\boldsymbol{a}\cdot\boldsymbol{b}}{|\boldsymbol{a}||\boldsymbol{b}|}=\frac{a_1b_1+a_2b_2+a_3b_3}{\sqrt{a_1^2+a_2^2+a_3^2}\ \sqrt{b_1^2+b_2^2+b_3^2}}$$

定理 1 两个非零向量 $\boldsymbol{a},\boldsymbol{b}$ 垂直的充要条件是 $\boldsymbol{a}\cdot\boldsymbol{b}=0$.

例 2 设 $\boldsymbol{a}=\{1,-2,-3\},\boldsymbol{b}=\{\sqrt{2},0,-2\}$,求 $\boldsymbol{a}\cdot\boldsymbol{b}$.

解 $\boldsymbol{a}\cdot\boldsymbol{b}=1\times\sqrt{2}+(-2)\times0+(-3)\times(-2)=\sqrt{2}+6$.

例 3 已知三点 $A(-2,-2,-2)$、$B(-1,-1,-2)$、$C(-1,-2,-1)$,求 $\overrightarrow{AB}$ 与 $\overrightarrow{AC}$ 的

夹角.

解　因为$\overrightarrow{AB}=\{1,1,0\}$,$\overrightarrow{AC}=\{1,0,1\}$,$\overrightarrow{AB}\cdot\overrightarrow{AC}=1\times1+1\times0+0\times1=1$,

$$|\overrightarrow{AB}|=\sqrt{2},|\overrightarrow{AC}|=\sqrt{2},\cos(\overrightarrow{AB},\overset{\wedge}{}\overrightarrow{AC})=\frac{1}{\sqrt{2}\sqrt{2}}=\frac{1}{2}.$$

所以$\overrightarrow{AB}$与$\overrightarrow{AC}$的夹角为$(\overrightarrow{AB},\overset{\wedge}{}\overrightarrow{AC})=\frac{\pi}{3}$.

二、向量的向量积

向量的向量积

1. 向量积的定义

两个向量 $\boldsymbol{a}$ 和 $\boldsymbol{b}$ 的向量积(或称为叉积)是一个向量,记作 $\boldsymbol{a}\times\boldsymbol{b}$,并由下述规则确定:

(1)$|\boldsymbol{a}\times\boldsymbol{b}|=|\boldsymbol{a}||\boldsymbol{b}|\sin\theta$(其中 θ 向量 $\boldsymbol{a}$,$\boldsymbol{b}$ 的夹角);

(2)$\boldsymbol{a}\times\boldsymbol{b}$ 的方向为既垂直于 $\boldsymbol{a}$ 又垂直于 $\boldsymbol{b}$,并且按顺序 $\boldsymbol{a}$,$\boldsymbol{b}$,$\boldsymbol{a}\times\boldsymbol{b}$ 符合右手法则(见图 6-9).

若把向量 $\boldsymbol{a}$,$\boldsymbol{b}$ 的起点放在一起,并以 $\boldsymbol{a}$、$\boldsymbol{b}$ 为邻边作平行四边形,则向量 $\boldsymbol{a}$ 和 $\boldsymbol{b}$ 的向量积的模

$$|\boldsymbol{a}\times\boldsymbol{b}|=|\boldsymbol{a}||\boldsymbol{b}|\sin\theta$$

即为该平行四边形的面积(见图 6-10).

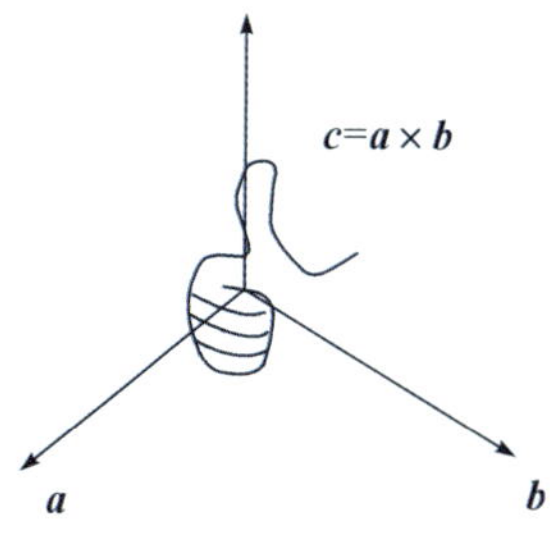

图 6-9

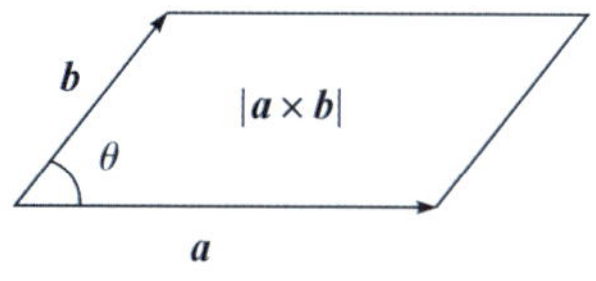

图 6-10

例 4　证明 $\boldsymbol{i}\times\boldsymbol{i}=\boldsymbol{j}\times\boldsymbol{j}=\boldsymbol{k}\times\boldsymbol{k}=\boldsymbol{0}$;$\boldsymbol{i}\times\boldsymbol{j}=\boldsymbol{k}$;$\boldsymbol{j}\times\boldsymbol{k}=\boldsymbol{i}$;$\boldsymbol{k}\times\boldsymbol{i}=\boldsymbol{j}$.

证明　因为$|\boldsymbol{i}|=|\boldsymbol{j}|=|\boldsymbol{k}|=1$,所以大小:$|\boldsymbol{i}\times\boldsymbol{i}|=|\boldsymbol{i}||\boldsymbol{i}|\sin0=0$,即 $\boldsymbol{i}\times\boldsymbol{i}=\boldsymbol{0}$.

同理可知:$\boldsymbol{j}\times\boldsymbol{j}=\boldsymbol{k}\times\boldsymbol{k}=\boldsymbol{0}$;

又因为 $\boldsymbol{i}$、$\boldsymbol{j}$、$\boldsymbol{k}$ 之间的夹角皆为$\frac{\pi}{2}$,所以大小:$|\boldsymbol{i}\times\boldsymbol{j}|=|\boldsymbol{i}||\boldsymbol{j}|\sin\frac{\pi}{2}=1\cdot1\cdot1=1$,方向朝上,即 $\boldsymbol{i}\times\boldsymbol{j}=\boldsymbol{k}$.

同理可知 $\boldsymbol{j}\times\boldsymbol{k}=\boldsymbol{i}$,$\boldsymbol{k}\times\boldsymbol{i}=\boldsymbol{j}$.

定理 2　两个非零向量 $\boldsymbol{a}$,$\boldsymbol{b}$ 平行的充要条件是 $\boldsymbol{a}\times\boldsymbol{b}=\boldsymbol{0}$.

2. 向量积的运算规律

两个向量的向量积满足下列运算规律:

反交换律：$\boldsymbol{a}\times\boldsymbol{b}=-\boldsymbol{b}\times\boldsymbol{a}$；

分配律：$(\boldsymbol{a}+\boldsymbol{b})\times\boldsymbol{c}=\boldsymbol{a}\times\boldsymbol{c}+\boldsymbol{b}\times\boldsymbol{c}$；$(\boldsymbol{b}+\boldsymbol{c})\times\boldsymbol{a}=\boldsymbol{b}\times\boldsymbol{a}+\boldsymbol{c}\times\boldsymbol{a}$；

结合律：$\lambda(\boldsymbol{a}\times\boldsymbol{b})=(\lambda\boldsymbol{a})\times\boldsymbol{b}=\boldsymbol{a}\times(\lambda\boldsymbol{b})$（其中 λ 为常数）.

3. 向量积的坐标表达式

设 $\boldsymbol{a}=a_1\boldsymbol{i}+a_2\boldsymbol{j}+a_3\boldsymbol{k}$，$\boldsymbol{b}=b_1\boldsymbol{i}+b_2\boldsymbol{j}+b_3\boldsymbol{k}$，则

$$\begin{aligned}\boldsymbol{a}\times\boldsymbol{b}&=(a_1\boldsymbol{i}+a_2\boldsymbol{j}+a_3\boldsymbol{k})\times(b_1\boldsymbol{i}+b_2\boldsymbol{j}+b_3\boldsymbol{k})\\&=a_1b_1\boldsymbol{i}\times\boldsymbol{i}+a_1b_2\boldsymbol{i}\times\boldsymbol{j}+a_1b_3\boldsymbol{i}\times\boldsymbol{k}+a_2b_1\boldsymbol{j}\times\boldsymbol{i}+a_2b_2\boldsymbol{j}\times\boldsymbol{j}+\\&\quad a_2b_3\boldsymbol{j}\times\boldsymbol{k}+a_3b_1\boldsymbol{k}\times\boldsymbol{i}+a_3b_2\boldsymbol{k}\times\boldsymbol{j}+a_3b_3\boldsymbol{k}\times\boldsymbol{k}\\&=(a_2b_3-a_3b_2)\boldsymbol{i}-(a_1b_3-a_3b_1)\boldsymbol{j}+(a_1b_2-a_2b_1)\boldsymbol{k}.\end{aligned}$$

可将 $\boldsymbol{a}\times\boldsymbol{b}$ 表示成一个三阶行列式的形式，计算时只需将其按第一行展开即可.

$$\begin{aligned}\boldsymbol{a}\times\boldsymbol{b}&=\begin{vmatrix}\boldsymbol{i}&\boldsymbol{j}&\boldsymbol{k}\\a_1&a_2&a_3\\b_1&b_2&b_3\end{vmatrix}\\&=\begin{vmatrix}a_2&a_3\\b_2&b_3\end{vmatrix}\boldsymbol{i}-\begin{vmatrix}a_1&a_3\\b_1&b_3\end{vmatrix}\boldsymbol{j}+\begin{vmatrix}a_1&a_2\\b_1&b_2\end{vmatrix}\boldsymbol{k}\\&=(a_2b_3-a_3b_2)\boldsymbol{i}-(a_1b_3-a_3b_1)\boldsymbol{j}+(a_1b_2-a_2b_1)\boldsymbol{k}.\end{aligned}$$

例 5 设 $\boldsymbol{a}=\boldsymbol{i}+2\boldsymbol{j}-\boldsymbol{k}$，$\boldsymbol{b}=2\boldsymbol{j}+3\boldsymbol{k}$，求 $\boldsymbol{a}\times\boldsymbol{b}$ 及 $|\boldsymbol{a}\times\boldsymbol{b}|$.

解
$$\begin{aligned}\boldsymbol{a}\times\boldsymbol{b}&=\begin{vmatrix}\boldsymbol{i}&\boldsymbol{j}&\boldsymbol{k}\\1&2&-1\\0&2&3\end{vmatrix}\\&=\begin{vmatrix}2&-1\\2&3\end{vmatrix}\boldsymbol{i}-\begin{vmatrix}1&-1\\0&3\end{vmatrix}\boldsymbol{j}+\begin{vmatrix}1&2\\0&2\end{vmatrix}\boldsymbol{k}\\&=8\boldsymbol{i}-3\boldsymbol{j}+2\boldsymbol{k}\end{aligned}$$

$|\boldsymbol{a}\times\boldsymbol{b}|=\sqrt{8^2+(-3)^2+2^2}=\sqrt{77}$.

例 6 求同时垂直于向量 $\boldsymbol{a}=-3\boldsymbol{i}+2\boldsymbol{j}+\boldsymbol{k}$ 及 x 轴的单位向量.

解 因为 $\boldsymbol{a}=-3\boldsymbol{i}+2\boldsymbol{j}+\boldsymbol{k}=\{-3,2,1\}$，$\boldsymbol{i}=\{1,0,0\}$

所以 $\boldsymbol{a}\times\boldsymbol{i}=\begin{vmatrix}\boldsymbol{i}&\boldsymbol{j}&\boldsymbol{k}\\-3&2&1\\1&0&0\end{vmatrix}=\{0,1,-2\}$，$|\boldsymbol{a}\times\boldsymbol{i}|=\sqrt{5}$，于是同时垂直于 $\boldsymbol{a}$ 和 x 轴的单位向量为

$$\boldsymbol{c}=\pm\frac{\boldsymbol{a}\times\boldsymbol{i}}{|\boldsymbol{a}\times\boldsymbol{i}|}=\pm\frac{1}{\sqrt{5}}\{0,1,-2\}=\pm\left\{0,\frac{\sqrt{5}}{5},-\frac{2\sqrt{5}}{5}\right\}.$$

例 7　已知三角形的顶点为 $A(-1,2,3)$，$B(0,1,5)$，$C(1,0,5)$，求 $\triangle ABC$ 的面积.

解　因为 $\overrightarrow{AB}=\{1,-1,2\}$，$\overrightarrow{AC}=\{2,-2,2\}$

所以 $\overrightarrow{AB}\times\overrightarrow{AC}=\begin{vmatrix} \boldsymbol{i} & \boldsymbol{j} & \boldsymbol{k} \\ 1 & -1 & 2 \\ 2 & -2 & 2 \end{vmatrix}=\{2,2,0\}$，$|\overrightarrow{AB}\times\overrightarrow{AC}|=2\sqrt{2}$，

于是三角形的面积为 $S_{\triangle ABC}=\frac{1}{2}|\overrightarrow{AB}\times\overrightarrow{AC}|=\frac{1}{2}\times 2\sqrt{2}=\sqrt{2}$.

▶▶▶▶ 习题 6.4 ◀◀◀◀

1. 设 $\boldsymbol{a}=\{2,-1,5\}$，$\boldsymbol{b}=\{-1,2,-3\}$，求 $\boldsymbol{a}\cdot\boldsymbol{b}$ 及 $\boldsymbol{a}\times\boldsymbol{b}$.
2. 求同时垂直于向量 $\boldsymbol{a}=-5\boldsymbol{i}+2\boldsymbol{j}-3\boldsymbol{k}$ 和向量 $\boldsymbol{b}=-3\boldsymbol{i}+2\boldsymbol{j}-2\boldsymbol{k}$ 的单位向量.
3. 设点 $A(0,0,0)$，$B(10,5,10)$，$C(-2,1,3)$，$D(0,-1,2)$，求 $\overrightarrow{AB}$ 与 $\overrightarrow{CD}$ 的夹角.
4. 已知三角形的顶点为 $A(-1,2,3)$，$B(1,0,4)$，$C(1,1,3)$，求 $\triangle ABC$ 的面积.

§6.5　平面及其方程

学习目标

1. 熟练掌握平面的方程；
2. 掌握两个平面的位置关系.

学习重点

1. 平面的点法式方程和一般式方程；
2. 两个平面的位置关系.

学习难点

建立平面方程.

平面的方程

一、平面的点法式方程

定义 1　如果一非零向量 $\boldsymbol{n}$ 垂直于平面 π，则称此向量 $\boldsymbol{n}$ 为平面 π 的**法向量**.

已知平面 π 过点 $M_0(x_0,y_0,z_0)$，以 $\boldsymbol{n}=\{A,B,C\}$ 为其一法向量，设 $M(x,y,z)$ 是平面 π 上任意一点，则由于 $\boldsymbol{n}$ 垂直于平面 π 可知 $\boldsymbol{n}\perp\overrightarrow{M_0M}$，于是过点 $M_0(x_0,y_0,z_0)$，以 $\boldsymbol{n}=\{A,

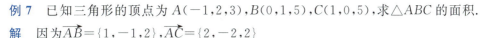

$B, C\}$ 为法向量的点法式平面方程为

$$A(x-x_0)+B(y-y_0)+C(z-z_0)=0 \quad (A,B,C\text{ 至少有一个不为零}).$$

二、平面的一般式方程

以 $\boldsymbol{n}=\{A,B,C\}$ 为法向量的**一般式平面方程**为

$$Ax+By+Cz+D=0 \quad (A,B,C\text{ 至少有一个不为零}).$$

三、两个平面的位置关系

平面间位置关系

设两个平面 π_1 与 π_2 的方程分别为

$$\pi_1: A_1x+B_1y+C_1z+D_1=0$$

$$\pi_2: A_2x+B_2y+C_2z+D_2=0$$

其法向量分别为 $\boldsymbol{n}_1=\{A_1,B_1,C_1\}$，$\boldsymbol{n}_2=\{A_2,B_2,C_2\}$，有如下结论：

(1) $\pi_1\perp\pi_2 \Leftrightarrow \boldsymbol{n}_1\perp\boldsymbol{n}_2 \Leftrightarrow A_1A_2+B_1B_2+C_1C_2=0$；

(2) $\pi_1 /\!/ \pi_2 \Leftrightarrow \boldsymbol{n}_1 /\!/ \boldsymbol{n}_2 \Leftrightarrow \dfrac{A_1}{A_2}=\dfrac{B_1}{B_2}=\dfrac{C_1}{C_2}\neq\dfrac{D_1}{D_2}$；

(3) π_1 与 π_2 重合 $\Leftrightarrow \dfrac{A_1}{A_2}=\dfrac{B_1}{B_2}=\dfrac{C_1}{C_2}=\dfrac{D_1}{D_2}$.

(4) 平面 π_1 与 π_2 的夹角 θ，即为两个平面法向量夹角，其公式为

$$\cos\theta=\frac{|\boldsymbol{n}_1\cdot\boldsymbol{n}_2|}{|\boldsymbol{n}_1||\boldsymbol{n}_2|}=\frac{|A_1A_2+B_1B_2+C_1C_2|}{\sqrt{A_1^2+B_1^2+C_1^2}\cdot\sqrt{A_2^2+B_2^2+C_2^2}} \quad \left(0\leqslant\theta\leqslant\frac{\pi}{2}\right).$$

(5) 点 $P(x_1,y_1,z_1)$ 到平面 $\pi: Ax+By+Cz+D=0$ 的距离公式为

$$d=\frac{|Ax_1+By_1+Cz_1+D|}{\sqrt{A^2+B^2+C^2}}.$$

例 1 求由点 $A(1,0,0)$，$B(0,1,0)$，$C(0,0,1)$ 所确定的平面方程.

解 因为 $\overrightarrow{AB}=\{-1,1,0\}$，$\overrightarrow{AC}=\{-1,0,1\}$，所以

$$\boldsymbol{n}=\overrightarrow{AB}\times\overrightarrow{AC}=\begin{vmatrix}\boldsymbol{i} & \boldsymbol{j} & \boldsymbol{k}\\ -1 & 1 & 0\\ -1 & 0 & 1\end{vmatrix}=\boldsymbol{i}+\boldsymbol{j}+\boldsymbol{k}$$

$$=\{1,1,1\}$$

由于向量 $\boldsymbol{n}$ 与平面垂直，所以它是所求平面的一个法向量. 因此，过点 $A(1,0,0)$ 且以 $\boldsymbol{n}=\{1,1,1\}$ 为法向量的平面方程为 $1\cdot(x-1)+1\cdot(y-0)+1\cdot(z-0)=0$，

即

$$x+y+z=1$$

例 2 求过点 $O(0,0,0)$，$B_1(0,0,1)$，$B_2(0,1,1)$ 的平面方程.

解　因为点 $O(0,0,0)$，$B_1(0,0,1)$，$B_2(0,1,1)$不在一直线上，所以这三点确定唯一平面. 令所求平面方程为

$$Ax+By+Cz+D=0$$

将三点坐标分别代入上式得$\begin{cases}A0+B0+C0+D=0\\A0+B0+C1+D=0\\A0+B1+C1+D=0\end{cases}$

由方程组得 $D=0$，$C=0$，$B=0$，于是得 $Ax=0(A\neq 0)$，即 $x=0$ 为所求平面方程，且 yOz 面的方程即为 $x=0$.

例 3　描绘出下列平面方程所代表的平面.

(1)$x=2$；　　　　(2)$z=1$；

(3)$\dfrac{x}{a}+\dfrac{y}{b}+\dfrac{z}{c}=1$($a,b,c$ 均不为 0)；　　　　(4)$x+y=1$.

解　(1)

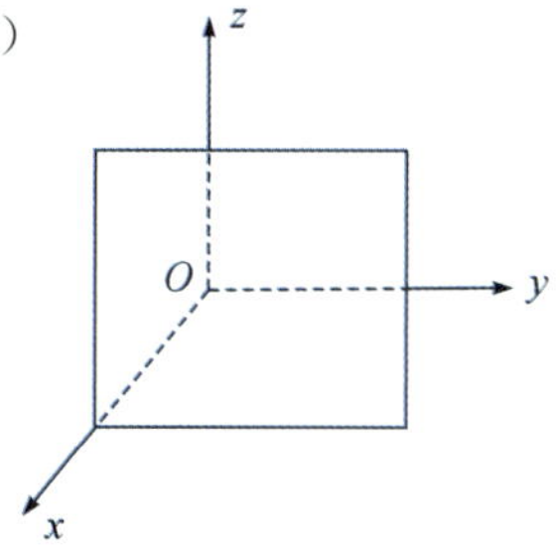

(2)

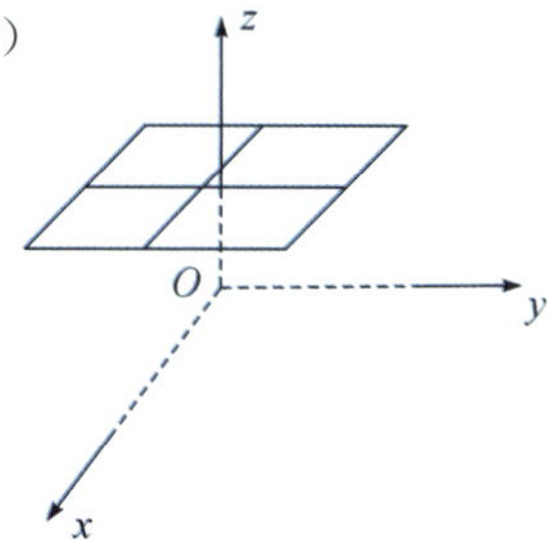

(3)

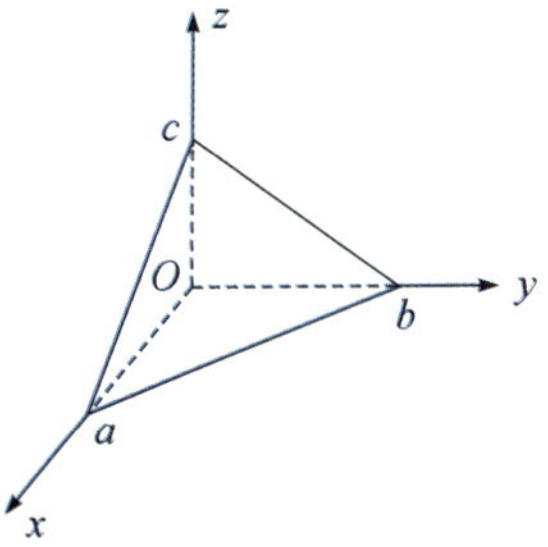

(4)

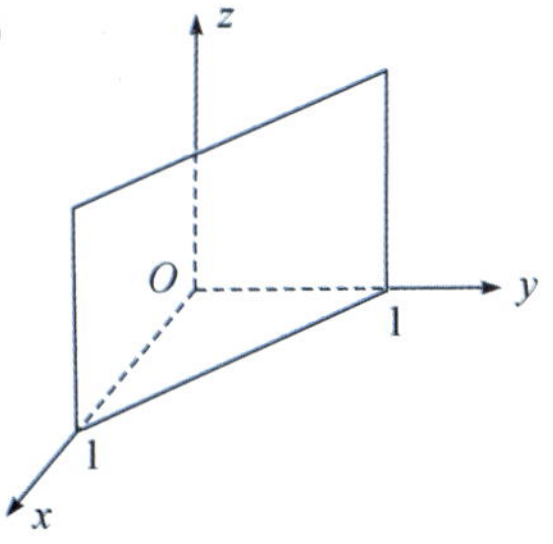

例 4　求平行于 y 轴且过点 $A(1,-5,1)$与 $B(3,2,-3)$的平面方程.

解　设所求平面的法向量为 $\boldsymbol{n}$，因为平面平行于 y 轴，所以 $\boldsymbol{n}\perp\boldsymbol{j}$. 又因为平面过点 A 与 B，所以必有 $\boldsymbol{n}\perp\overrightarrow{AB}$. 于是，取 $\boldsymbol{n}=\boldsymbol{j}\times\overrightarrow{AB}$，而$\overrightarrow{AB}=\{2,7,-4\}$，

于是 $\boldsymbol{n}=\begin{vmatrix}\boldsymbol{i} & \boldsymbol{j} & \boldsymbol{k}\\0 & 1 & 0\\2 & 7 & -4\end{vmatrix}=-4\boldsymbol{i}-2\boldsymbol{k}$，

因此，由平面的点法式方程，得$-4(x-1)+0(y+5)-2(z-1)=0$，

即所求平面方程为 $2x+z-3=0$.

方法总结：求平面方程，在已知一给定点的条件下，关键是求出平面的法向量. 这要以两向量的点积和叉积的运算为基础. 另外，求平面方程的方法往往不止一种，可灵活运用已给的条件，选择一种比较简单的方法，求出平面方程.

▶▶▶▶ 习题 6.5 ◀◀◀◀

1. 求过点 $M_0(1,2,3)$ 且以 $\boldsymbol{n}=\{2,2,1\}$ 为法向量的平面方程.
2. 求过点 $A(0,0,2)$ 且与平面 $4x+5y+2z-1=0$ 平行的平面方程.
3. 求过三点 $A(2,0,0)$, $B(0,2,0)$, $C(0,0,2)$ 的平面方程.
4. 试求经过点 $P(1,2,3)$ 和 x 轴的平面方程.
5. 求过 $P(2,-2,2)$ 且垂直于平面 $x-y-z+2=0$ 和 $2x+y+z+3=0$ 的平面方程.

§6.6 空间直线及其方程

学习目标

1. 熟练掌握空间直线的方程；
2. 掌握直线与直线、直线与平面的位置关系.

学习重点

1. 直线的点向式方程；
2. 平面与直线的位置关系.

学习难点

建立空间直线方程.

一、直线的点向式方程

空间直线的方程

定义 1 如果一个非零向量 $\boldsymbol{s}$ 平行于直线 L，则称 $\boldsymbol{s}$ 为直线 L 的**方向向量**.

已知直线 L 过点 $M_0(x_0,y_0,z_0)$ 且以 $\boldsymbol{s}=\{a,b,c\}$ 为方向向量，设 $M(x,y,z)$ 是直线 L 上任意一点，则由 $\boldsymbol{s}$ 平行于直线 L 可知 $\boldsymbol{s}\,/\!/\,\overrightarrow{M_0M}$，于是过点 $M_0(x_0,y_0,z_0)$ 且以 $\boldsymbol{s}=\{a,b,c\}$ 为方向向量的直线 L 的**点向式直线方程**为

$$\frac{x-x_0}{a}=\frac{y-y_0}{b}=\frac{z-z_0}{c}.$$

二、直线的参数式方程

设直线 L 过点 $M_0(x_0,y_0,z_0)$且以 $\boldsymbol{s}=\{a,b,c\}$为方向向量,则**直线 L 的参数方程**为

$$\begin{cases}x=x_0+at\\y=y_0+bt\\z=z_0+ct\end{cases}$$

其中 t 为参数.

三、直线的一般式方程

若直线 L 作为平面 $A_1x+B_1y+C_1z+D_1=0$ 和平面 $A_2x+B_2y+C_2z+D_2=0$ 的交线,则该**直线 L 的一般式方程**为

$$\begin{cases}A_1x+B_1y+C_1z+D_1=0\\A_2x+B_2y+C_2z+D_2=0\end{cases}$$

其中$\{A_1,B_1,C_1\}$与$\{A_2,B_2,C_2\}$不成比例.

四、两条直线的位置关系

直线间位置关系

设直线 L_1 与 L_2 的标准方程分别为

$$L_1:\frac{x-x_1}{a_1}=\frac{y-y_1}{b_1}=\frac{z-z_1}{c_1}$$

$$L_2:\frac{x-x_2}{a_2}=\frac{y-y_2}{b_2}=\frac{z-z_2}{c_2}$$

其方向向量分别为 $\boldsymbol{s}_1=\{a_1,b_1,c_1\}$,$\boldsymbol{s}_2=\{a_2,b_2,c_2\}$则有

(1)$L_1 /\!/ L_2 \Leftrightarrow \boldsymbol{s}_1 /\!/ \boldsymbol{s}_2 \Leftrightarrow \dfrac{a_1}{a_2}=\dfrac{b_1}{b_2}=\dfrac{c_1}{c_2}$;

(2)$L_1 \perp L_2 \Leftrightarrow \boldsymbol{s}_1 \perp \boldsymbol{s}_2 \Leftrightarrow a_1a_2+b_1b_2+c_1c_2=0$.

五、直线与平面的位置关系

直线与它在平面上的投影线间的夹角 $\varphi\left(0\leqslant\varphi\leqslant\dfrac{\pi}{2}\right)$称为**直线与平面的夹角**.

设直线 L 和平面 π 的方程分别为

$$L:\frac{x-x_0}{a}=\frac{y-y_0}{b}=\frac{z-z_0}{c},$$

$$\pi:Ax+By+Cz+D=0,$$

则直线 L 的方向向量为 $\boldsymbol{s}=(a,b,c)$，平面 π 的法向量为 $\boldsymbol{n}=\{A,B,C\}$，向量 $\boldsymbol{s}$ 与向量 $\boldsymbol{n}$ 间的夹角为 $\boldsymbol{\theta}$，于是 $\boldsymbol{\varphi}=\frac{\pi}{2}-\theta\left(\text{或 } \varphi=\theta-\frac{\pi}{2}\right)$，所以

$$\sin\varphi=|\cos\theta|=\frac{|\boldsymbol{s}\cdot\boldsymbol{n}|}{|\boldsymbol{s}||\boldsymbol{n}|}=\frac{|aA+bB+cC|}{\sqrt{a^2+b^2+c^2}\sqrt{A^2+B^2+C^2}}.$$

由此可知：$\pi_1 /\!/ \pi_2 \Leftrightarrow L_1 \perp L_2 \Leftrightarrow \boldsymbol{s}_1 \perp \boldsymbol{s}_2$.

(1) L 在 π 内 $\boldsymbol{s}\perp\boldsymbol{n}$（或 $aA+bB+cC=0$）且 $M_0(x_0,y_0,z_0)$ 既在 L 上，又在 π 内；

(2) $L /\!/ \pi \Leftrightarrow \boldsymbol{s}\perp\boldsymbol{n}$（或 $aA+bB+cC=0$）且 $M_0(x_0,y_0,z_0)$ 在 L 上，而不在 π 内；

(3) $L\perp\pi\Leftrightarrow\boldsymbol{s}/\!/\boldsymbol{n}\Leftrightarrow\frac{a}{A}=\frac{b}{B}=\frac{c}{C}$.

例 1 求过两点 $M_1(1,1,1)$，$M_2(3,2,3)$ 的直线 L 的方程.

解 直线 L 的方向向量 $\boldsymbol{s}=\overrightarrow{M_1M_2}=\{3-1,2-1,3-1\}=\{2,1,2\}$，因此，过点 $M_1(1,1,1)$ 且以 $\boldsymbol{s}=\{2,1,2\}$ 为方向向量的直线 L 的方程为

$$\frac{x-1}{2}=\frac{y-1}{1}=\frac{z-1}{2}.$$

例 2 求过点 $(1,-2,1)$ 且垂直于直线 $\begin{cases}x-2y+z-3=0\\x+y-z+2=0\end{cases}$ 的平面方程.

解 已知直线的方向向量为 $\boldsymbol{s}=\boldsymbol{n}_1\times\boldsymbol{n}_2=\{1,-2,1\}\times\{1,1,-1\}=\begin{vmatrix}\boldsymbol{i}&\boldsymbol{j}&\boldsymbol{k}\\1&-2&1\\1&1&-1\end{vmatrix}=\{1,2,3\}$，

由于平面与该直线垂直，故可取平面的法向量 $\boldsymbol{n}$ 为该方向向量 $\boldsymbol{s}$，即 $\boldsymbol{n}=\boldsymbol{s}=\{1,2,3\}$，由点法式得平面方程 $1\cdot(x-1)+2(y+2)+3(z-1)=0$，

即

$$x+2y+3z=0.$$

例 3 求过点 $M_0(-1,2,1)$ 且与两平面 $\pi_1: x+y-2z=1$ 和 $\pi_2: x+2y-z=1$ 平行的直线方程.

解 设所求直线的方向向量为 $\boldsymbol{s}$，π_1 和 π_2 的法向量分别为 $\boldsymbol{n}_1=\{1,1,-2\}$，$\boldsymbol{n}_2=\{1,2,-1\}$. 因为所求直线 L 与 π_1，π_2 平行，所以 $\boldsymbol{s}\perp\boldsymbol{n}_1$，$\boldsymbol{s}\perp\boldsymbol{n}_2$，

取 $\boldsymbol{s}=\boldsymbol{n}_1\times\boldsymbol{n}_2=\{1,1,-2\}\times\{1,2,-1\}=\begin{vmatrix}\boldsymbol{i}&\boldsymbol{j}&\boldsymbol{k}\\1&1&-2\\1&2&-1\end{vmatrix}=3\boldsymbol{i}-\boldsymbol{j}+\boldsymbol{k}=\{3,-1,1\}$，

故所求直线的方程为 $\frac{x+1}{3}=\frac{y-2}{-1}=\frac{z-1}{1}$.

方法总结：求直线方程，在已知一给定点的条件下，关键是求出直线的方向向量. 这要以两向量的点积和叉积的运算为基础. 另外，求直线方程的方法往往不止一种，可灵活运用已给的条件，选择一种比较简单的方法，求出直线方程.

习题 6.6

1. 求过点 $M_0(1,2,1)$ 且以 $\boldsymbol{s}=\{4,3,2\}$ 为方向向量的直线方程.

2. 求过两点 $A(5,4,5)$，$B(2,1,3)$ 的直线方程.

3. 讨论直线 $L:\dfrac{x}{2}=\dfrac{y-2}{5}=\dfrac{z-6}{3}$ 和平面 $\pi:15x-9y+5z=12$ 的位置关系.

4. 求直线 $\begin{cases}x+y+z=1\\2x-y+3z=0\end{cases}$ 的点向式方程.

5. 设平面 π_1 的方程为 $2x-y+2z+1=0$，平面 π_2 的方程为 $x-y+5=0$，求 π_1 与 π_2 的夹角.

第 6 章自测题

（总分 100 分，时间 90 分钟）

一、判断题（每小题 2 分，共 20 分）

(　　)1. 在空间直角坐标系中，点 $(5,-1,-3)$ 关于 xOy 平面对称的点为 $(5,-1,3)$.

(　　)2. 点 $B(1,4,0)$ 在 z 轴上.

(　　)3. 非零向量 $\boldsymbol{a}$ 与 $\boldsymbol{b}$ 平行的充要条件是 $\boldsymbol{a}\cdot\boldsymbol{b}=0$.

(　　)4. $\dfrac{\boldsymbol{i}}{4}-\dfrac{\boldsymbol{j}}{4}+\dfrac{\boldsymbol{k}}{4}$ 是单位向量.

(　　)5. 点 $(1,1,3)$ 在平面 $x-y+2z+1=0$ 上.

(　　)6. 向量 $\boldsymbol{a}=\{1,2,3\}$ 与向量 $\boldsymbol{b}=\{-2,3,-1\}$ 垂直.

(　　)7. 平面 $\pi_1:3x-4y+2z+1=0$ 与平面 $\pi_2:x-2y-z-1=0$ 垂直.

(　　)8. 若 $\boldsymbol{a}\times\boldsymbol{b}=\boldsymbol{0}$，则向量 $\boldsymbol{a}$ 与 $\boldsymbol{b}$ 方向相同.

(　　)9. 方程 $x+2y=4$ 表示一条直线.

(　　)10. $\begin{cases}2x-y=1\\-2x+y=-1\end{cases}$ 表示一条直线.

二、单选题（每小题 2 分，共 10 分）

(　　)1. 与向量 $\boldsymbol{a}=\{2,-1,2\}$ 同向的单位向量为

A. $-\dfrac{1}{3}(2\boldsymbol{i}-\boldsymbol{j}+2\boldsymbol{k})$　　B. $\pm\dfrac{1}{3}(2\boldsymbol{i}-\boldsymbol{j}+2\boldsymbol{k})$

C. $\dfrac{1}{3}(2\boldsymbol{i}-\boldsymbol{j}+2\boldsymbol{k})$　　D. $3(2\boldsymbol{i}-\boldsymbol{j}+2\boldsymbol{k})$

(　　)2. 设向量 $\boldsymbol{a}=\{-1,m,1\}$，$\boldsymbol{b}=\{2,4,n\}$，若 $\boldsymbol{a}//\boldsymbol{b}$，则

A. $m=2,n=2$　　B. $m=2,n=-2$

C. $m=-2,n=-2$　　D. $m=-2,n=2$

(　　)3. 过点 $A(3,1,2)$，$B(2,3,3)$的直线方程为

A. $\frac{x-3}{1}=\frac{y-1}{3}=\frac{z-2}{2}$　　B. $\frac{x-3}{1}=\frac{y-1}{-2}=\frac{z-2}{1}$

C. $\frac{x-2}{-1}=\frac{y-3}{2}=\frac{z-3}{1}$　　D. $\frac{x-2}{1}=\frac{y-3}{3}=\frac{z-3}{2}$

(　　)4. 直线$\frac{x}{1}=\frac{y+1}{\sqrt{2}}=\frac{z-1}{3}$的方向向量为

A. $\{0,1,-1\}$　　B. $\{1,-1,1\}$　　C. $\{1,\sqrt{2},3\}$　　D. $(1,3,-2)$

(　　)5. 下列向量是单位向量为

A. $\boldsymbol{i}+\boldsymbol{j}+\boldsymbol{k}$　　B. $\frac{1}{\sqrt{2}}\boldsymbol{i}-\frac{1}{\sqrt{2}}\boldsymbol{j}$

C. $\frac{1}{\sqrt{3}}\boldsymbol{i}-\frac{1}{\sqrt{3}}\boldsymbol{k}$　　D. $\frac{1}{2}\boldsymbol{i}+\frac{1}{2}\boldsymbol{j}-\frac{1}{2}\boldsymbol{k}$

三、填空题(每小题 2 分，共 20 分)

1. 点(1,2,3)关于原点的对称点坐标为________.
2. 点 $M(4,-3,5)$到原点的距离 $d=$________.
3. 向量 $\boldsymbol{r}=\{-1,-1,1\}$的模长为________.
4. 点 $M_1(1,0,1)$到点 $M_2(0,1,0)$之间的距离是________.
5. 起点和终点分别为 $A(1,1,1)$，$B(2,2,2)$的向量坐标表示为________.
6. 由点 $A(1,0,0)$，$B(0,1,0)$，$C(0,0,1)$所确定的平面方程为____________.
7. 若平面 $mx-3y+5z-1=0$ 与平面 $x+3y-5z+2=0$ 平行，则 $m=$________.
8. 设 $\boldsymbol{a}=2\boldsymbol{i}+x\boldsymbol{j}-\boldsymbol{k}$，$\boldsymbol{b}=3\boldsymbol{i}-\boldsymbol{j}+2\boldsymbol{k}$ 且 $\boldsymbol{a}\perp\boldsymbol{b}$，则 $x=$________.
9. 设 $\boldsymbol{a}=3\boldsymbol{i}-\boldsymbol{k}$，$\boldsymbol{b}=2\boldsymbol{i}-3\boldsymbol{j}+2\boldsymbol{k}$，则 $\boldsymbol{a}\cdot\boldsymbol{b}=$________.
10 过 $P(0,0,1)$且与平面 $3x+4y+2z=1$ 平行的平面方程为____________.

四、计算与解答题(每小题 10 分，共 50 分)

1. 已知向量 $\boldsymbol{a}=\{1,-2,2\}$，$\boldsymbol{b}=\{-2,-1,0\}$，求(1)$\boldsymbol{a}+\boldsymbol{b}$；(2)$3\boldsymbol{a}-2\boldsymbol{b}$.
2. 已知向量 $\boldsymbol{a}=\{-1,2,2\}$，$\boldsymbol{b}=\{-1,-1,0\}$，求(1)$\boldsymbol{a}\cdot\boldsymbol{b}$；(2)$\boldsymbol{a}\times\boldsymbol{b}$.
3. 求过点 $A(3,-1,2)$，$B(2,0,-3)$，$C(1,-2,2)$的平面方程.
4. 求直线$\frac{x+2}{3}=\frac{y-3}{-2}=z$ 与平面 $x+2y+2z=5$ 的交点坐标.
5. 求过点 $A(-1,2,1)$且平行于 $2x-2y+z-7=0$ 又与直线$\begin{cases}x=t-1\\y=t+3\\z=2t\end{cases}$相交的直线方程.

本章课程思政

空间解析几何是一种自然的思维方式，展示了人们对物质形态世界的了解和认识，其实质是从抽象的观念转换为具体的思考和行动. 例如，向量在物理学、工程技术、航空航天等领域的应用，渐伸线（或切展线）与机器齿轮、齿轮曲线的联系，生活中常见的旋转形楼梯是建筑师根据螺旋面而设计的，测绘学中的等高线地形图可以利用“平行截割法”得到，探照灯、太阳灶、雷达天线、射电望远镜等都是利用抛物线原理制成的. 数学在生活中的这些应用，激发我们持续探索真理，不断开辟学习和实践的新领域，从而更好地、更深入地认识世界. “实践没有止境，理论创新也没有止境”①.

拓展阅读

数学家陈建功

陈建功，数学家. 1893 年 9 月 8 日生于浙江绍兴. 1918 年毕业于日本东京高等工业学校，翌年毕业于东京物理学校. 1923 年毕业于日本东北帝国大学，1929 年获该校理学博士学位. 1955 年被选聘为中国科学院学部委员（院士）. 1971 年 4 月 11 日逝世. 曾任浙江大学教授，复旦大学教授，杭州大学教授、副校长.

陈建功曾任中国数学会副理事长、浙江数学会理事长、浙江省科协主席、九三学社中央委员会常委等职. 1954 年始，连续当选为第一、二、三届全国人大代表. 他一生勤奋刻苦，不断创新，主要从事实变函数论、复变函数论和微分方程等方面的研究和教学工作，是中国数学界公认的权威，函数论方面的学科带头人和许多分支研究的开拓者，同时也是一位卓有成就的教育家. 在 20 世纪 20 年代，他独立解决了函数可以用绝对收敛三角级数来表示等根本性数学问题. 在国内外发表论文 60 余篇，出版专著、译著 9 部. 在指导青年教师和学生开展科研、培养人才、发展教育事业方面均做出了重要贡献.

本章参考答案

① 习近平. 决胜全面建成小康社会 夺取新时代中国特色社会主义伟大胜利——在中国共产党第十九次全国代表大会上的报告. 北京：人民出版社，2017.

第二篇

线性代数初步

第 7 章　行列式

知识概要

基本概念:行列式、元、主对角线、次对角线、n 阶行列式、上三角行列式、下三角行列式、余子式、代数余子式、系数行列式.

基本公式:行列式计算公式、n 阶行列式的展开计算公式.

基本定理:行列式展开计算定理、克莱姆法则.

基本方法:利用行列式的性质计算行列式的值、利用代数余子式计算行列式的值、利用三角行列式计算行列式的值.

§7.1　行列式的概念

学习目标

1. 掌握行列式的概念,会求二阶行列式、三阶行列式的值;
2. 理解 n 阶行列式概念,会求三角行列式的值.

学习重点

1. 二阶、三阶行列式的概念及计算方法;
2. n 阶行列式的概念及特殊 n 阶行列式的计算方法.

学习难点

三阶行列式的计算方法.

一、二阶行列式

行列式的概念1

定义 1 由 2^2 个数组成的记号 $\begin{vmatrix} a_{11} & a_{12} \\ a_{21} & a_{22} \end{vmatrix}$ 表示数值 $a_{11}a_{22}-a_{12}a_{21}$，称它为**二阶行列式**，用 D 来表示，即

$$D=\begin{vmatrix} a_{11} & a_{12} \\ a_{21} & a_{22} \end{vmatrix}=a_{11}a_{22}-a_{12}a_{21}$$

其中，a_{11}，a_{12}，a_{21} 和 a_{22} 称为二阶行列式的**元素**，简称为**元**；横排称为**行**，竖排称为**列**；从左上角到右下角的对角线称为行列式的**主对角线**，从右上角到左上角的对角线称为行列式的**次对角线**.

例 1 求二阶行列式 $D=\begin{vmatrix} 1 & 2 \\ 2 & -3 \end{vmatrix}$ 的值.

解 $D=\begin{vmatrix} 1 & 2 \\ 2 & -3 \end{vmatrix}=1\times(-3)-2\times2=-7.$

二、三阶行列式

定义 2 由 3^2 个数组成的记号 $\begin{vmatrix} a_{11} & a_{12} & a_{13} \\ a_{21} & a_{22} & a_{23} \\ a_{31} & a_{32} & a_{33} \end{vmatrix}$ 表示数值

$$a_{11}\begin{vmatrix} a_{22} & a_{23} \\ a_{32} & a_{33} \end{vmatrix}-a_{12}\begin{vmatrix} a_{21} & a_{23} \\ a_{31} & a_{33} \end{vmatrix}+a_{13}\begin{vmatrix} a_{21} & a_{22} \\ a_{31} & a_{32} \end{vmatrix}$$

称它为**三阶行列式**. 即

$$D=\begin{vmatrix} a_{11} & a_{12} & a_{13} \\ a_{21} & a_{22} & a_{23} \\ a_{31} & a_{32} & a_{33} \end{vmatrix}=a_{11}\begin{vmatrix} a_{22} & a_{23} \\ a_{32} & a_{33} \end{vmatrix}-a_{12}\begin{vmatrix} a_{21} & a_{23} \\ a_{31} & a_{33} \end{vmatrix}+a_{13}\begin{vmatrix} a_{21} & a_{22} \\ a_{31} & a_{32} \end{vmatrix}$$

$$=a_{11}a_{22}a_{33}+a_{12}a_{23}a_{31}+a_{13}a_{21}a_{32}-a_{11}a_{23}a_{32}-a_{12}a_{21}a_{33}-a_{13}a_{22}a_{31}.$$

例 2 求三阶行列式 $D=\begin{vmatrix} 2 & 1 & 3 \\ 1 & 2 & 1 \\ 1 & 3 & 2 \end{vmatrix}$ 的值.

解 $D=\begin{vmatrix} 2 & 1 & 3 \\ 1 & 2 & 1 \\ 1 & 3 & 2 \end{vmatrix}=2\times2\times2+1\times1\times1+3\times1\times3-2\times1\times3-1\times1\times2-3\times2\times1=4.$

三、n 阶行列式

行列式的概念 2

定义 3　由 n^2 个数组成的记号 $D=\begin{vmatrix} a_{11} & a_{12} & \cdots & a_{1n} \\ a_{21} & a_{22} & \cdots & a_{2n} \\ \vdots & \vdots & & \vdots \\ a_{n1} & a_{n2} & \cdots & a_{nn} \end{vmatrix}$ 表示数值

$$(-1)^{1+1}a_{11}\begin{vmatrix} a_{22} & a_{23} & \cdots & a_{2n} \\ a_{32} & a_{33} & \cdots & a_{3n} \\ \vdots & \vdots & & \vdots \\ a_{n2} & a_{n3} & \cdots & a_{nn} \end{vmatrix}+(-1)^{1+2}a_{12}\begin{vmatrix} a_{21} & a_{23} & \cdots & a_{2n} \\ a_{31} & a_{33} & \cdots & a_{3n} \\ \vdots & \vdots & & \vdots \\ a_{n1} & a_{n3} & \cdots & a_{nn} \end{vmatrix}+\cdots$$

$$+(-1)^{1+n}a_{1n}\begin{vmatrix} a_{21} & a_{22} & \cdots & a_{2,n-1} \\ a_{31} & a_{32} & \cdots & a_{3,n-1} \\ \vdots & \vdots & & \vdots \\ a_{n1} & a_{n2} & \cdots & a_{n,n-1} \end{vmatrix}$$

称它为 **n 阶行列式**. 其中,元素 $a_{11},a_{22},\cdots,a_{nn}$ 所在的对角线称为行列式的主对角线.

例 3　求行列式 $D=\begin{vmatrix} a_{11} & 0 & \cdots & 0 \\ a_{21} & a_{22} & \cdots & 0 \\ \vdots & \vdots & & \vdots \\ a_{n1} & a_{n2} & \cdots & a_{nn} \end{vmatrix}$ 的值.

解　根据定义,有

$$D=(-1)^{1+1}a_{11}\begin{vmatrix} a_{22} & 0 & \cdots & 0 \\ a_{32} & a_{33} & \cdots & 0 \\ \vdots & \vdots & & \vdots \\ a_{n2} & a_{n3} & \cdots & a_{nn} \end{vmatrix}=a_{11}a_{22}\begin{vmatrix} a_{33} & 0 & \cdots & 0 \\ a_{43} & a_{44} & \cdots & 0 \\ \vdots & \vdots & & \vdots \\ a_{n3} & a_{n4} & \cdots & a_{nn} \end{vmatrix}=\cdots$$

$$=a_{11}a_{22}\cdots a_{nn}.$$

例 3 所示的行列式,其主对角线上方的元素皆为零,称为**下三角形行列式**;同样,主对角线下方的元素全为零的行列式称为**上三角行列式**. 上三角行列式与下三角行列式统称为**三角形行列式**.

▶▶▶▶ 习题 7.1 ◀◀◀◀

1. 计算二阶行列式

(1) $\begin{vmatrix} 2 & 5 \\ 3 & 1 \end{vmatrix}$;　　(2) $\begin{vmatrix} \sin x & \cos x \\ -\cos x & \sin x \end{vmatrix}$.

2. 计算三阶行列式

(1) $\begin{vmatrix} 1 & 3 & 4 \\ 2 & 4 & 1 \\ 4 & 3 & 2 \end{vmatrix}$；　　(2) $\begin{vmatrix} 3 & 3 & 4 \\ 1 & -3 & 1 \\ 5 & 3 & 4 \end{vmatrix}$.

3. 已知 $\begin{vmatrix} x & 3 \\ 1 & x-2 \end{vmatrix}=0$,求 x 的值.

4. 计算行列式 $D=\begin{vmatrix} 1 & 2 & -2 & 3 \\ 0 & 3 & 7 & 4 \\ 0 & 0 & 2 & 0 \\ 0 & 0 & 0 & -6 \end{vmatrix}$ 的值.

5. 用行列式求线性方程组 $\begin{cases} 2x_1+x_2=6 \\ x_1+2x_2=2 \end{cases}$.

§7.2　行列式的计算

学习目标

1. 掌握行列式的性质,会用行列式的性质求行列式的值;
2. 掌握余子式和代数余子式的概念,会求余子式、代数余子式;
3. 掌握行列式的两种基本计算方法,会求行列式的值.

学习重点

1. 行列式的性质及利用行列式的性质求行列式的值;
2. 行列式的两种计算方法.

学习难点

1. 利用行列式的性质求行列式的值;
2. 行列式的计算.

一、行列式的性质

定义 1　将行列式 D 的行变为相应的列,得到新的行列式,称它为行列式 D 的**转置行列式**,记作 D^{T} 或 D'.

性质 1　行列式转置后其值不变,即 $D^{\mathrm{T}}=D$. 此性质说明行列式对行成立的性质对列也成立.

行列式的性质

例 1　计算上三角行列式 $D=\begin{vmatrix} a_{11} & a_{12} & \cdots & a_{1n} \\ 0 & a_{22} & \cdots & a_{2n} \\ \vdots & \vdots & & \vdots \\ 0 & 0 & \cdots & a_{nn} \end{vmatrix}$ 的值.

解　应用行列式的性质 1 及定义得

$$D=\begin{vmatrix} a_{11} & a_{12} & \cdots & a_{1n} \\ 0 & a_{22} & \cdots & a_{2n} \\ \vdots & \vdots & & \vdots \\ 0 & 0 & \cdots & a_{nn} \end{vmatrix}=\begin{vmatrix} a_{11} & 0 & \cdots & 0 \\ a_{12} & a_{22} & \cdots & 0 \\ \vdots & \vdots & & \vdots \\ a_{1n} & a_{2n} & \cdots & a_{nn} \end{vmatrix}=a_{11}a_{22}\cdots a_{nn}.$$

性质 2　交换行列式的两行(或两列),行列式的值变号,即

$$\begin{vmatrix} a_{11} & a_{12} & \cdots & a_{1n} \\ \vdots & \vdots & & \vdots \\ a_{r1} & a_{r2} & \cdots & a_{rn} \\ \vdots & \vdots & & \vdots \\ a_{s1} & a_{s2} & \cdots & a_{sn} \\ \vdots & \vdots & & \vdots \\ a_{n1} & a_{n2} & \cdots & a_{nn} \end{vmatrix}=-\begin{vmatrix} a_{11} & a_{12} & \cdots & a_{1n} \\ \vdots & \vdots & & \vdots \\ a_{s1} & a_{s2} & \cdots & a_{sn} \\ \vdots & \vdots & & \vdots \\ a_{r1} & a_{r2} & \cdots & a_{rn} \\ \vdots & \vdots & & \vdots \\ a_{n1} & a_{n2} & \cdots & a_{nn} \end{vmatrix}.$$

推论　如果行列式的两行(或两列)相同,那么这个行列式等于零.

性质 3　行列式的某一行(或某一列)中所有元素都乘以同一个数,等于将该数提到行列式外相乘,即

$$\begin{vmatrix} a_{11} & a_{12} & \cdots & a_{1n} \\ \vdots & \vdots & & \vdots \\ ka_{i1} & ka_{i2} & \cdots & ka_{in} \\ \vdots & \vdots & & \vdots \\ a_{n1} & a_{n2} & \cdots & a_{nn} \end{vmatrix}=k\begin{vmatrix} a_{11} & a_{12} & \cdots & a_{1n} \\ \vdots & \vdots & & \vdots \\ a_{i1} & a_{i2} & \cdots & a_{in} \\ \vdots & \vdots & & \vdots \\ a_{n1} & a_{n2} & \cdots & a_{nn} \end{vmatrix}.$$

推论　如果行列式中某一行(或一列)的所有元素都是零,那么这个行列式等于零.

性质 4　如果行列式中有两行(或两列)的对应元素成比例,那么这个行列式等于零,即

$$\begin{vmatrix} a_{11} & a_{12} & \cdots & a_{1n} \\ \vdots & \vdots & & \vdots \\ a_{r1} & a_{r2} & \cdots & a_{rn} \\ \vdots & \vdots & & \vdots \\ ka_{r1} & ka_{r2} & \cdots & ka_{rn} \\ \vdots & \vdots & & \vdots \\ a_{n1} & a_{n2} & \cdots & a_{nn} \end{vmatrix}=0.$$

性质 5 如果行列式的某一行(或某一列)的元素都是两个数的和,那么这个行列式等于相应的两个行列式的和,即

$$\begin{vmatrix} a_{11} & a_{12} & \cdots & a_{1n} \\ \vdots & \vdots & & \vdots \\ a_{i1}+a'_{i1} & a_{i2}+a'_{i2} & \cdots & a_{in}+a'_{in} \\ \vdots & \vdots & & \vdots \\ a_{n1} & a_{n2} & \cdots & a_{nn} \end{vmatrix} = \begin{vmatrix} a_{11} & a_{12} & \cdots & a_{1n} \\ \vdots & \vdots & & \vdots \\ a_{i1} & a_{i2} & \cdots & a_{in} \\ \vdots & \vdots & & \vdots \\ a_{n1} & a_{n2} & \cdots & a_{nn} \end{vmatrix} + \begin{vmatrix} a_{11} & a_{12} & \cdots & a_{1n} \\ \vdots & \vdots & & \vdots \\ a'_{i1} & a'_{i2} & \cdots & a'_{in} \\ \vdots & \vdots & & \vdots \\ a_{n1} & a_{n2} & \cdots & a_{nn} \end{vmatrix}.$$

性质 6 把行列式的某一行(或某一列)的所有元素都乘以数 k 后,加到另一行(或另一列)的对应元素上去,行列式的值不变,即

$$\begin{vmatrix} a_{11} & a_{12} & \cdots & a_{1n} \\ \vdots & \vdots & & \vdots \\ a_{r1}+ka_{s1} & a_{r2}+ka_{s2} & \cdots & a_{rn}+ka_{sn} \\ \vdots & \vdots & & \vdots \\ a_{s1} & a_{s2} & \cdots & a_{sn} \\ \vdots & \vdots & & \vdots \\ a_{n1} & a_{n2} & \cdots & a_{nn} \end{vmatrix} = \begin{vmatrix} a_{11} & a_{12} & \cdots & a_{1n} \\ \vdots & \vdots & & \vdots \\ a_{r1} & a_{r2} & \cdots & a_{rn} \\ \vdots & \vdots & & \vdots \\ a_{s1} & a_{s2} & \cdots & a_{sn} \\ \vdots & \vdots & & \vdots \\ a_{n1} & a_{n2} & \cdots & a_{nn} \end{vmatrix}.$$

在以后的计算中,为简明起见,用 r 表示行的位置,用 c 表示列的位置,写在等号上面表示行(或列)变换,如用 $\overset{r_2+r_3}{=\!=\!=}$ 表示把第三行加到第二行,用 $\overset{c_2+3c_1}{=\!=\!=}$ 表示用 3 乘以第一列然后加到第二列.

注意: 规定 r_i 表示第 i 行,c_j 表示第 j 列$(i,j=1,2,\cdots,n)$,用 r,c 表示行与列的变换,简化行列式的计算.

例 2 计算行列式 $D=\begin{vmatrix} 3 & 8 & 6 \\ 1 & 5 & -1 \\ 8 & 12 & 28 \end{vmatrix}$ 的值.

解 $D=\begin{vmatrix} 3 & 8 & 6 \\ 1 & 5 & -1 \\ 8 & 12 & 28 \end{vmatrix}=\begin{vmatrix} 3 & 8 & 6 \\ 1 & 5 & -1 \\ 4\times 2 & 4\times 3 & 4\times 7 \end{vmatrix}=4\times\begin{vmatrix} 3 & 8 & 6 \\ 1 & 5 & -1 \\ 2 & 3 & 7 \end{vmatrix}$

$\overset{r_2+r_3}{=\!=\!=} 4\times\begin{vmatrix} 3 & 8 & 6 \\ 3 & 8 & 6 \\ 2 & 3 & 7 \end{vmatrix}=4\times 0=0.$

例 3 计算行列式 $D=\begin{vmatrix} 1 & 2 & 3 \\ 5 & 9 & 17 \\ 3 & 6 & 9 \end{vmatrix}$ 的值.

解 $D=\begin{vmatrix}1&2&3\\5&9&17\\3&6&9\end{vmatrix}=3\times\begin{vmatrix}1&2&3\\5&9&17\\1&2&3\end{vmatrix}=0.$

二、行列式的计算

行列式的计算

定义 2 n 阶行列式 $\begin{vmatrix}a_{11}&a_{12}&\cdots&a_{1n}\\a_{21}&a_{22}&\cdots&a_{2n}\\\vdots&\vdots&&\vdots\\a_{n1}&a_{n2}&\cdots&a_{nn}\end{vmatrix}$ 中，划掉元素 a_{ij} 所在的第 i 行、第 j 列后，剩下的元素组成低一阶的行列式，称为元素 a_{ij} 的**余子式**，记作 M_{ij}. 在 M_{ij} 前面乘以符号 $(-1)^{i+j}$，称为元素 a_{ij} 的**代数余子式**，记作 A_{ij}，即 $A_{ij}=(-1)^{i+j}M_{ij}$.

因此，由 n 阶行列式的定义，n 阶行列式又可以表示为

$$D=a_{11}A_{11}+a_{12}A_{12}+\cdots+a_{1n}A_{1n}$$

此式称为 n 阶行列式第一行元素的展开式.

例 4 求行列式 $D=\begin{vmatrix}1&3&4\\2&5&8\\3&4&7\end{vmatrix}$ 中，元素 $a_{12}=3$、$a_{32}=4$ 的余子式和代数余子式.

解 $M_{12}=\begin{vmatrix}2&8\\3&7\end{vmatrix}$，$M_{32}=\begin{vmatrix}1&4\\2&8\end{vmatrix}$

$A_{12}=(-1)^{1+2}M_{12}=10$，$A_{32}=(-1)^{3+2}M_{32}=0$.

定理 1 行列式的值等于行列式的某一行（或某一列）的元素与其对应的代数余子式乘积之和. 即

$$D=a_{i1}A_{i1}+a_{i2}A_{i2}+\cdots+a_{in}A_{in}\ (i=1,2,\cdots,n)$$

或

$$D=a_{1j}A_{1j}+a_{2j}A_{2j}+\cdots+a_{nj}A_{nj}\ (i=1,2,\cdots,n).$$

推论 行列式的某一行（或一列）的各元素与另一行（或一列）对应元素的代数余子式乘积之和等于零. 即

$$a_{r1}A_{s1}+a_{r2}A_{s2}+\cdots+a_{rn}A_{sn}=0\ (r\neq s)$$

或

$$a_{1r}A_{1s}+a_{2r}A_{2s}+\cdots+a_{nr}A_{ns}=0\ (r\neq s).$$

由于行列式计算方法较多，本节主要介绍以下两种方法：

(1)“**降阶法**”——按照行列式的某行（或某列）展开.

例 5 计算行列式 $D=\begin{vmatrix}1&2&3\\2&5&6\\3&4&7\end{vmatrix}$ 的值.

解 $D=\begin{vmatrix}1&2&3\\2&5&6\\3&4&7\end{vmatrix}\xlongequal[r_3-3r_1]{r_2-2r_1}\begin{vmatrix}1&2&3\\0&1&0\\0&-2&-2\end{vmatrix}$

$$\xlongequal{按 r_1 展开}=(-1)^{1+1}\times\begin{vmatrix}1&0\\-2&-2\end{vmatrix}=-2.$$

注:为了简化计算,在计算行列式的值时,可先用行列式的性质,将行列式的某行(列)化为只有一个非零元素,然后再按此行(列)展开.

(2)“**化三角形法**”——利用行列式的性质,将行列式化为上三角或下三角行列式进行计算.

例 6 计算行列式 $D=\begin{vmatrix}2&1&1&1\\1&2&1&1\\1&1&2&1\\1&1&1&2\end{vmatrix}$的值.

解 将行列式的二、三、四列都加到第一列,再化为三角形行列式.

$$D=\begin{vmatrix}2&1&1&1\\1&2&1&1\\1&1&2&1\\1&1&1&2\end{vmatrix}=\begin{vmatrix}5&1&1&1\\5&2&1&1\\5&1&1&1\\5&1&1&2\end{vmatrix}=5\times\begin{vmatrix}1&1&1&1\\1&2&1&1\\1&1&2&1\\1&1&1&2\end{vmatrix}$$

$$=5\times\begin{vmatrix}1&1&1&1\\0&1&0&0\\0&0&1&0\\0&0&0&1\end{vmatrix}=5\times1\times1^3=5.$$

▶▶▶▶ 习题 7.2 ◀◀◀◀

1. 计算下列行列式的值:

(1)$D=\begin{vmatrix}1&2&1&3\\3&2&2&5\\-2&0&3&1\\-1&2&0&3\end{vmatrix}$;　　(2)$D=\begin{vmatrix}1&1&-1\\3&2&5\\4&2&3\end{vmatrix}$.

2. 设行列式 $D_1=\begin{vmatrix}\lambda&0&1\\0&\lambda-1&0\\1&0&\lambda\end{vmatrix}$,$D_2=\begin{vmatrix}3&1&1\\2&3&2\\1&5&3\end{vmatrix}$,若 $D_1=D_2$,求 λ 的值.

3. 计算行列式 $D=\begin{vmatrix} a & b & b & b \\ b & a & b & b \\ b & b & a & b \\ b & b & b & a \end{vmatrix}$ 的值.

4. 行列式 $D=\begin{vmatrix} 5x & 1 & 2 & 3 \\ 2 & 1 & x & 3 \\ x & x & 2 & 3 \\ 1 & 2 & 1 & -3x \end{vmatrix}$ 中，x^4 的系数为________，x^3 的系数为________.

5. 计算行列式 $D=\begin{vmatrix} 0 & y & 0 & x \\ x & 0 & y & 0 \\ 0 & x & 0 & y \\ y & 0 & x & 0 \end{vmatrix}$ 的值.

第 7 章自测题

（总分 100 分，时间 90 分钟）

一、判断题（每小题 2 分，共 20 分）

(　　)1. 如果一个行列式中某两行元素成比例，那么这个行列式等于零.

(　　)2. 互换行列式的两行(或列)，行列式的值不变.

(　　)3. 行列式与它的转置行列式的值相等.

(　　)4. 没有零元素的行列式的值不可能为零.

(　　)5. 若行列式各行元素之和都为 0，则行列式的值为 0.

(　　)6. $\begin{vmatrix} 1 & 2 \\ 3 & 2 \end{vmatrix}=4$.

(　　)7. 若行列式的值等于 0，则该行列式有两行对应成比例.

(　　)8. 若行列式 $D=\begin{vmatrix} 1 & -1 \\ 2 & 4 \end{vmatrix}$，则 $A_{21}=1$.

(　　)9. 行列式的行数和列数不一定相同.

(　　)10. 上三角行列式的值等于主对角线元素的乘积.

二、选择题（每小题 2 分，共 10 分）

(　　)1. 行列式 $D=\begin{vmatrix} 2 & 2 \\ 3 & 4 \end{vmatrix}$ 的值为

A. 1　　B. 2　　C. 3　　D. 4

(　　)2. 行列式 $D=\begin{vmatrix} -1 & -3 & 5 \\ 20 & 60 & -100 \\ -31 & 0 & 23 \end{vmatrix}$ 的值为

A. 20　　B. 0　　C. 17　　D. -4

(　　)3. 四阶行列式的展开式中含有因子 a_{32} 的项,共有(　　)个.

A. 4　　B. 2　　C. 6　　D. 8

(　　)4. 函数 $f(x)=\begin{vmatrix} x & x & 1 & 0 \\ 1 & x & 2 & 3 \\ 2 & 3 & x & 2 \\ 1 & 1 & 2 & x \end{vmatrix}$ 中,x^3 的系数是

A. 1　　B. -1　　C. 2　　D. 3

(　　)5. 若行列式 $\begin{vmatrix} 1 & 2 & 5 \\ 1 & 3 & -2 \\ 2 & 5 & x \end{vmatrix}=0$,则 $x=$

A. 2　　B. -2　　C. 3　　D. -3

三、填空题(每小题 2 分,共 20 分)

1. $\begin{vmatrix} 2 & 1 \\ 3 & 4 \end{vmatrix}=$________.

2. 行列式元素 a_{ij} 的代数余子式 $A_{ij}=$________ M_{ij}.

3. 行列式 $D=\begin{vmatrix} 123 & 1 & 0 \\ 35 & 6 & 0 \\ 39 & 2 & 0 \end{vmatrix}$ 的值为________.

4. $\begin{vmatrix} 1 & 1 & 1 \\ 3 & 5 & 6 \\ 9 & 25 & 36 \end{vmatrix}=$________.

5. $\begin{vmatrix} 1 & 2 & 3 \\ 0 & 4 & -2 \\ 0 & 0 & 5 \end{vmatrix}=$________.

6. $\begin{vmatrix} a & x & x \\ x & b & x \\ x & x & c \end{vmatrix}=$________.

7. 已知 $D=\begin{vmatrix} 2 & 2 & 2 \\ 0 & 3 & 1 \\ 0 & 0 & -5 \end{vmatrix}$,则 $M_{11}-M_{12}+M_{13}=$________.

8. 行列式 $\begin{vmatrix} 2 & 5 & 6 \\ a & 0 & b \\ 4 & 1 & 2 \end{vmatrix}$ 中元素 a 的代数余子式为________.

9. 当 $k=$________时，$\begin{vmatrix} k & k \\ 4 & 2k \end{vmatrix}=5$.

10. D 是三阶行列式，a_1,a_2,a_3 是 1、2、3 列，已知 $D=2$，则 $|3a_2+2a_3,a_1,-2a_2|=$________.

四、解答题（每小题 10 分，共 40 分）

1. $\begin{vmatrix} 1 & 2 & 3 \\ 3 & 1 & 2 \\ 2 & 3 & 1 \end{vmatrix}$；

2. $\begin{vmatrix} 1 & 1 & 1 \\ 3 & 1 & 4 \\ 8 & 9 & 5 \end{vmatrix}$；

3. $\begin{vmatrix} x & y & x+y \\ y & x+y & x \\ x+y & x & y \end{vmatrix}$；

4. $\begin{vmatrix} 0 & 0 & 1 & 0 \\ 0 & 1 & 0 & 0 \\ 0 & 0 & 0 & 1 \\ 1 & 0 & 0 & 0 \end{vmatrix}$.

五、应用题（10 分）

今将奶糖、巧克力糖、水果糖按不同比例混合成 A,B,C 三种糖果. A 种糖果的混合比为 4∶3∶2，B 种糖果的混合比为 3∶1∶5，C 种糖果的混合比为 2∶6∶1. 要从 A,B,C 三种糖果中各取多少千克才能做成含有奶糖、巧克力糖、水果糖数量相等的混合糖果 50kg.

本章课程思政

通过行列式的学习，我们知道了要将抽象问题具象化，培养自己的抽象思维能力、空间想象能力和逻辑推理能力；培养自己面临困难时的抗压能力和取得成功所需的吃苦耐劳精神；培养自己探索未知、追求真理、勇攀科学高峰的责任感和使命感，厚植爱国主义情怀. 尤其特别的是，在 n 阶行列式展开式中，我们发现每一项中的乘积元素都来自不同行、不同列，且每一行、每一列中只有一个元素，这体现出了均衡性的美. 我们每个人都是社会独具特色的一员，我们每个人都与其他人直接或间接相关，正如马克思所言“人的本质是一切社会关系的总和”①，因此，现实中更需要“不断巩固全国各族人民大团结，加强海内

① 中共中央马克思恩格斯列宁斯大林著作编译局. 马克思恩格斯文集(第一卷)[M]北京：人民出版社，2009.

外中华儿女大团结,形成同心共圆中国梦的强大合力”①,需要秉持“世界好,中国才会好;中国好,世界会更好”的理念.

拓展阅读

数学家吴文俊

吴文俊,男,1919 年 5 月出生于上海,1940 年毕业于上海交通大学数学系.2017 年 5 月 7 日逝世.

1946 年赴法国 Strassbourg 大学留学,获博士学位.1957 年被选为中国科学院学部委员(院士).1990 年被第三世界科学院选为院士.

1952 年至 1979 年任中国科学院数学所副所长、研究员.1979 年开始任中国科学院系统科学研究所副所长、名誉所长、研究员.

吴文俊院士是著名的数学家,他的研究工作涉及数学的诸多领域.在多年的研究中取得了丰硕成果.其主要成就表现在拓扑学和数学机械化两个领域.他为拓扑学做了奠基性的工作.他的示性类和示嵌类研究被国际数学界称为“吴公式”“吴示性类”“吴示嵌类”,至今仍被国际同行广泛引用,影响深远,享誉世界.

20 世纪 70 年代后期,在计算机技术大发展的背景下,他继承和发展了中国古代数学的传统(即算法化思想),转而研究几何定理的机器证明,彻底改变了这个领域的面貌,他的研究是国际自动推理界先驱性的工作,被称为“吴方法”,产生了巨大影响.他的研究取得了一系列国际领先成果并已应用于国际上当前流行的符号计算软件方面.

本章参考答案

① 习近平.高举中国特色社会主义伟大旗帜 为全面建设社会主义现代化国家而团结奋斗——在中国共产党第二十次全国代表大会上的报告[M].北京:人民出版社,2022.

第8章　矩　阵

知识概要

基本概念:矩阵、行矩阵、列矩阵、n阶矩阵、数乘矩阵、转置矩阵、矩阵行列式、对换变换、倍乘变换、倍加变换、行阶梯型矩阵、行简化阶梯型矩阵、矩阵的秩、逆矩阵、系数矩阵、增广矩阵.

基本公式:矩阵的加法、乘法公式、逆矩阵求法公式.

基本定理:逆矩阵定理、线性方程组解的判定定理.

基本方法:利用矩阵的乘法法则计算矩阵相乘、利用初等行变换求矩阵的秩、利用定义法求逆矩阵、利用公式法求逆矩阵、利用初等行变换法求逆矩阵、利用系数矩阵求齐次线性方程组的通解、利用增广矩阵求非齐次线性方程组的通解.

§8.1　矩阵的概念

学习目标

1. 理解矩阵的概念及几类特殊的矩阵;
2. 理解矩阵相等的定义,会判断两个矩阵相等.

学习重点

1. 矩阵的概念及特殊矩阵;
2. 矩阵的相等.

学习难点

利用矩阵相等的概念,求未知数的值.

一、矩阵的概念

矩阵的概念 1

矩阵的概念 2

定义 1 由 $m\times n$ 个数排成的一个 m 行、n 列的矩形数表,称为 m 行 n 列的**矩阵**,简称 $m\times n$ **矩阵**. 矩阵用黑体大写英文字母 $\boldsymbol{A},\boldsymbol{B},\boldsymbol{C}$,… 表示. 如:

$$\boldsymbol{A}=\begin{bmatrix} a_{11} & a_{12} & \cdots & a_{1n} \\ a_{21} & a_{22} & \cdots & a_{2n} \\ \vdots & \vdots & & \vdots \\ a_{m1} & a_{m2} & \cdots & a_{mn} \end{bmatrix}$$

矩阵 $\boldsymbol{A}$ 中的每个数 $a_{ij}(i=1,2,\cdots,m;j=1,2,\cdots,n)$ 称为矩阵 $\boldsymbol{A}$ 的**元素**. $m\times n$ 矩阵 $\boldsymbol{A}$ 也可简写为 $\boldsymbol{A}=(a_{ij})_{m\times n}$ 或 $\boldsymbol{A}_{m\times n}$.

二、矩阵的相等

定义 2 设矩阵 $\boldsymbol{A}=(a_{ij})_{m\times n}$, $\boldsymbol{B}=(b_{ij})_{s\times t}$,如果满足:

(1) $m=s,n=t$;

(2) $a_{ij}=b_{ij}(i=1,2,\cdots,m;j=1,2,\cdots,n)$.

则称矩阵 $\boldsymbol{A}$ 与 $\boldsymbol{B}$ **相等**,记作 $\boldsymbol{A}=\boldsymbol{B}$.

例 1 设 $\boldsymbol{A}=\begin{bmatrix} 2 & a \\ a-b & 3 \end{bmatrix}$, $\boldsymbol{B}=\begin{bmatrix} c & 4 \\ a & 3 \end{bmatrix}$,如果 $\boldsymbol{A}=\boldsymbol{B}$,求 a,b,c.

解 因为 $\boldsymbol{A}=\boldsymbol{B}$,则 $\begin{cases} a-b=a \\ a=4 \\ c=2 \end{cases}$,

所以 $\begin{cases} a=4 \\ b=0. \\ c=2 \end{cases}$

三、特殊矩阵

1. ***n* 阶方阵**: $n\times n$ 矩阵称为 ***n* 阶方阵**或 ***n* 阶矩阵**.

(1) $\boldsymbol{A}_n=\begin{bmatrix} a_{11} & a_{12} & \cdots & a_{1n} \\ a_{21} & a_{22} & \cdots & a_{2n} \\ \vdots & \vdots & & \vdots \\ a_{n1} & a_{n2} & \cdots & a_{nn} \end{bmatrix}$ 是一个 n 阶方阵. $a_{11},a_{22},\cdots,a_{nn}$ 称为**主对角线上的**

元素.

(2)主对角线以下的元素全为零的方阵称为 n 阶上三角形矩阵,记为

$$\boldsymbol{A}=\begin{bmatrix} a_{11} & a_{12} & \cdots & a_{1n} \\ & a_{22} & \cdots & a_{2n} \\ & & \ddots & \vdots \\ 0 & & & a_{nn} \end{bmatrix}$$

(3)主对角线以上的元素全为零的方阵称为 n 阶下三角形矩阵,记为

$$\boldsymbol{A}=\begin{bmatrix} a_{11} & & & 0 \\ a_{21} & a_{22} & & \\ \vdots & \vdots & \ddots & \\ a_{n1} & a_{n2} & \cdots & a_{nn} \end{bmatrix}$$

(4)除主对角线上的元素以外,其余元素全为零的矩阵称为 n 阶对角矩阵,记为

$$\boldsymbol{A}=\begin{bmatrix} a_{11} & & & 0 \\ & a_{22} & & \\ & & \ddots & \\ 0 & & & a_{nn} \end{bmatrix}$$

(5)主对角线上的元素全为 1 的对角矩阵,称为 n 阶单位矩阵,记为 $\boldsymbol{I}_n$,即

$$\boldsymbol{I}_n=\begin{bmatrix} 1 & & & 0 \\ & 1 & & \\ & & \ddots & \\ 0 & & & 1 \end{bmatrix}$$

2. 零矩阵:所有元素全为 0 的矩阵称为零矩阵,记作 $\boldsymbol{0}_{m\times n}$或 $\boldsymbol{0}$.

$$\boldsymbol{0}=\begin{bmatrix} 0 & 0 & 0 & 0 \\ 0 & 0 & \cdots & 0 \\ \vdots & \vdots & & \vdots \\ 0 & 0 & \cdots & 0 \end{bmatrix}_{m\times n}$$

3. 行矩阵、列矩阵

只有一行的矩阵称为行矩阵,即 $\boldsymbol{A}=[a_1,a_2,\cdots,a_n](n>1)$;

只有一列的矩阵称为列矩阵,即 $\boldsymbol{B}=\begin{bmatrix} b_1 \\ b_2 \\ \vdots \\ b_m \end{bmatrix}(m>1)$.

▶▶▶▶ 习题 8.1 ◀◀◀◀

1. 矩阵 $\boldsymbol{A}=\begin{bmatrix}1 & 2 & 1\\ 2 & 3 & 1\end{bmatrix}$是一个________(用 $m\times n$ 表示),其中,第二行第三个元素是________.

2. 已知 $\boldsymbol{A}=\begin{bmatrix}x & 3\\ 4 & -2\end{bmatrix}$,$\boldsymbol{B}=\begin{bmatrix}1 & y\\ z & -2\end{bmatrix}$,若 $\boldsymbol{A}=\boldsymbol{B}$,求 x,y,z 的值.

3. 已知 $\boldsymbol{A}=\begin{bmatrix}1 & 2 & 3\\ 1 & 2 & 4\end{bmatrix}$,$\boldsymbol{B}=\begin{bmatrix}1 & 1 & 2\\ 1 & 3 & 0\end{bmatrix}$,求 $\boldsymbol{A}+\boldsymbol{B}$.

4. 已知 $\boldsymbol{A}=\begin{bmatrix}1 & 2 & 3\end{bmatrix}$,$\boldsymbol{B}=\begin{bmatrix}0 & -1 & 2\end{bmatrix}$,求 $\boldsymbol{A}-\boldsymbol{B}$.

5. 已知 $\boldsymbol{A}=\begin{bmatrix}1\\ 2\\ 1\end{bmatrix}$,$\boldsymbol{B}=\begin{bmatrix}0\\ 3\\ 8\end{bmatrix}$,求 $\boldsymbol{A}+\boldsymbol{B}$.

§8.2 矩阵的计算

学习目标

1. 理解数乘矩阵、转置矩阵、矩阵行列式的概念;
2. 掌握矩阵的乘法、矩阵的乘法运算规律,并会求矩阵的加法与乘法.

学习重点

1. 矩阵的加法与乘法;
2. 矩阵行列式的计算.

学习难点

1. 矩阵的乘法;
2. 矩阵行列式的计算.

一、矩阵的加减法

矩阵的计算 1

定义 1 设矩阵 $\boldsymbol{A}=(a_{ij})_{m\times n}$,$\boldsymbol{B}=(b_{ij})_{m\times n}$都是 $m\times n$ 矩阵,称由 $\boldsymbol{A}$ 与 $\boldsymbol{B}$ 的对应元素相加所得到的 $m\times n$ 矩阵 $\boldsymbol{C}=(c_{ij})_{m\times n}$为矩阵 $\boldsymbol{A}$ 与 $\boldsymbol{B}$ 的

和，记作

$$\boldsymbol{C}=\boldsymbol{A}+\boldsymbol{B}$$

其中　$c_{ij}=a_{ij}+b_{ij}(i=1,2,\cdots,m;j=1,2,\cdots,n)$.

说明：只有行数相同、列数相同的两个矩阵才能进行加法运算.

例 1　设 $\boldsymbol{A}=\begin{bmatrix}2&3\\1&4\\0&4\end{bmatrix}$，$\boldsymbol{B}=\begin{bmatrix}1&2\\2&5\\3&0\end{bmatrix}$，求 $\boldsymbol{A}+\boldsymbol{B}$.

解　$\boldsymbol{A}+\boldsymbol{B}=\begin{bmatrix}2&3\\1&4\\0&4\end{bmatrix}+\begin{bmatrix}1&2\\2&5\\3&0\end{bmatrix}=\begin{bmatrix}2+1&3+2\\1+2&4+5\\0+3&4+0\end{bmatrix}=\begin{bmatrix}3&5\\3&9\\3&4\end{bmatrix}$.

由矩阵的加法定义知，满足以下运算规律：

(1) 交换律：$\boldsymbol{A}+\boldsymbol{B}=\boldsymbol{B}+\boldsymbol{A}$；

(2) 结合律：$\boldsymbol{A}+(\boldsymbol{B}+\boldsymbol{C})=(\boldsymbol{A}+\boldsymbol{B})+\boldsymbol{C}$；

(3) 存在零矩阵：对任何矩阵 $\boldsymbol{A}$，有 $\boldsymbol{A}+\boldsymbol{0}=\boldsymbol{A}$.

二、数乘矩阵

定义 2　用数 k 乘以矩阵 $\boldsymbol{A}$ 的所有元素得到的新矩阵，称为 $\boldsymbol{A}$ 的数乘矩阵，记作 $k\boldsymbol{A}$，即若 $\boldsymbol{A}=(a_{ij})_{m\times n}$，则 $k\boldsymbol{A}=(ka_{ij})_{m\times n}$. 由定义看出，当矩阵所有元素均有公因子 k 时，可将 k 提到矩阵之外. 记 $-\boldsymbol{A}=(-1)\cdot\boldsymbol{A}=(-a_{ij})_{m\times n}$，称 $-\boldsymbol{A}$ 为矩阵的负矩阵.

数乘矩阵满足以下规律：

(1) $(k+l)\boldsymbol{A}=k\boldsymbol{A}+l\boldsymbol{A}$；

(2) $k(\boldsymbol{A}+\boldsymbol{B})=k\boldsymbol{A}+k\boldsymbol{B}$；

(3) $k(l\boldsymbol{A})=(kl)\boldsymbol{A}$；

(4) $1\cdot\boldsymbol{A}=\boldsymbol{A},0\cdot\boldsymbol{A}=\boldsymbol{0},k\cdot\boldsymbol{0}=\boldsymbol{0}$.（其中，$k,l$ 均为常数）.

例 2　若矩阵 $\boldsymbol{A}=\begin{bmatrix}1&2&3\\4&2&3\end{bmatrix}$，$\boldsymbol{B}=\begin{bmatrix}0&1&2\\1&1&2\end{bmatrix}$，满足 $\boldsymbol{A}+\boldsymbol{X}=\boldsymbol{B}-3\boldsymbol{X}$，求矩阵 $\boldsymbol{X}$.

解　由 $\boldsymbol{A}+\boldsymbol{X}=\boldsymbol{B}-3\boldsymbol{X}$ 知，$\boldsymbol{X}=\frac{1}{4}(\boldsymbol{B}-\boldsymbol{A})$，则

$$\boldsymbol{X}=\frac{1}{4}(\boldsymbol{B}-\boldsymbol{A})=\frac{1}{4}\times\left(\begin{bmatrix}0&1&2\\1&1&2\end{bmatrix}-\begin{bmatrix}1&2&3\\4&2&3\end{bmatrix}\right)$$

$$=\frac{1}{4}\times\begin{bmatrix}-1&-1&-1\\-3&-1&-1\end{bmatrix}=\begin{bmatrix}-\frac{1}{4}&-\frac{1}{4}&-\frac{1}{4}\\-\frac{3}{4}&-\frac{1}{4}&-\frac{1}{4}\end{bmatrix}.$$

三、矩阵的乘法

矩阵的计算 2

定义 3 设矩阵 $\boldsymbol{A}=(a_{ij})_{m\times s}$,$\boldsymbol{B}=(b_{ij})_{s\times n}$,称 $m\times n$ 矩阵 $\boldsymbol{C}=(c_{ij})_{m\times n}$ 为矩阵 $\boldsymbol{A}$ 与 $\boldsymbol{B}$ 的**乘积**,记作 $\boldsymbol{C}=\boldsymbol{AB}$,其中

$$c_{ij}=\sum_{k=1}^{s}a_{ik}b_{kj}=a_{i1}b_{1j}+a_{i2}b_{2j}+\cdots+a_{is}b_{sj}\quad(i=1,2,\cdots,m;j=1,2,\cdots,n).$$

说明:(1)只有矩阵 $\boldsymbol{A}$ 的列数等于矩阵 $\boldsymbol{B}$ 的行数,$\boldsymbol{AB}$ 才有意义;

(2)矩阵 $\boldsymbol{AB}$ 的行数等于矩阵 $\boldsymbol{A}$ 的行数 m,列数等于矩阵 $\boldsymbol{B}$ 的列数 n.

例 3 设矩阵 $\boldsymbol{A}=\begin{bmatrix}1&3&2\\4&2&1\end{bmatrix}$,$\boldsymbol{B}=\begin{bmatrix}1&3\\4&2\\1&1\end{bmatrix}$,求 $\boldsymbol{AB}$.

解 $$\boldsymbol{AB}=\begin{bmatrix}1&3&2\\4&2&1\end{bmatrix}\begin{bmatrix}1&3\\4&2\\1&1\end{bmatrix}=\begin{bmatrix}1+12+2&3+6+2\\4+8+1&12+4+1\end{bmatrix}=\begin{bmatrix}15&11\\13&17\end{bmatrix}.$$

例 4 设 $\boldsymbol{A}=\begin{bmatrix}1&-2\\3&2\end{bmatrix}$,$\boldsymbol{B}=\begin{bmatrix}2&3\\-1&4\end{bmatrix}$,求 $\boldsymbol{AB}$,$\boldsymbol{BA}$.

解 $$\boldsymbol{AB}=\begin{bmatrix}1&-2\\3&2\end{bmatrix}\begin{bmatrix}2&3\\-1&4\end{bmatrix}=\begin{bmatrix}4&-5\\4&17\end{bmatrix}.$$

$$\boldsymbol{BA}=\begin{bmatrix}2&3\\-1&4\end{bmatrix}\begin{bmatrix}1&-2\\3&2\end{bmatrix}=\begin{bmatrix}11&2\\11&10\end{bmatrix}.$$

从例 4 可看出,矩阵的乘法不满足交换律,即 $\boldsymbol{AB}\neq\boldsymbol{BA}$.

矩阵的乘法满足如下运算规律:

(1)结合律 $(\boldsymbol{AB})\boldsymbol{C}=\boldsymbol{A}(\boldsymbol{BC})$;

(2)分配律 $(\boldsymbol{A}+\boldsymbol{B})\boldsymbol{C}=\boldsymbol{AC}+\boldsymbol{AB}$,$\boldsymbol{A}(\boldsymbol{B}+\boldsymbol{C})=\boldsymbol{AB}+\boldsymbol{AC}$;

(3)$k(\boldsymbol{AB})=(k\boldsymbol{A})\boldsymbol{B}=\boldsymbol{A}(k\boldsymbol{B})$($k$ 为常数);

(4)$\boldsymbol{IA}=\boldsymbol{AI}=\boldsymbol{A}$($\boldsymbol{I}$ 为单位矩阵).

四、矩阵的转置

定义 4 将矩阵 $\boldsymbol{A}$ 的行变为相应的列,得到新的矩阵,称为 $\boldsymbol{A}$ 的**转置矩阵**,记作 $\boldsymbol{A}^{\mathrm{T}}$.

例如:设 $\boldsymbol{A}=\begin{bmatrix}1&2&3\\2&3&2\\4&2&1\end{bmatrix}$,则 $\boldsymbol{A}^{\mathrm{T}}=\begin{bmatrix}1&2&4\\2&3&2\\3&2&1\end{bmatrix}$

若 $\boldsymbol{A}$ 是一个 n 阶方阵,且 $\boldsymbol{A}^{\mathrm{T}}=\boldsymbol{A}$,则称 $\boldsymbol{A}$ 是**n 阶对称方阵**.

矩阵的转置有如下性质：

(1) $(\boldsymbol{A}+\boldsymbol{B})^{\mathrm{T}}=\boldsymbol{A}^{\mathrm{T}}+\boldsymbol{B}^{\mathrm{T}}$；

(2) $(\boldsymbol{A}^{\mathrm{T}})^{\mathrm{T}}=\boldsymbol{A}$；

(3) $(k\boldsymbol{A})^{\mathrm{T}}=k\boldsymbol{A}^{\mathrm{T}}$（$k$ 为常数）；

(4) $(\boldsymbol{AB})^{\mathrm{T}}=\boldsymbol{B}^{\mathrm{T}}\boldsymbol{A}^{\mathrm{T}}$.

例 5 设 $\boldsymbol{A}=\begin{bmatrix}1 & 3\\ 2 & 4\end{bmatrix}$，$\boldsymbol{B}=\begin{bmatrix}-2 & 1\\ 3 & 5\end{bmatrix}$，求 $(\boldsymbol{AB})^{\mathrm{T}}$.

解 $(\boldsymbol{AB})^{\mathrm{T}}=\boldsymbol{B}^{\mathrm{T}}\boldsymbol{A}^{\mathrm{T}}=\begin{bmatrix}-2 & 3\\ 1 & 5\end{bmatrix}\begin{bmatrix}1 & 2\\ 3 & 4\end{bmatrix}=\begin{bmatrix}7 & 8\\ 16 & 22\end{bmatrix}$.

五、矩阵行列式

定义 5 将一个 n 阶矩阵 $\boldsymbol{A}$ 的元素按原顺序排列，构成一个 n 阶行列式，称它为 **n 阶矩阵 $\boldsymbol{A}$ 的行列式**，记作 $|\boldsymbol{A}|$ 或 $\det \boldsymbol{A}$.

$$\boldsymbol{A}=\begin{bmatrix}a_{11} & a_{12} & \cdots & a_{1n}\\ a_{21} & a_{22} & \cdots & a_{2n}\\ \vdots & \vdots & & \vdots\\ a_{n1} & a_{n2} & \cdots & a_{nn}\end{bmatrix} \quad 则\ |\boldsymbol{A}|=\begin{vmatrix}a_{11} & a_{12} & \cdots & a_{1n}\\ a_{21} & a_{22} & \cdots & a_{2n}\\ \vdots & \vdots & & \vdots\\ a_{n1} & a_{n2} & \cdots & a_{nn}\end{vmatrix}.$$

说明：只有 n 阶方阵才有相应的矩阵行列式，也称为**方阵 $\boldsymbol{A}$ 的行列式**.

矩阵 $\boldsymbol{A}$ 的行列式 $|\boldsymbol{A}|$ 满足如下运算规律：

(1) $|\boldsymbol{A}^{\mathrm{T}}|=|\boldsymbol{A}|$；

(2) $|k\boldsymbol{A}|=k^{n}|\boldsymbol{A}|$；

(3) $|\boldsymbol{AB}|=|\boldsymbol{A}||\boldsymbol{B}|$.

例 6 设 $\boldsymbol{A}=\begin{bmatrix}5 & 3\\ 2 & 1\end{bmatrix}$，$\boldsymbol{B}=\begin{bmatrix}-2 & 1\\ 3 & 4\end{bmatrix}$，求 $|\boldsymbol{AB}|$.

解 $|\boldsymbol{AB}|=|\boldsymbol{A}||\boldsymbol{B}|=\begin{vmatrix}5 & 3\\ 2 & 1\end{vmatrix}\begin{vmatrix}-2 & 1\\ 3 & 4\end{vmatrix}=(-1)\times(-11)=11$.

▶▶▶▶ 习题 8.2 ◀◀◀◀

1. 设矩阵 $\boldsymbol{A}=\begin{bmatrix}1 & 3\\ -4 & 2\\ 5 & 7\end{bmatrix}$，$\boldsymbol{B}=\begin{bmatrix}2 & 4\\ 1 & 2\\ 3 & 1\end{bmatrix}$，求 $\boldsymbol{A}-2\boldsymbol{B}$.

2. 设矩阵 $\boldsymbol{A}=\begin{bmatrix}1 & 2 & -1\\ 3 & 0 & 2\end{bmatrix}$，$\boldsymbol{B}=\begin{bmatrix}1 & 2\\ 1 & 4\\ -2 & 3\end{bmatrix}$，求 $\boldsymbol{AB}$，$\boldsymbol{BA}$.

3. 设矩阵 $\boldsymbol{A}=\begin{bmatrix}1&3\\2&3\\5&1\end{bmatrix}$，$\boldsymbol{B}=\begin{bmatrix}-1&2&3\\1&2&0\end{bmatrix}$，求 $(\boldsymbol{AB})^{\mathrm{T}}$.

4. 已知矩阵 $\boldsymbol{A}$ 为 4×4 矩阵，且 $|\boldsymbol{A}|=3$，则 $|2\boldsymbol{A}|=$ ________.

5. 设矩阵 $\boldsymbol{A}=(a_{ij})_{3\times3}$，$|\boldsymbol{A}|=2$，则 $(a_{11}A_{21}+a_{12}A_{22}+a_{13}A_{23})^2+(a_{21}A_{31}+a_{22}A_{32}+a_{23}A_{33})^2+(a_{31}A_{21}+a_{32}A_{22}+a_{33}A_{23})^2=$ ________

§8.3 矩阵的秩

学习目标

1. 理解初等行变化、行阶梯型矩阵、行简化阶梯型矩阵概念，会利用初等行变化将矩阵化为行阶梯型与简化阶梯型矩阵；

2. 掌握矩阵的秩的概念，并会求矩阵的秩.

学习重点

1. 行阶梯型矩阵及行简化阶梯型矩阵；

2. 矩阵的秩.

学习难点

1. 利用初等行变换将矩阵化为行阶梯型矩阵及行简化阶梯型矩阵；

2. 矩阵的秩.

一、矩阵的初等行变换

定义 1 矩阵的初等行变换是指对矩阵施行如下三种变换：

(1) **对换变换**：交换矩阵的两行，用记号 $r_i\leftrightarrow r_j$ 表示交换矩阵的第 i 行和第 j 行；

(2) **倍乘变换**：用一个非零数乘以矩阵的某一行，用记号 kr_i 表示把第 i 行的所有元素乘以 k；

(3) **倍加变换**：把矩阵的某一行乘以数 k 加到另一行上去，用记号 r_i+kr_j 表示把第 j 行的所有元素乘以数 k 后，再加到第 i 行的对应元素上.

例如，设 $\boldsymbol{A}=\begin{bmatrix}1&2\\3&2\end{bmatrix}\xrightarrow{r_1\leftrightarrow r_2}\begin{bmatrix}3&2\\1&2\end{bmatrix}\xrightarrow{2r_1}\begin{bmatrix}6&4\\1&2\end{bmatrix}\xrightarrow{r_1+(-2)r_2}\begin{bmatrix}4&0\\1&2\end{bmatrix}=\boldsymbol{B}$

上述过程表示先将矩阵 $\boldsymbol{A}$ 的第 1 行和第 2 行交换，然后再将第 1 行乘以 2，最后把第

2 行乘以 −2 加到第 1 行上去得到矩阵 $\boldsymbol{B}$.

二、行阶梯型矩阵和行简化阶梯型矩阵

矩阵的秩 1

定义 2　满足以下条件的矩阵称为行阶梯型矩阵：

(1)矩阵的零行(若存在)在矩阵的最下方；

(2)各个非零行的第一个非零元素都在上一行第一个非零元素的右边.

例如,矩阵 $\begin{bmatrix}1&2&3\\0&1&1\\0&0&0\end{bmatrix}$ 是行阶梯型矩阵,而 $\begin{bmatrix}1&0&0&1\\0&2&3&4\\0&-2&0&1\\0&0&0&0\end{bmatrix}$ 就不是行阶梯型矩阵.

例 1　用初等行变化将矩阵 $\boldsymbol{A}=\begin{bmatrix}1&2&4\\2&3&3\\-1&2&0\end{bmatrix}$ 化为行阶梯型矩阵.

解

$$\boldsymbol{A}=\begin{bmatrix}1&2&4\\2&3&3\\-1&2&0\end{bmatrix}\xrightarrow[r_2+(-2)r_1]{r_3+r_1}\begin{bmatrix}1&2&4\\0&-1&-5\\0&4&4\end{bmatrix}\xrightarrow{r_3+4r_2}\begin{bmatrix}1&2&4\\0&-1&-5\\0&0&-16\end{bmatrix}.$$

定义 3　若行阶梯型矩阵满足以下条件,称为行简化阶梯型矩阵：

(1)各非零行的第一个非零元素都是 1；

(2)所有第一个非零元素所在列的其余元素都是零.

例如,矩阵 $\begin{bmatrix}1&0&3\\0&1&3\\0&0&0\end{bmatrix}$ 是行简化阶梯型矩阵,矩阵 $\begin{bmatrix}1&0&4\\0&1&5\\0&1&0\end{bmatrix}$ 就不是行简化阶梯型矩阵.

例 2　用初等行变化将矩阵 $\boldsymbol{A}=\begin{bmatrix}1&1&2\\1&4&6\\2&3&6\end{bmatrix}$ 化为行简化阶梯型矩阵.

解

$$\boldsymbol{A}=\begin{bmatrix}1&1&2\\1&4&6\\2&3&6\end{bmatrix}\xrightarrow[r_3-2r_1]{r_2-r_1}\begin{bmatrix}1&1&2\\0&3&4\\0&1&2\end{bmatrix}\xrightarrow{r_2\leftrightarrow r_3}\begin{bmatrix}1&1&2\\0&1&2\\0&3&4\end{bmatrix}\xrightarrow{r_3-3r_2}\begin{bmatrix}1&1&2\\0&1&2\\0&0&-2\end{bmatrix}$$

$$\xrightarrow{-\frac{1}{2}r_3}\begin{bmatrix}1&1&2\\0&1&2\\0&0&1\end{bmatrix}\xrightarrow[r_1-2r_3]{r_2-2r_3}\begin{bmatrix}1&1&0\\0&1&0\\0&0&1\end{bmatrix}\xrightarrow{r_1-r_2}\begin{bmatrix}1&0&0\\0&1&0\\0&0&1\end{bmatrix}=\boldsymbol{I}.$$

矩阵 $\boldsymbol{I}$ 就是矩阵 $\boldsymbol{A}$ 的行简化阶梯型矩阵.

定理 1　任何矩阵 $\boldsymbol{A}$ 经过一系列初等行变换可化成行阶梯型矩阵,再经过一系列初

等行变换可化成行简化阶梯型矩阵.

说明:矩阵的行简化阶梯型矩阵是唯一的,而矩阵的行阶梯型矩阵并不是唯一的.

三、矩阵的秩

矩阵的秩 2

定义 4 矩阵 $\mathbf{A}$ 的行阶梯型矩阵中非零行的个数称为矩阵 $\mathbf{A}$ 的秩,记作秩 $\mathbf{A}$ 或 $r(\mathbf{A})$.

说明:对于任意一个矩阵,$r(\mathbf{A})=r(\mathbf{A}^{\mathrm{T}})$.

例 3 已知矩阵 $\mathbf{A}=\begin{bmatrix}1&-2&1\\2&3&3\\-2&1&4\\0&2&1\end{bmatrix}$,求 $r(\mathbf{A})$.

解 $$\mathbf{A}=\begin{bmatrix}1&-2&1\\2&3&3\\-2&1&4\\0&2&1\end{bmatrix}\xrightarrow[r_3+2r_2]{r_2-2r_1}\begin{bmatrix}1&-2&1\\0&7&1\\0&-3&6\\0&2&1\end{bmatrix}$$

$$\xrightarrow[r_4-\frac{2}{7}r_2]{r_3+\frac{3}{7}r_2}\begin{bmatrix}1&-2&1\\0&7&1\\0&0&\frac{45}{7}\\0&0&\frac{5}{7}\end{bmatrix}\xrightarrow{r_4-\frac{1}{9}r_3}\begin{bmatrix}1&-2&1\\0&7&1\\0&0&\frac{45}{7}\\0&0&0\end{bmatrix}.$$

则 $r(\mathbf{A})=3$.

习题 8.3

1. 将矩阵 $\mathbf{A}=\begin{bmatrix}1&3&4\\2&5&7\\4&6&5\end{bmatrix}$ 化为行阶梯型矩阵.

2. 将矩阵 $\mathbf{A}=\begin{bmatrix}1&2&1\\2&4&3\\-4&3&8\end{bmatrix}$ 化为行简化阶梯型矩阵.

3. 设矩阵 $\mathbf{A}=\begin{bmatrix}2&2&3\\-4&3&5\\1&2&6\end{bmatrix}$,求 $r(\mathbf{A})$.

4. 求出参数 a 的值，使得矩阵 $\boldsymbol{A}=\begin{bmatrix}1 & 2 & 1 & 0\\3 & -1 & 0 & 2\\-1 & a & 2 & -2\end{bmatrix}$ 的秩为 2.

5. 已知矩阵 $\boldsymbol{A}=\begin{bmatrix}1 & 1 & 2\\-3 & 2 & 5\\6 & 3 & 2\end{bmatrix}$，求 $r(\boldsymbol{A}^{\mathrm{T}})$.

§8.4　矩阵的逆

学习目标

1. 掌握逆矩阵的概念，会判断矩阵是否可逆；
2. 掌握逆矩阵的计算方法，并会求逆矩阵.

学习重点

1. 逆矩阵的判断；
2. 逆矩阵的求法.

学习难点

1. 判断矩阵是否可逆；
2. 利用初等行变换求矩阵的逆矩阵.

一、逆矩阵的概念

矩阵的逆 1

定义 1　对于矩阵 $\boldsymbol{A}$，如果存在矩阵 $\boldsymbol{B}$，使得 $\boldsymbol{AB}=\boldsymbol{BA}=\boldsymbol{I}$，则称矩阵 $\boldsymbol{A}$ **可逆**，并称 $\boldsymbol{B}$ 为矩阵 $\boldsymbol{A}$ 的**逆矩阵**，记作 $\boldsymbol{A}^{-1}$，即 $\boldsymbol{A}^{-1}=\boldsymbol{B}$.

说明：可逆矩阵一定是方阵，可逆矩阵的逆是唯一的.

1. 逆矩阵的性质

(1) 若 $\boldsymbol{A}$ 可逆，则 $\boldsymbol{A}^{-1}$ 也可逆，且 $(\boldsymbol{A}^{-1})^{-1}=\boldsymbol{A}$；

(2) 若 $\boldsymbol{A}$ 可逆，则 $\boldsymbol{A}^{\mathrm{T}}$ 也可逆，且 $(\boldsymbol{A}^{\mathrm{T}})^{-1}=(\boldsymbol{A}^{-1})^{\mathrm{T}}$；

(3) 若 $\boldsymbol{A}$ 可逆，$k\neq 0$，则 $k\boldsymbol{A}$ 也可逆，且 $(k\boldsymbol{A})^{-1}=\dfrac{1}{k}\boldsymbol{A}^{-1}$；

(4) 若 n 阶矩阵 $\boldsymbol{A}$ 与 $\boldsymbol{B}$ 均可逆，则 $\boldsymbol{AB}$ 也可逆，且 $(\boldsymbol{AB})^{-1}=\boldsymbol{B}^{-1}\boldsymbol{A}^{-1}$.

2. 可逆矩阵的判定

定理 1 矩阵 $\boldsymbol{A}$ 可逆的充要条件 $|\boldsymbol{A}|\neq 0$.

例 1 判断矩阵 $\boldsymbol{A}=\begin{bmatrix}1&2&1\\0&3&4\\0&0&2\end{bmatrix}$ 是否可逆.

解 $|\boldsymbol{A}|=\begin{vmatrix}1&2&1\\0&3&4\\0&0&2\end{vmatrix}=6\neq 0$，则由定理 1 可知，矩阵 $\boldsymbol{A}$ 可逆.

二、逆矩阵的求法

矩阵的逆 2

1. 定义法

此方法适用于阶数较低矩阵的逆矩阵的求法.

例 2 已知矩阵 $\boldsymbol{A}=\begin{bmatrix}1&1\\2&1\end{bmatrix}$，求 $\boldsymbol{A}^{-1}$.

解 设 $\boldsymbol{A}^{-1}=\begin{bmatrix}a&b\\c&d\end{bmatrix}$，由逆矩阵定义知，$\boldsymbol{A}\boldsymbol{A}^{-1}=\boldsymbol{I}$，则

$$\boldsymbol{A}\boldsymbol{A}^{-1}=\begin{bmatrix}1&1\\2&1\end{bmatrix}\begin{bmatrix}a&b\\c&d\end{bmatrix}=\begin{bmatrix}a+c&b+d\\2a+c&2b+d\end{bmatrix}=\begin{bmatrix}1&0\\0&1\end{bmatrix}$$

由矩阵相等概念知

$$\begin{cases}a+c=1\\b+d=0\\2a+c=0\\2b+d=1\end{cases}\Rightarrow\begin{cases}a=-1\\b=1\\c=2\\d=-1\end{cases}\quad 所以\ \boldsymbol{A}^{-1}=\begin{bmatrix}-1&1\\2&-1\end{bmatrix}.$$

2. 公式法

定理 2 n 阶可逆方阵 $\boldsymbol{A}$ 的逆矩阵 $\boldsymbol{A}^{-1}=\dfrac{1}{|\boldsymbol{A}|}\boldsymbol{A}^{*}$，其中，$\boldsymbol{A}^{*}$ 为 $\boldsymbol{A}$ 的伴随矩阵，即

$$\boldsymbol{A}^{*}=\begin{bmatrix}A_{11}&A_{21}&\cdots&A_{n1}\\A_{12}&A_{22}&\cdots&A_{n2}\\\vdots&\vdots&&\vdots\\A_{1n}&A_{2n}&\cdots&A_{nn}\end{bmatrix}$$

其中，A_{ij} 为 $\boldsymbol{A}$ 中 a_{ij} 的代数余子式.

例 3 求矩阵 $\boldsymbol{A}=\begin{bmatrix}1&3\\2&4\end{bmatrix}$ 的逆矩阵.

解 $|\boldsymbol{A}|=-2\neq 0$，故 $\boldsymbol{A}^{-1}$ 存在.

$$A_{11}=(-1)^{1+1}\times4=4, A_{12}=(-1)^{1+2}\times2=-2,$$
$$A_{21}=(-1)^{2+1}\times3=-3, A_{22}=(-1)^{2+2}\times1=1,$$

则 $\boldsymbol{A}^{-1}=\frac{1}{|A|}\boldsymbol{A}^*=\frac{1}{-2}\begin{bmatrix}4 & -3\\ -2 & 1\end{bmatrix}=\begin{bmatrix}-2 & \frac{3}{2}\\ 1 & -\frac{1}{2}\end{bmatrix}$.

3. 初等行变换法

初等行变换法过程如下：$(\boldsymbol{A}|\boldsymbol{I})\xrightarrow{\text{初等行变换}}(\boldsymbol{I}|\boldsymbol{A}^{-1})$（$\boldsymbol{I}$ 是与 $\boldsymbol{A}$ 同阶的单位矩阵）.

例 4 利用初等行变换法求矩阵 $\boldsymbol{A}=\begin{bmatrix}1 & 2 & 1\\ 2 & 3 & 2\\ -2 & 1 & 3\end{bmatrix}$ 的逆矩阵.

解
$$(\boldsymbol{A}|\boldsymbol{I})=\begin{bmatrix}1 & 2 & 1 & 1 & 0 & 0\\ 2 & 3 & 2 & 0 & 1 & 0\\ -2 & 1 & 3 & 0 & 0 & 1\end{bmatrix}\xrightarrow[r_3+2r_1]{r_2-2r_1}\begin{bmatrix}1 & 2 & 1 & 1 & 0 & 0\\ 0 & -1 & 0 & -2 & 1 & 0\\ 0 & 5 & 5 & 2 & 0 & 1\end{bmatrix}$$

$$\xrightarrow{r_3+5r_2}\begin{bmatrix}1 & 2 & 1 & 1 & 0 & 0\\ 0 & -1 & 0 & -2 & 1 & 0\\ 0 & 0 & 5 & -8 & 5 & 1\end{bmatrix}\xrightarrow[-r_2]{\frac{1}{5}r_3}\begin{bmatrix}1 & 2 & 1 & 1 & 0 & 0\\ 0 & 1 & 0 & 2 & -1 & 0\\ 0 & 0 & 1 & -\frac{8}{5} & 1 & \frac{1}{5}\end{bmatrix}$$

$$\xrightarrow[r_1-r_3]{r_1-2r_2}\begin{bmatrix}1 & 0 & 0 & -\frac{7}{5} & 1 & -\frac{1}{5}\\ 0 & 1 & 0 & 2 & -1 & 0\\ 0 & 0 & 1 & -\frac{8}{5} & 1 & \frac{1}{5}\end{bmatrix}$$

所以 $\boldsymbol{A}^{-1}=\begin{bmatrix}-\frac{7}{5} & 1 & -\frac{1}{5}\\ 2 & -1 & 0\\ -\frac{8}{5} & 1 & \frac{1}{5}\end{bmatrix}$.

▶▶▶▶ 习题 8.4 ◀◀◀◀

1. 判断矩阵 $\boldsymbol{A}=\begin{bmatrix}1 & 3 & 5\\ 3 & 4 & 2\\ -2 & 1 & 3\end{bmatrix}$ 是否可逆.

2. 求矩阵 $\boldsymbol{A}=\begin{bmatrix}1 & -2 & 3\\ 2 & 3 & 1\\ 4 & 0 & 3\end{bmatrix}$ 的伴随矩阵.

3. 利用公式法求矩阵 $\boldsymbol{A}=\begin{bmatrix}2&3&1\\0&1&3\\1&2&5\end{bmatrix}$ 的逆矩阵.

4. 利用初等行变换法求矩阵 $\boldsymbol{A}=\begin{bmatrix}2&2&3\\1&-1&0\\-1&2&1\end{bmatrix}$ 的逆矩阵.

5. 已知 $\begin{bmatrix}1&2\\3&4\end{bmatrix}\boldsymbol{X}=\begin{bmatrix}3&5\\5&9\end{bmatrix}$,利用逆矩阵求矩阵 $\boldsymbol{X}$.

§8.5 线性方程组

学习目标

1. 理解系数矩阵、增广矩阵的概念,会将线性方程组表示为矩阵形式;
2. 掌握齐次与非齐次线性方程组的概念,会求线性方程组的解.

学习重点

1. 线性方程组的矩阵表示;
2. 线性方程组的解.

学习难点

1. 判断线性方程组解的情况;
2. 线性方程组解的计算.

一、线性方程组的矩阵表示

线性方程组 1

线性方程组的一般形式如下:

$$\begin{cases}a_{11}x_1+a_{12}x_2+\cdots+a_{1n}x_n=b_1\\a_{21}x_1+a_{22}x_2+\cdots+a_{2n}x_n=b_2\\\vdots\\a_{m1}x_1+a_{m2}x_2+\cdots+a_{mn}x_n=b_m\end{cases}\tag{1}$$

其中,$x_1,x_2,\cdots,x_n$ 表示未知量,$a_{ij}(i=1,2,\cdots,m;j=1,2,\cdots,n)$ 表示未知量的系数,$b_1,b_2,\cdots,b_m$ 表示常数项.

线性方程组(1)的一个解是指这样的一组数$(k_1,k_2,\cdots,k_n)$,用它们依次替代(1)中的

未知量 $x_1,x_2,\cdots,x_n$ 后，(1)的每个方程都成立.

设 $\boldsymbol{A}$ 表示由线性方程组(1)的系数构成的 $m\times n$ 矩阵，则它为线性方程组(1)的系数矩阵；$\boldsymbol{X}$ 表示由未知量构成的列矩阵；$\boldsymbol{B}$ 表示由常数项组成的列矩阵. 即

$$\boldsymbol{A}=\begin{bmatrix} a_{11} & a_{12} & \cdots & a_{1n} \\ a_{21} & a_{22} & \cdots & a_{2n} \\ \vdots & \vdots & & \vdots \\ a_{m1} & a_{m2} & \cdots & a_{mn} \end{bmatrix},\boldsymbol{X}=\begin{bmatrix} x_1 \\ x_2 \\ \vdots \\ x_n \end{bmatrix},\boldsymbol{B}=\begin{bmatrix} b_1 \\ b_2 \\ \vdots \\ b_m \end{bmatrix}$$

由矩阵乘法运算和矩阵相等的定义，可将线性方程组写成矩阵形式，即

$$\boldsymbol{AX}=\boldsymbol{B}$$

对于线性方程组(1)，称

$$\overline{\boldsymbol{A}}=(\boldsymbol{A}\,|\,\boldsymbol{B})=\begin{bmatrix} a_{11} & a_{12} & \cdots & a_{1n} & b_1 \\ a_{21} & a_{22} & \cdots & a_{2n} & b_2 \\ \vdots & \vdots & & \vdots & \vdots \\ a_{m1} & a_{m2} & \cdots & a_{mn} & b_m \end{bmatrix}$$

为方程组(1)的增广矩阵. 一个线性方程组的增广矩阵是唯一的.

当线性方程组(1)中的常数项 $b_1=b_2=\cdots=b_m=0$ 时，即

$$\begin{cases} a_{11}x_1+a_{12}x_2+\cdots+a_{1n}x_n=0 \\ a_{21}x_1+a_{22}x_2+\cdots+a_{2n}x_n=0 \\ \vdots \\ a_{m1}x_1+a_{m2}x_2+\cdots+a_{mn}x_n=0 \end{cases} \tag{2}$$

称为齐次线性方程组，矩阵形式：$\boldsymbol{AX}=\boldsymbol{0}$.

例 1 写出线性方程组 $\begin{cases} x_1-2x_2+x_3-x_4=3 \\ 2x_1+3x_2-5x_3-x_4=7 \\ x_2+x_3-x_4=2 \end{cases}$ 的矩阵形式和增广矩阵.

解 $\boldsymbol{A}=\begin{bmatrix} 1 & -2 & 1 & -1 \\ 2 & 3 & -5 & -1 \\ 0 & 1 & 1 & -1 \end{bmatrix},\boldsymbol{X}=\begin{bmatrix} x_1 \\ x_2 \\ x_3 \\ x_4 \end{bmatrix},\boldsymbol{B}=\begin{bmatrix} 3 \\ 7 \\ 2 \end{bmatrix}$，则方程组的矩阵形式为 $\boldsymbol{AX}=\boldsymbol{B}$

方程组的增广矩阵为 $\overline{\boldsymbol{A}}=\begin{bmatrix} 1 & -2 & 1 & -1 & 3 \\ 2 & 3 & -5 & -1 & 7 \\ 0 & 1 & 1 & -1 & 2 \end{bmatrix}$.

二、线性方程组解的判定

线性方程组 2

定理 1 设 $\boldsymbol{A},\bar{\boldsymbol{A}}$ 分别是线性方程组(1)的系数矩阵和增广矩阵,则

(1)线性方程组(1)有唯一解的充要条件:$r(\boldsymbol{A})=r(\bar{\boldsymbol{A}})=n$;

(2)线性方程组(1)有无穷多解的充要条件:$r(\boldsymbol{A})=r(\bar{\boldsymbol{A}})<n$;

(3)线性方程组(1)无解的充要条件:$r(\boldsymbol{A})\neq r(\bar{\boldsymbol{A}})$.

对齐次线性方程组(2)来说,系数矩阵与增广矩阵的秩始终相等,所以它永远有解,$\boldsymbol{X}=\boldsymbol{0}$ 永远是它的解,称为**零解**.

定理 2 设 $\boldsymbol{A}$ 是齐次线性方程组(2)的系数矩阵,则

(1)齐次线性方程组只有零解的充要条件是:$r(\boldsymbol{A})=n$;

(2)齐次线性方程组有非零解的充要条件是:$r(\boldsymbol{A})<n$.

例 2 判断方程组 $\begin{cases}x_1+2x_2-x_3=2\\2x_1+x_3=4\\x_1-x_2+x_3=3\end{cases}$ 是否有解.

解 $$\bar{\boldsymbol{A}}=\begin{bmatrix}1&2&-1&2\\2&0&1&4\\1&-1&1&3\end{bmatrix}\xrightarrow[r_3-r_1]{r_2-2r_1}\begin{bmatrix}1&2&-1&2\\0&-4&3&0\\0&-3&2&1\end{bmatrix}\xrightarrow{r_3-\frac{3}{4}r_2}\begin{bmatrix}1&2&-1&2\\0&-4&3&0\\0&0&-\frac{1}{4}&1\end{bmatrix}$$

显然,$r(\boldsymbol{A})=r(\bar{\boldsymbol{A}})=3$,故方程组有唯一解.

例 3 判断方程组 $\begin{cases}x_1-2x_2+3x_3-x_4=1\\3x_1-x_2+5x_3-3x_4=2\\2x_1+x_2+2x_3-2x_4=3\end{cases}$ 是否有解.

解 $$\bar{\boldsymbol{A}}=\begin{bmatrix}1&-2&3&-1&1\\3&-1&5&-3&2\\2&1&2&-2&3\end{bmatrix}\xrightarrow[r_3-2r_1]{r_2-3r_1}\begin{bmatrix}1&-2&3&-1&1\\0&5&-4&0&-1\\0&5&-4&0&1\end{bmatrix}$$

$$\xrightarrow{r_3-r_2}\begin{bmatrix}1&-2&3&-1&1\\0&5&-4&0&-1\\0&0&0&0&2\end{bmatrix}.$$

显然,$r(\boldsymbol{A})\neq r(\bar{\boldsymbol{A}})$,故方程组无解.

三、线性方程组求法

定理 3 如果用初等行变换将线性方程组 $\boldsymbol{AX}=\boldsymbol{B}$ 的增广矩阵$(\boldsymbol{A}|\boldsymbol{B})$化成$(\boldsymbol{C}|\boldsymbol{D})$,那么方程组 $\boldsymbol{AX}=\boldsymbol{B}$ 与 $\boldsymbol{CX}=\boldsymbol{D}$ 是同解方程组.

例 4　求非齐次线性方程组$\begin{cases} x_1-x_2-x_3+x_4=0 \\ x_1-x_2+x_3-3x_4=1 \\ x_1-x_2-2x_3+3x_4=-\dfrac{1}{2} \end{cases}$的解.

解　对增广矩阵进行初等行变化,化为行简化阶梯型矩阵.

$$\overline{\boldsymbol{A}}=\begin{bmatrix} 1 & -1 & -1 & 1 & 0 \\ 1 & -1 & 1 & -3 & 1 \\ 1 & -1 & -2 & 3 & -\dfrac{1}{2} \end{bmatrix} \xrightarrow[r_3-r_1]{r_2-r_1} \begin{bmatrix} 1 & -1 & -1 & 1 & 0 \\ 0 & 0 & 2 & -4 & 1 \\ 0 & 0 & -1 & 2 & -\dfrac{1}{2} \end{bmatrix}$$

$$\xrightarrow{r_3+\frac{1}{2}r_2} \begin{bmatrix} 1 & -1 & -1 & 1 & 0 \\ 0 & 0 & 2 & -4 & 1 \\ 0 & 0 & 0 & 0 & 0 \end{bmatrix} \xrightarrow{\frac{1}{2}r_2} \begin{bmatrix} 1 & -1 & -1 & 1 & 0 \\ 0 & 0 & 1 & -2 & \dfrac{1}{2} \\ 0 & 0 & 0 & 0 & 0 \end{bmatrix}$$

$$\xrightarrow{r_1+r_2} \begin{bmatrix} 1 & -1 & 0 & -1 & \dfrac{1}{2} \\ 0 & 0 & 1 & -2 & \dfrac{1}{2} \\ 0 & 0 & 0 & 0 & 0 \end{bmatrix}.$$

则与原方程同解的方程组为

$$\begin{cases} x_1-x_2-x_4=\dfrac{1}{2} \\ x_3-2x_4=\dfrac{1}{2} \end{cases}$$

令 $x_2=c_1, x_4=c_2$,则原方程组的通解为

$$\begin{cases} x_1=c_1+c_2+\dfrac{1}{2} \\ x_2=c_1 \\ x_3=2c_2+\dfrac{1}{2} \\ x_4=c_2 \end{cases}.$$

其中,c_1, c_2 为任意常数,这种解的形式称为方程组的**通解**或**一般解**.

例 5　求齐次线性方程组$\begin{cases} x_1+2x_2+x_3+x_4=0 \\ 2x_1+x_2-2x_3-2x_4=0 \\ x_1-x_2-4x_3-3x_4=0 \end{cases}$的解.

解　对系数矩阵进行初等行变化,化为行简化阶梯型矩阵.

$$\boldsymbol{A}=\begin{bmatrix} 1 & 2 & 2 & 1 \\ 2 & 1 & -2 & -2 \\ 1 & -1 & -4 & -3 \end{bmatrix} \xrightarrow[r_3-r_1]{r_2-2r_1} \begin{bmatrix} 1 & 2 & 2 & 1 \\ 0 & -3 & -6 & -4 \\ 0 & -3 & -6 & -4 \end{bmatrix} \xrightarrow[\frac{1}{3}r_2]{r_3-r_2} \begin{bmatrix} 1 & 2 & 2 & 1 \\ 0 & 1 & 2 & \dfrac{4}{3} \\ 0 & 0 & 0 & 0 \end{bmatrix}$$

$$\xrightarrow{r_1-2r_2}\begin{bmatrix}1 & 0 & -2 & -\frac{5}{3}\\ 0 & 1 & 2 & \frac{4}{3}\\ 0 & 0 & 0 & 0\end{bmatrix}.$$

即得与原方程同解的方程组

$$\begin{cases}x_1-2x_3-\frac{5}{3}x_4=0\\ x_2+2x_3+\frac{4}{3}x_4=0\end{cases}$$

令 $x_3=c_1$，$x_4=c_2$，即原方程组的通解为

$$\begin{cases}x_1=2c_1+\frac{5}{3}c_2\\ x_2=-2c_1-\frac{4}{3}c_2\\ x_3=c_1\\ x_4=c_2\end{cases}\quad (c_1、c_2\text{ 为任意常数}).$$

▶▶▶▶ 习题 8.5 ◀◀◀◀

1. 齐次线性方程组 $\begin{cases}x_1+kx_2+x_3=0\\ 2x_1+x_2+x_3=0\\ kx_2+3x_3=0\end{cases}$ 只有零解，则 k 应满足的条件是________.

2. 求齐次线性方程组 $\begin{cases}x_1+x_2+2x_3-x_4=0\\ 2x_1+x_2+x_3-x_4=0\\ 2x_1+2x_2+x_3+2x_4=0\end{cases}$ 的解.

3. 求非齐次线性方程组 $\begin{cases}x_1+2x_2+x_3=1\\ 2x_1+5x_2+x_3=-2\\ 4x_1+7x_2+5x_3=8\end{cases}$ 的解.

4. 讨论 λ 为何值时，方程组 $\begin{cases}\lambda x_1+x_2+x_3=1\\ x_1+\lambda x_2+x_3=\lambda\\ x_1+x_2+\lambda x_3=\lambda^2\end{cases}$ 有唯一解、无解和无穷多解.

5. 讨论 a,b 取何值时，非齐次线性方程组 $\begin{cases}x_1+x_2+x_3+x_4=0\\ x_2+2x_3+2x_4=1\\ -x_2+(a-3)x_3-2x_4=b\\ 3x_1+2x_2+x_3+ax_4=-1\end{cases}$ 有唯一解、无解

和无穷多解.

第 8 章自测题

（总分 100 分，时间 90 分钟）

一、判断题（每小题 2 分，共 20 分）

（　　）1. 对任意的矩阵 $\boldsymbol{A},\boldsymbol{B}$，满足 $\boldsymbol{AB}=\boldsymbol{BA}$.

（　　）2. n 元齐次线性方程组，如果 $r(\boldsymbol{A})=n$，则方程组只有零解.

（　　）3. 若矩阵 $\boldsymbol{A}$ 可逆，则 $\boldsymbol{AX}=\boldsymbol{B}$ 的解为 $\boldsymbol{X}=\boldsymbol{A}^{-1}\boldsymbol{B}$.

（　　）4. 齐次线性方程组可能无解.

（　　）5. 非齐次线性方程组一定有解.

（　　）6. 设 $\boldsymbol{A},\boldsymbol{B}$ 均为 n 阶方阵，则 $(\boldsymbol{AB})^k=\boldsymbol{A}^k\boldsymbol{B}^k$.

（　　）7. 设 $\boldsymbol{A},\boldsymbol{B}$ 均为 n 阶方阵，若 $\boldsymbol{AB}$ 不可逆，则 $\boldsymbol{A},\boldsymbol{B}$ 均不可逆.

（　　）8. $r(\boldsymbol{A})=r(\boldsymbol{A}^{\mathrm{T}})$.

（　　）9. 如果 $\boldsymbol{A}^2=\boldsymbol{0}$，则 $\boldsymbol{A}=\boldsymbol{0}$.

（　　）10. 若 $\boldsymbol{A},\boldsymbol{B}$ 为 n 阶方阵，则 $\boldsymbol{AB}=\boldsymbol{BA}$.

二、选择题（每小题 2 分，共 10 分）

（　　）1. 下列矩阵中一定不可逆的矩阵为

A. 方阵　　B. n 阶矩阵

C. 3×2 矩阵　　D. 单位矩阵

（　　）2. 含有 n 个未知量的非齐次线性方程组 $\boldsymbol{AX}=\boldsymbol{B}$ 满足 $r(\bar{\boldsymbol{A}})=r(\boldsymbol{A})=n$，则方程组

A. 无解　　B. 有唯一解

C. 有无穷多解　　D. 无法确定

（　　）3. 若 $\begin{bmatrix}2 & x+y\\ y & 4\end{bmatrix}=\begin{bmatrix}2 & 3\\ 1 & 4\end{bmatrix}$，则

A. $x=1,y=4$　　B. $x=1,y=2$

C. $x=2,y=1$　　D. $x=2,y=3$

（　　）4. 设矩阵 $\boldsymbol{A}=\begin{bmatrix}1 & 0 & 0\\ 0 & 2 & 0\\ 0 & 0 & 3\end{bmatrix}$，则 $\boldsymbol{A}^{-1}=$

A. $\begin{bmatrix}\frac{1}{3} & 0 & 0\\ 0 & \frac{1}{2} & 0\\ 0 & 0 & 1\end{bmatrix}$　　B. $\begin{bmatrix}1 & 0 & 0\\ 0 & \frac{1}{2} & 0\\ 0 & 0 & \frac{1}{3}\end{bmatrix}$

C. $\begin{bmatrix}\frac{1}{3} & 0 & 0\\ 0 & 1 & 0\\ 0 & 0 & \frac{1}{2}\end{bmatrix}$　　D. $\begin{bmatrix}\frac{1}{2} & 0 & 0\\ 0 & \frac{1}{3} & 0\\ 0 & 0 & 1\end{bmatrix}$

(　　)5. 矩阵 $\boldsymbol{A}=\begin{bmatrix}1 & 2 & 1\\ 2 & 3 & 4\\ -2 & -4 & -2\end{bmatrix}$ 的秩为

A. 0　　B. 1　　C. 2　　D. 3

三、填空题(每小题 2 分,共 20 分)

1. 若 $\boldsymbol{A}=\begin{bmatrix}1 & 2\\ 2 & 5\end{bmatrix}$,则 $\boldsymbol{A}^{-1}=$________.

2. 矩阵 $\boldsymbol{A}_{4\times 6}$ 的秩的取值范围是________.

3. 已知 $\boldsymbol{A}=\begin{bmatrix}1 & 1\\ -1 & -1\end{bmatrix}$,$\boldsymbol{B}=\begin{bmatrix}1 & -1\\ -1 & 1\end{bmatrix}$,则 $\boldsymbol{AB}=$________.

4. $\begin{bmatrix}1 & 0 & 2\end{bmatrix}\begin{bmatrix}-1\\ 2\\ 3\end{bmatrix}=$________.

5. 已知矩阵 $\boldsymbol{A}$ 为 3×3 矩阵,且 $|\boldsymbol{A}|=3$,则 $|3\boldsymbol{A}|=$________.

6. 已知 $\boldsymbol{A}=\begin{bmatrix}1 & 2\\ 3 & 1\end{bmatrix}$,$\boldsymbol{B}=\begin{bmatrix}1 & 1\\ 2 & 1\end{bmatrix}$,则 $\boldsymbol{A}+\boldsymbol{B}=$________.

7. 非齐次线性方程组 $\boldsymbol{AX}=\boldsymbol{B}$ 有解的充要条件是________.

8. 已知矩阵 $\boldsymbol{A}=\begin{bmatrix}1 & 2 & 3\end{bmatrix}$,则 $\boldsymbol{A}^{\mathrm{T}}\boldsymbol{A}=$________.

9. 矩阵 $\begin{bmatrix}1 & -1\\ 3 & 2\end{bmatrix}$ 的伴随矩阵是________.

10. 设 $\boldsymbol{A}$ 为 2 阶方阵,$|\boldsymbol{A}|=2$,则 $|\boldsymbol{A}^{-1}|=$________.

四、解答题(每小题 10 分,共 40 分)

1. 设矩阵 $\boldsymbol{A}=\begin{bmatrix}1 & 2\\ 3 & 2\end{bmatrix}$,$\boldsymbol{B}=\begin{bmatrix}1 & -1\\ 2 & 3\end{bmatrix}$,求(1)$\boldsymbol{A}+2\boldsymbol{B}$　(2)$\boldsymbol{AB}$.

2. 设矩阵 $\boldsymbol{A}=\begin{bmatrix}1 & 1\\2 & -1\\-6 & 3\end{bmatrix}$，$\boldsymbol{B}=\begin{bmatrix}2 & 0 & 1\\4 & -1 & -3\end{bmatrix}$，求 $(\boldsymbol{AB})^{\mathrm{T}}$.

3. 求矩阵 $\boldsymbol{A}=\begin{bmatrix}0 & 1 & 2\\1 & 0 & 3\\4 & -3 & 8\end{bmatrix}$ 的逆矩阵.

4. 求矩阵 $\boldsymbol{A}=\begin{bmatrix}1 & -2 & -1 & 0 & 2\\-2 & 4 & 2 & 6 & -6\\2 & -1 & 0 & 2 & 3\\3 & 3 & 3 & 3 & 4\end{bmatrix}$ 的秩.

五、应用题（共 10 分）

某地有一座煤矿、一个发电厂和一条铁路. 经成本核算，每生产 1 元钱的煤消耗 0.3 元的电；为了把 1 元钱的煤运输出去需要 0.2 元的运费；每生产 1 元钱的电需 0.6 元的煤作燃料；为了运行电厂的辅助设备需消耗本身 0.1 元的电，还需要花费 0.1 元的运费；作为铁路局，每提供 1 元运费的运输需要消耗 0.5 元的煤，辅助设备要消耗 0.1 元的电. 现煤矿接到外地 6 万元煤的订货，电厂有 10 万元电的外地需求，问：煤矿和电厂各生产多少才能满足需求？

本章课程思政

通过矩阵的学习，我们知道矩阵的计算非常复杂且不一定可逆. 这提示我们要秉承实事求是、务实严谨的科学态度，培养用数学知识发现问题、分析问题和解决问题的能力. 现实中我们应积极运用矩阵分解的思想，将复杂的问题进行分解和解构，从而更好地推动社会的发展和进步. 分解后“发扬严谨细致的工匠精神，一件一件来，久久为功，做出更大成绩”. 每一个大学生都是社会大矩阵中的一个元素，应将自己所学应用于国家发展和社会进步之中. “广大青年要坚定不移听党话、跟党走，怀抱梦想又脚踏实地，敢想敢为又善作善成，立志做有理想、敢担当、能吃苦、肯奋斗的新时代好青年，让青春在全面建设社会主义现代化国家的火热实践中绽放绚丽之花.” ①

---

① 习近平. 高举中国特色社会主义伟大旗帜 为全面建设社会主义现代化国家而团结奋斗——在中国共产党第二十次全国代表大会上的报告[M]. 北京：人民出版社，2022.

拓展阅读

数学家熊庆来

熊庆来(1893—1969年),字迪之,出生于云南省红河哈尼族彝族自治州弥勒市息宰村,中国现代数学先驱,中国函数论的主要开拓者之一,以"熊氏无穷数"理论载入世界数学史册. 1907年,考入昆明方言学堂. 1909年,升入云南英法文专修科. 1911年进入云南省高等学堂学习,1913年赴比利时学习. 因第一次世界大战爆发,只得转赴法国,在格诺大学、巴黎大学等大学攻读数学,获理科硕士学位. 他用法文撰写发表了《无穷极之函数问题》等多篇论文,以其独特精辟严谨的论证获得法国数学界的交口赞誉. 1915—1920年先后就读于法国格伦诺布尔大学和蒙彼利埃大学,获得理学硕士学位.

熊庆来主要从事函数论方面的研究工作. 1932年,他代表中国第一次出席了瑞士苏黎世国际数学家大会. 1934年,他的论文《关于无穷级整函数与亚纯函数》发表,并以此获得法国国家博士学位,成为第一个获此学位的中国人. 这篇论文中,熊庆来所定义的"无穷级函数",国际上称为"熊氏无穷数",被载入了世界数学史册,奠定了他在国际数学界的地位.

本章参考答案

第三篇

概率统计基础

第9章 随机事件与概率

知识概要

基本概念：随机试验、随机事件、基本事件、复合事件、不可能事件、必然事件、互不相容事件、互逆事件、独立事件、随机变量、离散型随机变量、连续型随机变量、分布列、概率密度、分布函数、期望、方差、两点分布、二项分布、均匀分布、正态分布.

基本公式：古典概型、概率加法公式、概率乘法公式、期望计算公式、方差计算公式.

基本方法：古典概型的计算方法、互不相容事件的概率加法计算方法、任意事件的概率加法计算方法、条件概率的计算方法、任意事件的概率乘法计算方法、独立事件的概率乘法计算方法、离散型随机变量概率的计算方法、连续型随机变量的概率计算方法、数学期望的计算方法、方差的计算方法.

§9.1 随机事件及概率计算

学习目标

1. 掌握随机事件及其相关基本概念；
2. 掌握古典概型的定义，会计算简单古典概型的概率；
3. 掌握概率的加法和乘法，能根据概率的加法乘法公式计算概率.

学习重点

1. 随机事件及其相关概念；
2. 古典概型的计算；
3. 概率的加法公式和乘法公式.

学习难点

1. 能分解事件并判断事件之间的关系；

2. 条件概率的理解和计算.

一、随机事件

1. 随机事件的概念

随机事件的概念

定义 1 如果一个试验在相同的条件下可以重复进行并且试验的所有可能结果是明确不变的，但是每次试验的具体结果在试验前是无法预知的，这种试验称为**随机试验**，简称**试验**，记为 E.

定义 2 在随机试验中，对一次试验结果可能出现也可能不出现，而在大量重复试验中却具有某种规律性的试验结果，称为此随机试验的**随机事件**. 一般把随机事件简称为事件，用英文大写字母 $A,B,C,\cdots$ 表示.

例如：进行一次射击，观察击中的环数，是一个随机试验，击中 10 环是其中一个随机事件.

定义 3 在随机试验中，不能分解的事件称为**基本事件**，可以分解的事件称为**复合事件**.

定义 4 在每次试验中都不可能发生的事件称为**不可能事件**，一般用 $\varnothing$ 表示. 在每次试验中必然发生的事件称为**必然事件**，一般用 Ω 表示.

例如：投掷一枚均匀的骰子，出现 6 点是一个基本事件，出现偶数点是一个复合事件，点数大于 0 是一个必然事件，点数大于 6 是一个不可能事件.

定义 5 若事件 A 与事件 B 不能同时发生，则事件 A 与 B 称为**互不相容事件**或**互斥事件**. 若在随机试验中，事件 A 与 B 必发生一个且仅发生一个，则事件 A 与 B 称为**互逆事件**或**对立事件**，记作 $B=\overline{A}$.

例如，在投掷骰子的试验中，出现 1 点和 2 点是互斥事件，出现偶数点和奇数点是对立事件.

二、概率的计算

古典概型

1. 古典概型

对于某些随机事件，如果具有以下特点：

(1) 试验结果的个数是有限的，即基本事件的个数是有限的；

(2) 每个试验结果出现的可能性相同，即每个基本事件发生的可能性是相同的；

(3) 在任一试验中，只能出现一个结果，也就是有限个基本事件是两两互斥的.

满足上述条件的试验模型称为**古典概型**.

定义 6 如果古典概型中的所有基本事件的个数是 n，事件 A 包含的基本事件的个数是 m，则事件 A 的概率为

$$P(A)=\frac{m}{n},$$

概率的这种定义，称为**概率的古典定义**.

古典概率具有如下性质：

性质 1　对任一事件 A，有 $0\leqslant P(A)\leqslant 1$.

性质 2　$P(\Omega)=1, P(\varnothing)=0$.

例 1　盒中有 10 个球，其中 4 个红球，6 个白球.

(1)若从中随机取出一球，用 A 表示"取出的是红球"，B 表示"取出的是白球"，求 $P(A), P(B)$；

(2)若从中随机取出两球，设 C 表示"两个都是白球"，D 表示"一红一白"，求 $P(C), P(D)$；

(3)若从中随机取出 3 球，设 E 表示"取到的 3 个球中恰有 2 个红球"，求 $P(E)$.

解　(1)从 10 个球中随机取出 1 个球，基本事件的总数为 10，事件 A 包含的基本事件的个数为 4，事件 B 包含的基本事件的个数为 6，所以

$$P(A)=\frac{4}{10}=0.4,$$

$$P(B)=\frac{6}{10}=0.6.$$

(2)从 10 个球中随机取出两球，基本事件的总数为 $C_{10}^{2}=45$，取出两个都是白球的基本事件的个数为 $C_{6}^{2}=15$，所以

$$P(C)=\frac{15}{45}\approx 0.33.$$

取出一红一白包含的基本事件的个数为 $C_{4}^{1}C_{6}^{1}=24$，所以

$$P(D)=\frac{24}{45}\approx 0.53.$$

(3)从 10 个球中任取 3 个球，基本事件的总数为 $C_{10}^{3}=120$，取到的 3 个球中恰有 2 个红球包含的基本事件的个数为 $C_{4}^{2}C_{6}^{1}=36$，所以

$$P(E)=\frac{36}{120}=0.3.$$

互不相容事件概率的加法公式

2. 概率的加法公式

(1)互不相容事件概率的加法公式

定义 6　两个事件 A, B 至少发生一个，称为**事件 A 与 B 的和**，记作 $A+B$.

例如，甲乙两人射击，A 表示"甲击中目标"，B 表示"乙击中目标"，则 $A+B$ 表示"至少有一人击中目标".

定理 1　如果事件 A, B 互不相容，那么

$$P(A+B)=P(A)+P(B),$$

即两个互不相容事件的和的概率等于它们概率的和. 这就是**互不相容事件概率的加法公式**.

特别地，$P(\overline{A})+P(A)=1$，即 $P(\overline{A})=1-P(A)$，该公式称为**逆事件概率公式**.

例 2 盒中有 10 个球，其中 4 个白球，6 个红球，任取 2 个，求至少有 1 个红球的概率.

解法 1 设 A_1 表示"恰好有 1 个红球"，A_2 表示"恰好有 2 个红球"，则 A_1+A_2 表示"至少有 1 个红球". 因为

$$P(A_1)=\frac{C_4^1C_6^1}{C_{10}^2}=\frac{8}{15},$$

$$P(A_2)=\frac{C_6^2}{C_{10}^2}=\frac{1}{3},$$

且 A_1,A_2 是互不相容事件，所以

$$P(A_1+A_2)=P(A_1)+P(A_2)=\frac{8}{15}+\frac{1}{3}\approx 0.87.$$

解法 2 设 A 表示"至少有 1 个红球"，则$\overline{A}$表示"全是白球". 因为

$$P(\overline{A})=\frac{C_4^2}{C_{10}^2}=\frac{2}{15},$$

所以

$$P(A)=1-P(\overline{A})=1-\frac{2}{15}\approx 0.87.$$

(2)任意事件概率的加法公式

定义 8 两个事件 A,B 同时发生，称为**事件 A 与 B 的积**，记作 AB.

例如，甲乙两人射击，A 表示"甲击中目标"，B 表示"乙击中目标"，则 AB 表示"两人同时击中目标".

任意事件概率的加法公式

定理 2 对任意两个事件 A,B，有

$$P(A+B)=P(A)+P(B)-P(AB).$$

例 3 甲、乙投篮，甲投中的概率是 0.8，乙投中的概率是 0.5，两人同时投中的概率是 0.4，求一次投篮中两人至少有一人投中的概率.

解 设 A 表示"甲投中"，B 表示"乙投中"，则 AB 表示"同时投中"，$A+B$ 表示"至少有一人投中". 显然

$$P(A)=0.8,P(B)=0.5,P(AB)=0.4.$$

于是

$$P(A+B)=P(A)+P(B)-P(AB)=0.8+0.5-0.4=0.9.$$

即一次投篮中至少有一人投中的概率是 0.9.

3. 概率的乘法公式

定义 9 如果两个事件 A,B 中任一事件的发生不影响另一事件的发生，那么称事件 A 与事件 B 是**相互独立**的.

定理 3　两个事件 A 与 B 相互独立的充要条件是

$$P(AB)=P(A)\cdot P(B).$$

例 4　投掷一枚均匀的骰子两次，出现“两次均为六点”的概率是多少？

解　设 $A_i(i=1,2)$表示“第 i 次出现六点”，因为第一次投掷的结果不影响第二次的结果，所以 A_1，A_2 是相互独立的，且 $P(A_i)=\frac{1}{6}$.

显然，A_1A_2 表示“两次均为六点”，所以

$$P(A_1A_2)=P(A_1)P(A_2)=\frac{1}{6}\cdot\frac{1}{6}=\frac{1}{36}.$$

概率的乘法公式

定义 10　在事件 B 已经发生的前提下，事件 A 发生的概率，称为在 B 发生的前提下 A 发生的概率，我们称这种概率为**条件概率**，记作$P(A|B)$，同时

$$P(A|B)=\frac{P(AB)}{P(B)}.$$

同理

$$P(B|A)=\frac{P(AB)}{P(A)}.$$

条件概率

定理 4　对任意两个事件 A，B，有

$$P(AB)=P(A)P(B|A)=P(B)P(A|B).$$

例 5　一只箱子中有 10 张奖券，其中 4 张为中奖券，甲乙两人依次各取一张，问两人都中奖的概率.

解　设 A 表示“甲中奖”，B 表示“乙中奖”，AB 表示“两人都中奖”. 因为

$$P(A)=\frac{4}{10},$$

$$P(B|A)=\frac{3}{9},$$

所以

$$P(AB)=P(A)P(B|A)=\frac{4}{10}\cdot\frac{3}{9}\approx 0.13.$$

▶▶▶▶ 习题 9.1 ◀◀◀◀

1. 掷两颗均匀的骰子，求下列事件的概率：

(1)“点数的和为 2”；

(2)“点数的和为 6”；

(3)“点数的和大于 10”.

2. 一盒子中有 4 只红球、4 只黄球、2 只白球，在其中任取 3 只球. 求：

(1) 3 只都是红球的概率；

(2) 2 只黄球 1 只白球的概率;

(3) 颜色各不相同的概率.

3. 甲乙两人射击,甲击中的概率是 0.9,乙击中的概率是 0.8,求至少一人击中目标的概率和都没有击中目标的概率.

4. 有一批圆柱形零件 100 个,其中 96 个长度合格,95 个直径合格,92 个长度直径都合格. 现从中任取一件,求:

(1) 该产品是合格品的概率;

(2) 若发现该产品长度合格,求该产品是合格品的概率.

5. 已知随机事件 $A,B,P(A)=\frac{1}{3},P(B)=\frac{1}{4},P(A|B)=\frac{1}{2}$,求 $P(AB),P(A+B),P(B|A)$.

§9.2 随机变量及其分布

学习目标

1. 掌握随机变量的概念;
2. 掌握离散型随机变量和连续型随机变量的概念;
3. 掌握几种常见随机变量的概率分布.

学习重点

1. 离散型随机变量及概率分布;
2. 连续型随机变量及概率分布.

学习难点

1. 密度函数的概念;
2. 正态分布及概率计算.

一、随机变量

随机变量的概念

1. 随机变量的概念

掷一颗骰子,其出现的结果用一个变量 X 来表示,则 X 取 $1,2,\cdots,6$ 时分别可表示出现的其中一个结果.

进行一次射击,击中的环数用一个变量 Y 来表示,则 Y 取 $0,1,2,\cdots,10$ 时分别可表示出现的其中一个结果.

以上两个例子中的变量 X,Y 具有下列特征：

(1)变量取值是随机的，事前并不知道取到哪一个值；

(2)所取的每一个值，都对应于某一随机事件；

(3)所取的每个值的概率大小是确定的.

一般地，如果一个变量的取值随着试验结果的不同而变化，当试验结果确定后它所取的值也就相应地确定，这种变量称为**随机变量**. 随机变量常用大写英文字母 X、Y、Z 等表示.

根据随机变量的取值情况，可以把随机变量分成两类：离散型随机变量和非离散型随机变量.

2. 离散型随机变量

定义 1　如果随机变量 X 可取有限个或可列个值，同时取各个可能的值的概率是确定的，则称 X 为**离散型随机变量**.

离散型随机变量 X 的概率分布可表示为

X	x_1	x_2	…	x_n	…
P	p_1	p_2	…	p_n	…

其中 $P(X=x_k)=p_k(k=1,2,\cdots)$.

由概率的定义可知，p_k 满足下列性质：

性质 1(非负性)：$p_k\geqslant 0(k=1,2,\cdots)$；

性质 2(完备性)：$\sum\limits_{k=1}^{n} p_k = 1$.

例 1　用随机变量 X 描述投掷一枚均匀骰子的结果，并写出概率分布.

解　随机变量 X 的所有可能取值为 $1,2,\cdots,6$，且有 $P(X=k)=\dfrac{1}{6}(k=1,2,\cdots,6)$.

X 的概率分布为

X	1	2	3	4	5	6
P	$\frac{1}{6}$	$\frac{1}{6}$	$\frac{1}{6}$	$\frac{1}{6}$	$\frac{1}{6}$	$\frac{1}{6}$

例 2　一批样品共 10 件，其中合格品 8 件，不合格品 2 件，现从中任意抽取 2 件，用随机变量 X 表示抽到的合格品的数量，求 X 的概率分布.

解　$P(X=0)=\dfrac{C_2^2}{C_{10}^2}=\dfrac{1}{45}$，$P(X=1)=\dfrac{C_8^1C_2^1}{C_{10}^2}=\dfrac{16}{45}$，$P(X=2)=\dfrac{C_8^2}{C_{10}^2}=\dfrac{28}{45}$. 所以 X 的概率分布为

X	0	1	2
P	$\frac{1}{45}$	$\frac{16}{45}$	$\frac{28}{45}$

3. 连续型随机变量

定义 2 对于随机变量 X,若存在非负可积函数 $p(x)$ $(-\infty<x<+\infty)$,使得对任意实数 $a,b(a<b)$,都有

$$P(a < X \leqslant b) = \int_a^b p(x)\mathrm{d}x$$

则称 X 为**连续型随机变量**,$p(x)$叫作**概率密度函数**或**概率密度**.

由定义可知,概率密度具有下列性质:

性质 1 $p(x)\geqslant 0$;

性质 2 $\int_{-\infty}^{+\infty} p(x)\mathrm{d}x = 1$.

根据定积分的几何意义可知,随机变量 X 的取值落在区间$(a,b]$内的概率等于由直线 $x=a,x=b,y=p(x)$以及 x 轴围成的曲边梯形的面积,如图 9-1 所示.

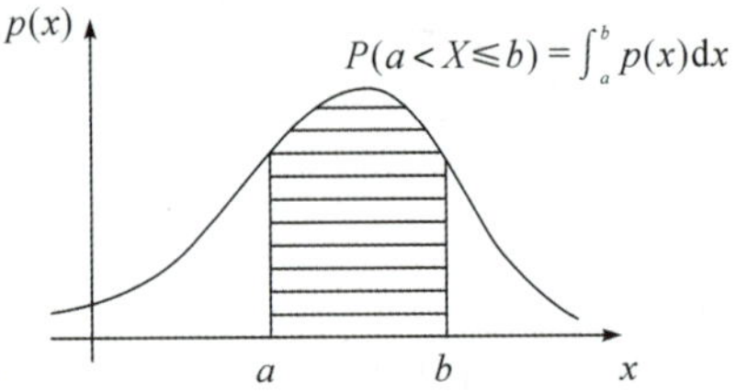

图 9-1

连续型随机变量在任意一点处的概率为 0,所以计算连续型随机变量落在某一区间上的概率时,不必考虑该区间是开区间还是闭区间,所有这些概率都是相等的. 即

$$P(a<X<b)=P(a\leqslant X<b)=P(a<X\leqslant b)=P(a\leqslant X\leqslant b),$$
$$P(X\geqslant a)=P(X>a),$$
$$P(X\leqslant b)=P(X<b).$$

例 3 设随机变量 X 的概率密度函数为

$$p(x)=\begin{cases}\lambda \mathrm{e}^{-\frac{x}{2}}, & x\geqslant 0,\\ 0, & x<0.\end{cases}$$

求:(1)λ 的值;(2)$P(0\leqslant x\leqslant 2)$.

解 (1) $\int_{-\infty}^{+\infty} p(x)\mathrm{d}x = \int_0^{+\infty} \lambda \mathrm{e}^{-\frac{x}{2}}\mathrm{d}x = 1$,故 $\lambda = \frac{1}{2}$.

(2)$P(0 \leqslant x \leqslant 2) = \int_0^2 \frac{1}{2}\mathrm{e}^{-\frac{x}{2}}\mathrm{d}x = 1 - \frac{1}{\mathrm{e}} \approx 0.632$.

二、分布函数

定义3 设 X 是一个随机变量，称

$$F(x)=P(X\leqslant x)$$

为随机变量 X 的**分布函数**，记作 $X\sim F(x)$.

分布函数具有下列性质：

性质1 $0\leqslant F(x)\leqslant 1$；

性质2 $F(x)$是单调不减函数；

性质3 $P(a<X\leqslant b)=F(b)-F(a)$.

特别地，$P(x>a)=1-P(x\leqslant a)=1-F(a)$.

三、几种常见随机变量的概率分布

1. 两点分布

定义4 随机变量 X 只能取两个值 0 或 1，其概率分布为

$$P(X=1)=p,P(X=0)=1-p \quad (0<p<1)$$

则称 X 服从**两点分布**，或 **0-1 分布**，其概率分布为

X	0	1
P	$1-p$	p

2. 二项分布

定义5 如果一个随机试验可以在相同的条件下重复进行 n 次，每次试验的结果互不影响，且一次试验只可能出现两种结果 A 或$\overline{A}$，在每次试验中，事件 A 出现的概率 $P(A)=p(0<p<1)$，不出现的概率$P(\overline{A})=1-p$，称这种试验为 ***n* 重贝努里试验**.

在 n 重贝努里试验中，事件 A 恰好发生 k 次概率为

$$P(X=k)=C_n^k p^k q^{n-k}，其中 k=0,1,2,\cdots,n;p>0,p+q=1.$$

因为 $C_n^k p^k q^{n-k}$恰好为二项式$(p+q)^n$ 的展开式中的第 $k+1$ 项，故我们称随机变量 X 服从参数为 n,p 的**二项分布**，记作 $X\sim B(n,p)$.

二项分布

例4 已知某地区人群患有某种病的概率是 0.25，研制某种新药对该病有防治作用，现有 20 个人服用该药，结果 1 个人得病，从这个结果我们能否判断该药物有效？

解 20 个人服用该药，可以看作是独立地进行 20 次试验，若药物无效，则这 20 人中得病的人数应服从参数为(20，0.25)的二项分布，所以“20 人中有 1 人得病”的概率是

$$P(X=1)=C_{20}^{1}(0.25)^{1}(1-0.25)^{19}\approx 0.02.$$

这说明，若药物无效，则这20人中只有1人得病的概率只有0.02，这是一个很小的概率，在实际中不大可能发生，所以可以认为该药物有效.

3. 均匀分布

均匀分布

定义 6 如果随机变量 X 的概率密度为

$$p(x)=\begin{cases}\dfrac{1}{b-a}, & a\leqslant x\leqslant b,\\ 0, & \text{其他},\end{cases}$$

则称随机变量 X 服从在$[a,b]$上的**均匀分布**，记作 $X\sim U(a,b)$.

若随机变量 X 服从在区间$[a,b]$上的均匀分布，则对于任意子区间$[c,d]\subset[a,b]$，有

$$P(c\leqslant X\leqslant d)=\int_{c}^{d}\frac{1}{b-a}\mathrm{d}x=\frac{d-c}{b-a}$$

上式说明 X 落在子区间$[c,d]$上的概率等于子区间长度与整个区间长度之比，而与子区间$[c,d]$在$[a,b]$中的位置无关，这就是均匀分布的概率意义.

4. 正态分布

正态分布

定义 7 如果随机变量 X 的概率密度函数为

$$p(x)=\frac{1}{\sqrt{2\pi}\sigma}\mathrm{e}^{-\frac{1}{2\sigma^2}(x-\mu)^2}\quad(-\infty<x<+\infty,\sigma>0)$$

则称 X 服从参数为 μ,σ 的**正态分布**，记作 $X\sim N(\mu,\sigma^2)$.

定义 8 当 $\mu=0,\sigma=1$ 时，正态分布的密度函数

$$\varphi(x)=\frac{1}{\sqrt{2\pi}}\mathrm{e}^{-\frac{1}{2}x^2}(-\infty<x<+\infty),$$

此时称随机变量 X 服从**标准正态分布**，记作 $X\sim N(0,1)$.

定理 1 若随机变量 $X\sim N(\mu,\sigma^2)$，则随机变量$\dfrac{X-\mu}{\sigma}\sim N(0,1)$.

正态分布在概率统计的理论与应用中占有特别重要的地位，如统计用户的手机月资费等，都可以看作或近似看作服从正态分布.

标准正态分布的分布函数记为 $\Phi(x)$，则

$$\Phi(x)=P(X\leqslant x)=\int_{-\infty}^{x}\varphi(t)\mathrm{d}t=\int_{-\infty}^{x}\frac{1}{\sqrt{2\pi}}\mathrm{e}^{-\frac{1}{2}t^2}\mathrm{d}t.$$

标准正态分布的概率计算公式如下：

(1)$\Phi(-x)=1-\Phi(x)$；

(2)$P(X<b)=P(X\leqslant b)=\Phi(b)$；

(3)$P(a<X\leqslant b)=\Phi(b)-\Phi(a)$；

(4)$P(X\geqslant a)=P(X>a)=1-\Phi(a)$；

(5)$P(|X|<\lambda)=P(|X|\leqslant\lambda)=2\Phi(\lambda)-1(\lambda>0)$.

例 5　设 $X\sim N(0,1)$，求 $P(X\leqslant 0.5)$，$P(X\geqslant 3)$，$P(0\leqslant X\leqslant 2)$，$P(|X|<1)$；

解　$P(X\leqslant 0.5)=0.6915$；

$P(X\geqslant 3)=1-\Phi(3)=1-0.9987=0.0013$；

$P(0\leqslant X\leqslant 2)=\Phi(2)-\Phi(0)=0.9772-0.5000=0.4772$；

$P(|X|<1)=2\Phi(1)-1=2\times 0.8413-1=0.6826$.

▶▶▶▶ 习题 9.2 ◀◀◀◀

1. 掷一颗均匀的骰子，写出点数 X 的概率分布，并求 $P(X<4)$，$P(X>2)$，$P(3\leqslant X\leqslant 6)$.

2. 一盒子中有 10 只红球，5 只白球，在其中任取 3 只球，写出取出红球个数 X 的概率分布.

3. 设随机变量 X 的密度函数是 $p(x)=\begin{cases} kx^2, & 0\leqslant x\leqslant 1 \\ 0, & \text{其他} \end{cases}$，求：(1) 常数 k；(2) $P(X<0.5)$.

4. 某人射击，每次射中目标的概率是 0.6，现射击 10 次，求射中 5 次的概率.

5. 设 $X\sim N(0,1)$，求：$P(0\leqslant X\leqslant 0.65)$，$P(X\geqslant 1)$，$P(X\leqslant -1)$，$P(|X|<0.5)$.

§9.3　随机变量的数字特征

学习目标

1. 掌握随机变量期望的概念和计算；
2. 掌握随机变量方差的概念和计算；
3. 掌握常见分布的期望和方差.

学习重点

1. 随机变量期望的定义和计算；
2. 随机变量方差的定义和计算.

学习难点

1. 连续型随机变量的期望和方差的概念；
2. 常见分布的期望和方差.

一、数学期望

数学期望

1. 离散型随机变量的数学期望

定义 1 设离散型随机变量 X 的概率分布为

X	x_1	x_2	$\cdots$	x_n
P	p_1	p_2	$\cdots$	p_n

则称 $\sum\limits_{k=1}^{n} x_k p_k = x_1 p_1 + x_2 p_2 + \cdots + x_n p_n$ 为随机变量 X 的**数学期望**,简称**期望**或**均值**,记作 $E(X)$,即 $E(X) = x_1 p_1 + x_2 p_2 + \cdots + x_n p_n$.

例 1 设随机变量 X 的概率分布为

X	1	2	3	4
P	0.2	0.4	0.3	0.1

求 $E(X)$,$E(2X+1)$,$E(X^2)$.

解 $E(X)=1\times0.2+2\times0.4+3\times0.3+4\times0.1=2.3$;

$E(2X+1)=3\times0.2+5\times0.4+7\times0.3+9\times0.1=5.6$;

$E(X^2)=1\times0.2+4\times0.4+9\times0.3+16\times0.1=6.1$.

2. 连续型随机变量的数学期望

定义 2 设连续型随机变量 X 的概率密度是 $p(x)$,如果 $\int_{-\infty}^{+\infty} xp(x)\mathrm{d}x$ 绝对收敛,则称 $\int_{-\infty}^{+\infty} xp(x)\mathrm{d}x$ 为连续型随机变量 X 的数学期望,记作 $E(X)$,即

$$E(X) = \int_{-\infty}^{+\infty} xp(x)\mathrm{d}x.$$

例 2 设连续型随机变量 X 服从均匀分布,其概率密度是 $p(x)=\begin{cases} \dfrac{1}{2}, & 0\leqslant x\leqslant 2 \\ 0, & 其他 \end{cases}$,求 $E(X)$.

解
$$\begin{aligned} E(X) &= \int_{-\infty}^{+\infty} xp(x)\mathrm{d}x = \int_{-\infty}^{0} xp(x)\mathrm{d}x + \int_{0}^{2} xp(x)\mathrm{d}x + \int_{2}^{+\infty} xp(x)\mathrm{d}x \\ &= \int_{0}^{2} \frac{1}{2}x\mathrm{d}x = 1. \end{aligned}$$

3. 期望的性质

性质 1　$E(C)=C$（C 为常数）；

性质 2　$E(kX)=kE(X)$（k 为常数）；

性质 3　$E(X+b)=E(X)+b$（b 为常数）；

性质 4　$E(kX+b)=kE(X)+b$（k,b 为常数）；

性质 5　$E(X+Y)=E(X)+E(Y)$；

性质 6　若 X,Y 为相互独立的随机变量，则 $E(XY)=E(X)E(Y)$.

二、方差

1. 方差的定义

方差

定义 3　设 X 是一个随机变量，如果 $E[X-E(X)]^2$ 存在，则称 $E[X-E(X)]^2$ 为随机变量 X 的**方差**，记作 $D(X)$，即

$$D(X)=E[X-E(X)]^2,$$

而 $\sqrt{D(X)}$ 称为 X 的**标准差**.

如果 X 是离散型随机变量，则

$$D(X)=\sum_{i=1}^{n}[x_i-E(X)]^2 p_i;$$

如果 X 是连续型随机变量，则

$$D(X)=\int_{-\infty}^{+\infty}[x-E(X)]^2 p(x)\mathrm{d}x.$$

由于

$$\begin{aligned}D(X)&=\int_{-\infty}^{+\infty}[x-E(X)]^2 p(x)\mathrm{d}x=\int_{-\infty}^{+\infty}[x^2-2xE(X)+E(X)^2]p(x)\mathrm{d}x\\&=\int_{-\infty}^{+\infty}x^2 p(x)\mathrm{d}x-2E(X)\int_{-\infty}^{+\infty}xp(x)\mathrm{d}x+E(X)^2\int_{-\infty}^{+\infty}p(x)\mathrm{d}x\\&=E(X^2)-[E(X)]^2,\end{aligned}$$

从而得到计算方差的一个重要公式：

$$D(X)=E(X^2)-[E(X)]^2.$$

例 3　设 X 是离散型随机变量，$P(X=1)=0.6$，$P(X=2)=0.4$，求 $D(X)$.

解　$E(X)=1\times 0.6+2\times 0.4=1.4$

$E(X^2)=1^2\times 0.6+2^2\times 0.4=2.2$

$D(X)=E(X^2)-[E(X)]^2=2.2-1.4^2=0.24$.

例 4　设随机变量 X 在 $[0,1]$ 上服从均匀分布，求 $E(X)$ 和 $D(X)$.

解 随机变量 X 的概率密度是 $p(x)=\begin{cases}1, & 0\leqslant x\leqslant 1\\ 0, & \text{其他}\end{cases}$

$$E(X)=\int_{-\infty}^{+\infty}xp(x)\mathrm{d}x=\int_0^1 x\mathrm{d}x=\frac{1}{2},$$

$$E(X^2)=\int_{-\infty}^{+\infty}x^2p(x)\mathrm{d}x=\int_0^1 x^2\mathrm{d}x=\frac{1}{3},$$

$$D(X)=E(X^2)-[E(X)]^2=\frac{1}{3}-\frac{1}{4}=\frac{1}{12}.$$

2. 方差的性质

性质 1 $D(C)=0$(C 为常数);

性质 2 $D(kX)=k^2D(X)$(k 为常数);

性质 3 $D(X+b)=D(X)$(b 为常数);

性质 4 $D(kX+b)=k^2D(X)$(k,b 为常数);

性质 5 若 X,Y 为相互独立的随机变量,则 $D(X+Y)=D(X)+D(Y)$.

三、常见分布的期望与方差

常见分布的期望与方差

1. 两点分布

若随机变量 X 的分布列是 $P(X=1)=p,P(X=0)=1-p$,则

$$E(X)=p,D(X)=p(1-p).$$

2. 二项分布

若随机变量 $X\sim B(n,p)$,则

$$E(X)=np,D(X)=np(1-p).$$

3. 均匀分布

若随机变量 $X\sim U(a,b)$,则

$$E(X)=\frac{a+b}{2},D(X)=\frac{(b-a)^2}{12}.$$

4. 正态分布

若随机变量 $X\sim N(\mu,\sigma^2)$,则

$$E(X)=\mu,D(X)=\sigma^2.$$

特别地,若随机变量 $X\sim N(0,1)$,则

$$E(X)=0,D(X)=1.$$

例 5 设随机变量 $X\sim N(1,4)$,求 $E(X),E(2X+1),D(X),D(2X+1)$.

解 $E(X)=1$,

$E(2X+1)=2E(X)+1=3$,

$D(X)=4$,

$D(2X+1)=4D(X)=16$.

习题 9.3

1. 某工人一天生产的零件中所含次品数 X 的分布列是

X	0	1	2	3
P	0.5	0.2	0.2	0.1

求该工人一天生产的零件中次品数 X 的期望和方差.

2. 盒内有 5 个球,其中 3 个红球,2 个白球,随机任取 2 球,设 X 表示取得白球的个数,求 $E(X)$和 $D(X)$.

3. 设随机变量 X 的密度函数是 $p(x)=\begin{cases}\frac{1}{2}x, & 0\leqslant x\leqslant 2\\ 0, & 其他\end{cases}$,求 $E(X)$和 $D(X)$.

4. 设随机变量 $X\sim B(n,p)$,且 $E(X)=4$,$p=\frac{1}{5}$,求 n.

5. 设随机变量 X 的密度函数是 $p(x)=\begin{cases}a+bx^2, & 0\leqslant x\leqslant 1\\ 0, & 其他\end{cases}$,已知 $E(X)=\frac{1}{4}$,求$D(X)$.

第 9 章自测题

(总分 100 分,时间 90 分钟)

一、判断题(每小题 2 分,共 20 分)

(　　)1. 明天天气晴朗是一个随机事件.

(　　)2. 1 个标准大气压下,水在 100℃时沸腾是一个必然事件.

(　　)3. 投一枚均匀的骰子,得到偶数点是一个复合事件.

(　　)4. 抛一枚硬币,出现正面朝上和反面朝上是一对对立事件.

(　　)5. $A+B$ 表示事件 A 和 B 至少发生一个.

(　　)6. AB 表示事件 A 和 B 同时发生.

(　　)7. 对任意事件 A 和 B,$P(A+B)=P(A)+P(B)$.

(　　)8. 投两枚均匀的骰子，点数之和是 10 的概率是$\frac{1}{4}$.

(　　)9. 设 $p(x)$ 是连续型随机变量的密度函数，则 $\int_{-\infty}^{+\infty} p(x)\mathrm{d}x = 1$.

(　　)10. 设 $X \sim N(1,3^2)$，则 $E(X)=1, D(X)=3$.

二、选择题(每小题 4 分，共 20 分)

1. 两个事件 A 和 B，若 $P(AB)=0$，则下列结论正确的是(　　).

A. A 和 B 是互不相容事件　　B. AB 是独立事件

C. A 和 B 是对立事件　　D. $P(AB)=P(A)P(B)$

2. 在 5 件产品中，有 3 件一等品和 2 件二等品，若从中任取 2 件，那么恰有 1 件一等品的概率是(　　).

A. 0　　B. 0.4　　C. 0.6　　D. 1

3. 设 $F(x)$ 是随机变量 X 的分布函数，则对(　　)随机变量 X，有 $P(x_1<X<x_2)=F(x_2)-F(x_1)$.

A. 任意　　B. 连续性　　C. 离散型　　D. 个别

4. 随机变量 X 的密度函数为 $p(x)=\begin{cases} kx, & 0\leqslant x\leqslant 1 \\ 0, & 其他 \end{cases}$，则常数 $k=$(　　).

A. 1　　B. 2　　C. 4　　D. 8

5. 设随机变量 $X\sim U(-2,2)$，则 $D(2-3X)=$(　　).

A. 1　　B. 4　　C. 8　　D. 12

三、填空题(每小题 4 分，共 20 分)

1. 已知 $P(A)=0.4, P(B)=0.3, P(A+B)=0.6$，则 $P(AB)=$________.

2. 从由 20 件正品、5 件次品组成的产品中任取 3 件，则恰有 2 件次品的概率是________.

3. 设随机变量 X 的分布列为 $P(X=k)=\frac{k}{10}, k=0,1,2,3,4$，则 $P\left(1\leqslant X\leqslant \frac{7}{2}\right)=$________.

4. 设随机变量 $X\sim U(-2,2)$，则 X 的概率密度函数 $p(x)=$________.

5. 设随机变量 $X\sim N(0,1)$，则 $E(X)=$________，$D(X)=$________.

四、解答题(每小题 10 分，共 40 分)

1. 袋中有 10 个球，其中有 2 个白球和 8 个红球. 现从中任取两个球. 求：

(1)两球均为白球的概率；

(2)两球是一白一红的概率;

(3)至少有一个红球的概率.

2. 一批产品由 95 件正品和 5 件次品组成,先后从中抽取两件,第一次取出后不再放回,求:(1)两次都抽得正品的概率;(2)抽得一件正品一件次品的概率.

3. 设连续型随机变量 X 的概率密度为 $p(x)=\begin{cases}Ax, & 0\leqslant x\leqslant 1\\ A(2-x), & 1<x\leqslant 2,\\ 0, & \text{其他}\end{cases}$

求:(1)常数 A;(2)$P\left(\frac{1}{2}\leqslant X\leqslant\frac{5}{2}\right)$;(3)若 $P(X>a)=P(X<a)$,求常数 a.

4. 设随机变量 X 的分布列为

X	0	1	2
P	0.5	0.3	0.2

求 $E(X)$,$E(2-3X)$,$E(X^2)$,$D(X)$.

本章课程思政

在概率论中,我们学习到了如何对不确定性进行量化和评估,如何进行概率分布和随机变量的分析,以及如何进行概率推断和假设检验. 我们知道,生活中充满了各种风险和不确定性,只有具备正确的风险意识和客观公正的态度,谨慎地求知,做到主观符合客观,才能在不确定中找到确定性. 习近平总书记指出,"我们必须在一个更加不稳定不确定的世界中谋求我国发展"①,但在不确定中"我们始终从国情出发想问题、作决策、办事情,既不好高骛远,也不因循守旧,保持历史耐心,坚持稳中求进、循序渐进、持续推进". ②

拓展阅读

数学家王元

王元,数学家,1930 年 4 月 30 日生于浙江兰溪,原籍江苏镇江. 1952 年毕业于浙江大学. 1980 年当选为中国科学院学部委员(院士). 中国科学院数学与系统科学研究院研究员. 曾任中国科学院数学研究所所长.

① 习近平. 习近平谈治国理政(第四卷)[M]. 北京:外文出版社,2022.

② 习近平. 高举中国特色社会主义伟大旗帜 为全面建设社会主义现代化国家而团结奋斗——在中国共产党第二十次全国代表大会上的报告[M]. 北京:人民出版社,2022.

主要从事解析数论研究.20世纪50年代至60年代初,首先在中国将筛法用于哥德巴赫猜想研究,并证明了命题{3,4},1957年又证明{2,3},这是中国学者首次在此研究领域跃居世界领先地位.1973年与华罗庚合作证明用分圆域的独立单位系构造高维单位立方体的一致分布点贯的一般定理,被国际学术界称为"华-王方法".20世纪70年代后期对数论在近似分析中的应用作了系统总结,80年代在丢番图分析方面,将施密特定理推广到任何代数数域,在丢番图不等式组等方面做出了先进的工作.1982年获国家自然科学奖一等奖,1990年获陈嘉庚物质科学奖.

本章参考答案

第10章　统计初步

知识概要

基本概念：总体、个体、样本、统计量、分位数、χ^2 分布、t 分布、F 分布、点估计、矩估计、无偏估计、区间估计、置信区间、假设检验、小概率原理、两类错误.

基本公式：χ^2 分布密度函数、t 分布密度函数、F 分布密度函数、样本均值、样本方差.

基本方法：正态总体期望与方差的分布、抽样分布的判断方法、抽样分布参数的确定方法、统计量数字特征的计算方法、矩估计的计算方法、估计量无偏性的判断方法、正态总体区间估计的计算方法、置信区间计算方法、正态总体假设检验的判断方法.

§10.1　抽样及其分布

学习目标

1. 掌握总体、样本、统计量等概念；
2. 了解大数定理和中心极限定理；
3. 掌握几种常见的抽样分布.

学习重点

1. 统计量及其相关概念；
2. 几种常见统计量的计算；
3. 几种常见的抽样分布.

学习难点

1. 理解统计量的概念；
2. 几种常见抽样分布的计算.

一、总体、样本与统计量

1. 总体和样本

在研究某一问题时,通常把研究对象的全体称为**总体**,而组成总体的每一个元素称为**个体**. 例如,统计某校学生的体育健康测试成绩,全校的体测成绩是一个总体,而每一个学生的体测成绩则是一个个体.

总体和样本

按一定原则从总体中抽取若干个个体进行观察,这个过程叫作**抽样**. 显然,对每一个个体的观察结果是随机的,可将其看作是一个随机变量的取值,这样就把每个个体的观察结果和一个随机变量的取值对应起来了. 记从总体 X 中抽取 n 个个体 $X_i(i=1,2,\cdots,n)$,则 X_i 是一个随机变量;用 $x_i(i=1,2,\cdots,n)$来表示 X_i 的取值. 我们称 $X_1,X_2,\cdots,X_n$ 是总体 X 的**样本**;称样本观察值 $x_1,x_2,\cdots,x_n$ 为**样本值**;样本所含个体数目称为**样本容量**.

简单随机抽样是一种常用的抽样方法,需满足两个条件:

(1)$X_1,X_2,\cdots,X_n$ 与总体具有相同的分布;

(2)$X_1,X_2,\cdots,X_n$ 是互相独立的随机变量.

由简单随机抽样得到的样本称为**简单随机样本**,若不做特别说明,本书所有样本均指简单随机样本,简称样本.

2. 统计量

定义 1 设 $X_1,X_2,\cdots,X_n$ 是总体 X 的一组样本,$f(X_1,X_2,\cdots,X_n)$是样本 $X_1,X_2,\cdots,X_n$ 的一个 n 元连续函数,且 $f(X_1,X_2,\cdots,X_n)$中不含任何未知参数,则称 $f(X_1,X_2,\cdots,X_n)$是样本 $X_1,X_2,\cdots,X_n$ 的一个**统计量**. 当 $X_1,X_2,\cdots,X_n$ 取一组值 $x_1,x_2,\cdots,x_n$ 时,$f(x_1,x_2,\cdots,x_n)$就是统计量的一个**观测值**.

常用统计量

由定义可知,统计量也是一个随机变量.

3. 常用统计量

设 $X_1,X_2,\cdots,X_n$ 是总体 X 的一个样本.

(1)样本均值

$$\overline{X}=\frac{1}{n}\sum_{i=1}^{n}X_i.$$

(2) 样本方差

$$S^2=\frac{1}{n-1}\sum_{i=1}^{n}(X_i-\overline{X})^2.$$

(3) 样本标准差

$$S=\sqrt{\frac{1}{n-1}\sum_{i=1}^{n}(X_i-\overline{X})^2}.$$

(4) 样本(k 阶) 原点矩

$$A_k=\frac{1}{n}\sum_{i=1}^{n}X_i^k,k=1,2,\cdots.$$

(5) 样本(k 阶) 中心矩

$$B_k=\frac{1}{n}\sum_{i=1}^{n}(X_i-\overline{X})^k,k=2,3,\cdots.$$

二、理论基础

1. 大数定律

定理 1(切贝雪夫大数定律)　如果 $X_1,X_2,\cdots,X_n$ 是相互独立的随机变量,且具有相同的有限数学期望和方差:$E(X_i)=\mu,D(X_i)=\sigma^2(i=1,2,\cdots,n)$,那么对于任意给定 $\varepsilon>0$,都有

$$\lim_{n\to\infty}P\left(\left|\frac{1}{n}\sum_{i=1}^{n}X_i-\mu\right|<\varepsilon\right)=1.$$

定理 2(贝努里大数定律)　如果 n_A 为 n 次独立试验序列中事件 A 发生的次数,P 是事件 A 在每次试验中发生的概率,那么对于任意给定的正数 ε,有

$$\lim_{n\to\infty}P\left(\left|\frac{n_A}{n}-p\right|<\varepsilon\right)=1.$$

2. 中心极限定理

定理 3　如果 $X_1,X_2,\cdots,X_n$ 是相互独立且服从相同分布的随机变量,$E(X_i)=\mu$,$D(X_i)=\sigma^2(i=1,2,\cdots,n)$,则随机变量之和 $X^{(n)}=\sum_{i=1}^{n}X_i=X_1+X_2+\cdots+X_n$ 近似地服从正态分布 $N[E(X^{(n)}),D(X^{(n)})]$,由于

$$E(X^{(n)})=E\left(\sum_{i=1}^{n}X_i\right)=\sum_{i=1}^{n}E(X_i)=n\mu$$

$$D(X^{(n)})=D\left(\sum_{i=1}^{n}X_i\right)=\sum_{i=1}^{n}D(X_i)=n\sigma^2$$

所以 $X^{(n)}\sim N(n\mu,n\sigma^2)$,所以对于任意实数 x,有

$$\lim_{n\to\infty}F_n(x)=\lim_{n\to\infty}P\left(\frac{X^{(n)}-n\mu}{\sqrt{n}\sigma}\leqslant x\right)=\int_{-\infty}^{x}\frac{1}{\sqrt{2\pi}}\mathrm{e}^{-\frac{t^2}{2}}\mathrm{d}t=\Phi(x).$$

三、抽样分布

1. 分位数

定义 2　设随机变量 X 的分布函数是 $F(X)$,对给定的实数 $\alpha(0<\alpha<1)$,若实数 F_α 满足

$$P(X>F_\alpha)=\alpha,$$

则称 F_α 为随机变量 X 分布的水平 α 的**上侧分位数**.

定义 3 若实数 $T_{\alpha/2}$ 满足

$$P(|X|>T_{\alpha/2})=\alpha,$$

则称 $T_{\alpha/2}$ 为随机变量 X 分布的水平 α 的**双侧分位数**.

2. χ^2 分布

定义 4 设 $X_1,X_2,\cdots,X_n$ 是来自 $N(0,1)$ 的一个样本,记

$$\chi^2=X_1^2+X_2^2+\cdots+X_n^2,$$

则称统计量 χ^2 服从自由度为 n 的 **χ^2 分布**,记作 $\chi^2\sim\chi^2(n)$.

$\chi^2(n)$ 分布的概率密度函数为

$$p_n(x)=\begin{cases}\dfrac{1}{2^{\frac{n}{2}}\Gamma\left(\dfrac{n}{2}\right)}x^{\frac{n}{2}-1}\mathrm{e}^{-\frac{x}{2}}, & x>0\\ 0, & x\leqslant 0\end{cases}.$$

例 1 设 $X\sim N(a,2)$,$Y\sim N(b,2)$,且 X,Y 相互独立,分别在 X、Y 中取容量为 m 和 n 的样本,样本方差分别记为 S_X^2 和 S_Y^2,问 $T=\frac{1}{2}[(m-1)S_X^2+(n-1)S_Y^2]$ 服从什么分布?

解 因为

$$\frac{(m-1)S_X^2}{2}\sim\chi^2(m-1),\frac{(n-1)S_Y^2}{2}\sim\chi^2(n-1),$$

所以

$$T=\frac{1}{2}[(m-1)S_X^2+(n-1)S_Y^2]\sim\chi^2(m+n-2).$$

3. t 分布

定义 5 设 $X\sim N(0,1)$,$Y\sim\chi^2(n)$,且 X 与 Y 相互独立,则称

$$t=\frac{X}{\sqrt{Y/n}}$$

服从自由度为 n 的 **t 分布**,记为 $t\sim t(n)$.

t 分布的概率密度函数为

$$p(x)=\frac{\Gamma[(n+1)/2]}{\sqrt{n\pi}\Gamma(n/2)}\left(1+\frac{x^2}{n}\right)^{-\frac{n+1}{2}}.$$

例 2 设 $X_1,X_2,\cdots,X_5$ 是正态总体 $N(0,\sigma^2)$ 的一个简单随机样本,若 $\dfrac{\alpha(X_1+X_2)}{\sqrt{X_3^2+X_4^2+X_5^2}}$ 服从 t 分布,求 α.

解 因为

$$\frac{X_1+X_2}{\sqrt{2}\sigma}\sim N(0,1),\frac{1}{\sigma^2}(X_3^2+X_4^2+X_5^2)\sim\chi^2(3),$$

且相互独立，所以

$$\frac{\dfrac{X_1+X_2}{\sqrt{2}\sigma}}{\sqrt{\dfrac{\frac{1}{\sigma^2}(X_3^2+X_4^2+X_5^2)}{3}}}=\frac{\sqrt{\dfrac{3}{2}}(X_1+X_2)}{\sqrt{X_3^2+X_4^2+X_5^2}}\sim t(3),$$

所以

$$\alpha=\frac{\sqrt{6}}{2}.$$

4. F 分布

定义 6　设 $X_1\sim\chi^2(n_1)$，$X_2\sim\chi^2(n_2)$，且 X_1 与 X_2 相互对立，则称

$$F=\frac{X_1/n_1}{X_2/n_2}$$

服从自由度为 n_1 和 n_2 的 **F 分布**，记为 $X\sim F(n_1,n_2)$.

5. 正态总体的样本均值与样本方差的分布

定理 4　设 $X_1,X_2,\cdots,X_n$ 是正态总体 $N(\mu,\sigma^2)$ 的样本，则

(1) $\overline{X}=\dfrac{1}{n}\sum\limits_{i=1}^{n}X_i\sim N\left(\mu,\dfrac{\sigma^2}{n}\right)$；

(2) $\dfrac{(n-1)S^2}{\sigma^2}=\dfrac{1}{\sigma^2}\sum\limits_{i=1}^{n}(X_i-\overline{X})^2\sim\chi^2(n-1)$；

(3) $\overline{X}$ 和 S^2 相互独立.

正态总体的样本均值与样本方差的分布

定理 5　设 $X_1,X_2,\cdots,X_n$ 是标准正态总体 $N(0,1)$ 的样本，则

(1) $\overline{X}=\dfrac{1}{n}\sum\limits_{i=1}^{n}X_i\sim N\left(0,\dfrac{1}{n}\right)$；

(2) $Q=\sum\limits_{i=1}^{n}(X_i-\overline{X})^2\sim\chi^2(n-1)$；

(3) $\overline{X}$ 和 Q 相互独立.

例 3　某校学生数学期末成绩服从期望为 75、方差为 160 的正态分布，现从中抽取一个容量为 10 的样本，求这一样本的均值介于 80 至 85 的概率.

解　因为 $X\sim N(75,160)$，$n=10$，所以

$$E(\overline{X})=75,D(\overline{X})=16,$$

所以 $\overline{X}\sim N(75,16)$.

$$\begin{aligned}P(80\leqslant\overline{X}\leqslant 85)&=P\left(\frac{80-75}{4}\leqslant\frac{\overline{X}-75}{4}\leqslant\frac{85-75}{4}\right)\\&=\Phi(2.5)-\Phi(1.25)\\&=0.9938-0.8944\\&=0.0994\end{aligned}$$

所以,样本均值介于 80 至 85 的概率为 0.0994.

例 4 10 名学生对一直流电压进行独立测量,以往资料表明测量误差服从正态分布 $N(0,0.2^2)$(单位:V),求 10 名学生的测量值的平均误差绝对值小于 0.1V 的概率是多少?

解 由 $X\sim N(0,0.2^2)$,$n=10$ 可知,$\overline{X}\sim N\left(0,\frac{0.2^2}{10}\right)$.

于是

$$P(|\overline{X}|<0.1)=P(-0.1<X<0.1)=P\left(-\frac{0.1}{0.0632}<\frac{\overline{X}-0}{0.0632}<\frac{0.1}{0.0632}\right)$$
$$=2\Phi(1.58)-1=0.886.$$

所以 10 名学生的测量值的平均误差绝对值小于 0.1V 的概率是 0.886.

例 5 设 $\overline{X}$ 和 S^2 分别为正态总体 $N(\mu,\sigma^2)$的样本均值和样本方差,试证明:

$$\frac{\overline{X}-\mu}{S}\sqrt{n}\sim t(n-1).$$

证 由定理可知

$$\frac{\overline{X}-\mu}{\sqrt{\sigma^2/n}}\sim N(0,1),\ \frac{n-1}{\sigma^2}S^2\sim \chi^2(n-1),$$

且相互独立,由 t 分布的定义可知

$$\frac{(\overline{X}-\mu)/\sqrt{\sigma^2/n}}{\sqrt{\frac{n-1}{\sigma^2}S^2/(n-1)}}=\frac{\overline{X}-\mu}{S}\sqrt{n}\sim t(n-1).$$

▶▶▶▶ 习题 10.1 ◀◀◀◀

1. 设一组观察值为 4,6,7,3,5,2,8,4,4,6,则样本均值为________,样本方差为________.

2. 求标准正态分布的上侧分位数 $F_{0.2}$ 和双侧分位数 $F_{0.2/2}$.

3. 设 X_1,X_2,X_3,X_4 是标准正态总体 $N(0,1)$的一个随机样本,求$\frac{X_1+X_2}{\sqrt{X_3^2+X_4^2}}$服从什么分布.

4. 设在总体 $N(\mu,\sigma^2)$中抽取一个容量为 16 的样本,求 $D(S^2)$.

5. 已知 $X\sim t(n)$,证明 $X^2\sim F(1,n)$.

* § 10.2　参数估计

学习目标

1. 掌握点估计的概念和矩估计法；
2. 掌握无偏估计的概念；
3. 掌握区间估计的类别和方法.

学习重点

1. 期望和方差的矩估计；
2. 期望和方差的无偏估计.

学习难点

1. 置信区间的概念；
2. 期望和方差的区间估计.

在实际问题中，当所研究的总体分布类型已知，但分布中含有一个或多个未知参数时，如何根据样本来估计未知参数，这就是参数估计问题.

参数估计问题分为点估计问题和区间估计问题两类. 所谓点估计就是用某一个函数值作为总体未知参数的估计值；区间估计就是对于未知参数给出一个范围，并且在一定的可靠度下使这个范围包含未知参数的真值.

参数的点估计

一、参数的点估计

1. 点估计的概念

定义 1　若 θ 是总体 X 的待估参数，用样本 $(X_1, X_2, \cdots, X_n)$ 的一个不含任何参数的样本函数 $\hat{\theta}=\hat{\theta}(X_1, X_2, \cdots, X_n)$ 来估计 θ，称 $\hat{\theta}$ 为参数 θ 的**估计量**，用样本的一组观测值 $(x_1, x_2, \cdots, x_n)$ 可计算出的估计量 $\hat{\theta}$ 的相应值 $\hat{\theta}(x_1, x_2, \cdots, x_n)$，称为参数 θ 的**估计值**，简记为 $\hat{\theta}$.

2. 矩估计法

矩估计法的基本思想就是利用样本矩来估计总体矩.

定义 2　用相应的样本矩去估计总体矩的方法称为**矩估计法**，用矩估计法确定的估计量称为**矩估计量**，矩估计量与矩估计值统称为**矩估计**.

定理 1　样本均值 $\overline{X}$ 作为总体分布的数学期望 μ 的估计量；样本方差 S^2 作为总体分

布的方差 σ^2 估计量,即

$$\hat{\mu}=\overline{X}=\frac{1}{n}\sum_{i=1}^{n}X_i;$$

$$\hat{\sigma}^2=S^2=\frac{1}{n-1}\sum_{i=1}^{n}(X_i-\overline{X})^2.$$

例 1 设某种电池使用寿命 $X\sim N(\mu,\sigma^2)$,其中 μ 和 σ^2 未知,现随机抽取 5 节电池,测得使用寿命(单位:小时)分别为 130,134,122,143,135,140. 试求 μ,σ^2 的估计量.

解 根据定理 1,得

$$\hat{\mu}=\overline{X}=\frac{1}{6}(128+134+122+143+135+140)=134$$

$$\hat{\sigma}^2=S^2=\frac{1}{5}(4^2+0^2+12^2+9^2+1^2+6^2)=55.6$$

μ,σ^2 的估计量分别为 $\hat{\mu}=134,\hat{\sigma}^2=55.6$.

例 2 设总体 X 的概率分布为

X	1	2	3
P	θ^2	$2\theta(1-\theta)$	$(1-\theta)^2$

其中$(0<\theta<1)$为未知参数,现抽得一个样本 1、3、1,求 θ 的估计值.

解 $E(X)=1\times\theta^2+2\times2\theta(1-\theta)+3\times(1-\theta)^2=3-2\theta$,

样本均值 $\overline{X}=\frac{1}{3}(1+3+1)=\frac{5}{3}$,

由 $E(X)=\overline{X}$,得 $3-2\theta=\frac{5}{3}$,故 $\hat{\theta}=\frac{2}{3}$.

二、估计量的评价标准

1. 无偏估计

定义 3 如果估计量 $\hat{\theta}(X_1,X_2,\cdots,X_n)$的数学期望等于未知参数 θ,即

$$E(\hat{\theta})=\theta$$

则称$\hat{\theta}$为 θ 的**无偏估计量**.

例 3 从总体 X 中抽取一样本 $X_1,X_2,\cdots,X_n$,$EX=\mu,DX=\sigma^2$,试说明样本均值 $\overline{X}=\frac{1}{n}\sum_{i=1}^{n}X_i$ 和样本方差 $S^2=\frac{1}{n-1}\sum_{i=1}^{n}(X_i-\overline{X})^2$ 分别是 μ 和 σ^2 的无偏估计量.

解　因为

$$E\overline{X}=E\left(\frac{1}{n}\sum_{i=1}^{n}X_i\right)=\frac{1}{n}\sum_{i=1}^{n}EX_i=\frac{1}{n}\cdot n\mu=\mu,$$

所以 $\overline{X}$ 是 μ 的无偏估计量.

由于

$$\begin{aligned}S^2&=\frac{1}{n-1}\sum_{i=1}^{n}(X_i-\overline{X})^2\\&=\frac{1}{n-1}\left(\sum_{i=1}^{n}X_i^2-2\sum_{i=1}^{n}X_i\overline{X}+\sum_{i=1}^{n}\overline{X}^2\right)\\&=\frac{1}{n-1}\left(\sum_{i=1}^{n}X_i^2-2\overline{X}\sum_{i=1}^{n}X_i+n\overline{X}^2\right)\\&=\frac{1}{n-1}\left(\sum_{i=1}^{n}X_i^2-2n\overline{X}^2+n\overline{X}^2\right)\\&=\frac{1}{n-1}\left(\sum_{i=1}^{n}X_i^2-n\overline{X}^2\right),\end{aligned}$$

$$DX_i=\sigma^2,i=1,2,\cdots,n$$

$$\begin{aligned}D\overline{X}&=D\left(\frac{1}{n}\sum_{i=1}^{n}X_i\right)=\frac{1}{n^2}\sum_{i=1}^{n}DX_i\\&=\frac{1}{n^2}n\sigma^2=\frac{\sigma^2}{n}.\end{aligned}$$

因此，$E(X_i^2)=DX_i+(EX_i)^2=\sigma^2+\mu^2(i=1,2,\cdots,n)$，

$$E(\overline{X}^2)=D\overline{X}+(E\overline{X})^2=\frac{\sigma^2}{n}+\mu^2,$$

所以有

$$\begin{aligned}E(S^2)&=\frac{1}{n-1}\sum_{i=1}^{n}E(X_i^2)-\frac{n}{n-1}E(\overline{X}^2)\\&=\frac{n}{n-1}(\sigma^2+\mu^2)-\frac{n}{n-1}\left(\frac{\sigma^2}{n}+\mu^2\right)=\sigma^2.\end{aligned}$$

由此可见，S^2 是 σ^2 的无偏估计量.

2. 有效性

定义 4　若 θ_1,θ_2 都是 θ 的无偏估计量，且 $D(\theta_1)<D(\theta_2)$，则称 θ_1 比 θ_2 **更有效**.

三、参数的区间估计

参数的区间估计

1. 置信区间的概念

定义 5　假设我们用 $\hat{\theta}(X_1,X_2,\cdots,X_n)$ 作为未知参数 θ 的估计量，其误差小于某一正数 ε 的概率为 $1-\alpha$，即

$$P(|\hat{\theta}-\theta|<\varepsilon)=1-\alpha.$$

这说明,随机区间$(\hat{\theta}-\varepsilon,\hat{\theta}+\varepsilon)$包含参数$\theta$的真值的概率为$1-\alpha$,通常把概率$1-\alpha$称为**置信概率**,也称**置信水平**或**置信度**,区间$(\hat{\theta}-\varepsilon,\hat{\theta}+\varepsilon)$称为**置信区间**,置信区间表示估计结果的精确性,而置信概率则表示这一结果的可靠性.

注意:对应于已给的置信概率,根据样本观测值来确定未知参数θ的置信区间,称为参数θ的区间估计.

2. 数学期望的区间估计

(1)正态总体方差σ^2已知,参数μ的区间估计

设总体$X\sim N(\mu,\sigma^2)$,$(X_1,X_2,\cdots,X_n)$为来自总体X的样本.

第一步:选择统计量

$$U=\frac{\overline{X}-\mu}{\sigma/\sqrt{n}}\sim N(0,1)$$

第二步:对于给定的置信概率为$1-\alpha$,可查表求出使

$$P(|U|<u_{\alpha/2})=1-\alpha$$

成立的临界值$u_{\alpha/2}$,即

$$P\left(\overline{X}-\mu_{\alpha/2}\frac{\sigma}{\sqrt{n}}<\mu<\overline{X}+\mu_{\alpha/2}\frac{\sigma}{\sqrt{n}}\right)=1-\alpha$$

即μ的置信概率为$1-\alpha$的置信区间为

$$(\hat{\theta}_1,\hat{\theta}_2)=\left(\overline{X}-\mu_{\alpha/2}\frac{\sigma}{\sqrt{n}},\overline{X}+\mu_{\alpha/2}\frac{\sigma}{\sqrt{n}}\right)$$

简记为

$$\left(\overline{X}\pm\mu_{\alpha/2}\frac{\sigma}{\sqrt{n}}\right).$$

例 4 从正态总体$N(\mu,9)$中抽取容量为9的样本,样本均值为$\overline{X}=\frac{1}{9}\sum_{i=1}^{9}X_i=15$,求$\mu$的置信度为0.95的置信区间.

解 因为$1-\alpha=0.95$,所以$\alpha=0.05$,查正态分布表,$\Phi(1.96)=1-\alpha/2=0.975$,所以$z_{\alpha/2}=1.96$,所以

$$\bar{x}-z_{\alpha/2}\frac{\sigma}{\sqrt{n}}=15-1.96\times\frac{3}{\sqrt{9}}=13.04,$$

$$\bar{x}+z_{\alpha/2}\frac{\sigma}{\sqrt{n}}=15+1.96\times\frac{3}{\sqrt{9}}=16.96,$$

即μ的置信度为0.95的置信区间是(13.04,16.96).

(2)正态总体方差σ^2未知,参数μ的区间估计

设总体$X\sim N(\mu,\sigma^2)$,$(X_1,X_2,\cdots,X_n)$为来自总体X的样本.

构造统计量

$$t=\frac{\overline{X}-\mu}{S/\sqrt{n}}\sim t(n-1)$$

对于给定的置信概率为 $1-\alpha$，可查自由度为 $n-1$ 的 t 分布表得临界值 $t_{\alpha/2}(n-1)$，使 $P(|t|<t_{\alpha/2}(n-1))=1-\alpha$.

即

$$P\left\{\overline{X}-t_{\alpha}(n-1)\frac{S}{\sqrt{n}}<\mu<\overline{X}+t_{\alpha/2}(n-1)\frac{S}{\sqrt{n}}\right\}=1-\alpha.$$

所以 μ 的置信度为 $100(1-\alpha)\%$ 的置信区间为

$$\left(\overline{X}-t_{\alpha/2}(n-1)\frac{S}{\sqrt{n}},\overline{X}+t_{\alpha/2}(n-1)\frac{S}{\sqrt{n}}\right),$$

简记为

$$\left(\overline{X}\pm t_{\alpha/2}(n-1)\frac{S}{\sqrt{n}}\right).$$

3. 方差的区间估计

设样本 $X_1,X_2,\cdots,X_n$ 来自正态总体 $N(\mu,\sigma^2)$，其中 μ、σ^2 未知，若用样本方差 S^2 来作为总体方差 σ^2 的估计量，则构造统计量

$$\chi^2=\frac{1}{\sigma^2}\sum_{i=1}^{n}(\chi_i-\overline{X})^2=\frac{(n-1)S^2}{\sigma^2}\sim\chi^2(n-1).$$

对于给定的置信概率 $1-\alpha$，可查自由度为 $n-1$ 的 χ^2 分布表，得到双侧临界值 $\lambda_1=\chi^2_{1-\alpha/2}(n-1)$，$\lambda_2=\chi^2_{\alpha/2}(n-1)$ 使得

$$P\left(\lambda_1<\frac{(n-1)S^2}{\sigma^2}<\lambda_2\right)=1-\alpha,$$

即

$$P\left(\frac{(n-1)S^2}{\lambda_2}<\sigma^2<\frac{(n-1)S^2}{\lambda_1}\right)=1-\alpha.$$

所以正态总体标准差 σ 与 $1-\alpha$ 置信区间为

$$(\hat{\theta}_1,\hat{\theta}_2)=\left(\sqrt{\frac{(n-1)S^2}{\lambda_2}},\sqrt{\frac{(n-1)S^2}{\lambda_1}}\right).$$

例 5　从正态总体 $N(\mu,\sigma^2)$ 中抽取容量为 25 的样本，测得样本均值为 $\overline{X}=126$，样本标准差 $S=10$，求 σ 的置信度为 0.9 的置信区间.

解　σ 的 $1-\alpha$ 的置信区间是

$$\left(\sqrt{\frac{(n-1)S^2}{\lambda_2}},\sqrt{\frac{(n-1)S^2}{\lambda_1}}\right).$$

查表得，$\chi^2_{0.1/2}(25-1)=36.415$，$\chi^2_{1-0.1/2}(25-1)=13.848$.

所以置信下限为 $\sqrt{\frac{24\times10^2}{36.415}}\approx8.12$，置信上限为 $\sqrt{\frac{24\times10^2}{13.848}}\approx13.16$.

即 σ 的置信度为 0.9 的置信区间是 $(8.12,13.16)$.

▶▶▶▶ 习题 10.2 ◀◀◀◀

1. 已知总体 X 的期望为 μ，方差为 σ^2，$X_1,\cdots,X_n$ 为其简单样本，均值为 $\overline{X}$，方差为 S^2，问 $\frac{1}{2}(n\overline{X}^2+S^2)$ 是否是 σ^2 的无偏估计量？

2. 设总体 $X\sim N(\mu,\sigma^2)$，$X_1,X_2,\cdots,X_n$ 是来自 X 的一个样本，要使 $C\sum_{i=1}^{n-1}(X_{i+1}-X_i)^2$ 为 σ^2 的无偏估计，求常数 C.

3. 设总体 X 的方差为 1，根据来自 X 的容量为 400 的简单随机样本，测得样本均值为 6. 求 X 的期望 μ 的置信度为 0.95 的置信区间.

4. 设由来自正态总体 $X\sim N(\mu,0.06)$ 容量为 6 的简单随机样本，样本均值 $\overline{X}=14.95$，求未知参数 μ 的置信度为 0.95 的置信区间.

5. 设一批零件的长度服从正态分布 $N(\mu,\sigma^2)$，现从中随机抽取 16 个零件，测得样本均值 $\overline{X}=20$，样本标准差 $S=1$. 求 μ 的置信度为 0.90 的置信区间.

* §10.3 假设检验

学习目标

1. 掌握假设检验问题的相关概念；
2. 掌握假设检验的基本思想和方法；
3. 掌握正态总体的假设检验方法.

学习重点

1. 假设检验的基本思想；
2. U 检验和 t 检验方法.

学习难点

1. 假设检验基本思想和方法的理解；
2. 统计量的检验.

一、假设检验问题

统计推断的另一类重要问题就是假设检验. 比如判断产品是否合格，分布是否为某一已知分布，方差是否相等．在统计学中，我们称待考察的命题为**假设**，从样本去判断假设是否成立，称为**假设检验**．

例 1　设有一批货物共 100 件，厂家称产品合格率为 98%，客户任意抽取一件，发现是次品，问厂家说法是否正确？

假设检验问题

解　先作假设 H_0：产品合格率为 98%．

如果假设 H_0 正确，则任取一件是次品的概率只有 0.02，是小概率事件．通常认为在一次随机试验中，小概率事件是不会发生的，因此若任取一件是合格品，则没有理由怀疑假设 H_0 的正确性．现在任取一件，发现是次品，则小概率事件竟然在一次试验中发生了，故有理由拒绝假设 H_0，即认为厂家 98%的合格率不正确．

二、假设检验的基本思想

如果根据所作的假设 H_0，预计事件 A 出现的概率 α 很小，但在一次试验中，事件 A 居然发生了，则可以认为假设 H_0 是不正确的，从而否定 H_0．这一原理就是**小概率原理**．

假设检验的基本思想就是利用小概率原理进行反证法的推理思想．

假设检验的基本步骤：

(1)根据实际问题提出假设 H_0，即说明需要检验的假设 H_0 的具体内容；

(2)选取适当的统计量，并在假设 H_0 成立的条件下确定该统计量的分布；

(3)按问题的具体要求，选取适当的显著性水平 α，并根据统计量的分布查表，确定对应于 α 的临界值；

(4)根据样本观测值计算统计量的实际值，并与临界值比较，从而对拒绝或接受假设 H_0 做出判断．

三、假设检验的两类错误

当假设 H_0 正确时，小概率事件也有可能发生，此时我们会拒绝假设 H_0，因而犯了“弃真”的错误，称此为**第一类错误**．犯第一类错误的概率恰好就是“小概率事件”发生的概率 α，即

$$P(\text{拒绝 } H_0 \mid H_0 \text{ 为真})=\alpha.$$

反之，若假设 H_0 不正确，但一次抽样检验未发生不合理结果，这时我们就会接受 H_0，因而犯了“取伪”的错误，称此为**第二类错误**．记 β 为犯第二类错误的概率，即

$$P(\text{接受 } H_0 \mid H_0 \text{ 为伪})=\beta.$$

理论上，自然希望犯这两类错误的概率都很小．当样本容量 n 固定时，α、β 不能同时都

小，即 α 小时，β 就变大；而 β 变小时，α 就变大. 一般只有当样本容量 n 增大时，才有可能使两者同时变小. 在实际应用中，一般原则是：控制犯第一类错误的概率，即给定 α，然后通过增大样本容量 n 来减小 β.

关于显著性水平 α 的选取：若注重经济效益，α 可取小些，比如 $\alpha=0.01$；若注重社会效益，α 可取大些，比如 $\alpha=0.1$；若要兼顾经济效益和社会效益，一般可取 $\alpha=0.05$.

四、正态总体的假设检验问题

正态总体的假设检验问题

1.U 检验法

设 $X_1,X_2,\cdots,X_n$ 是来自正态总体 $X\sim N(\mu,\sigma^2)$ 的一个样本，因为样本均值 $X\sim N\left(\mu,\frac{\sigma^2}{n}\right)$，所以 $\frac{X-\mu}{\sigma/\sqrt{n}}\sim N(0.1)$.

关于方差已知的正态总体期望值 μ 的检验步骤：

(1)提出待检假设 $H_0:\mu=\mu_0$.

(2)选取样本 $X_1,X_2,\cdots,X_n$ 的统计量

$$U=\frac{\overline{X}-\mu_0}{\sigma/\sqrt{n}}$$

在 H_0 成立的条件下，$U\sim N(0,1)$.

(3)根据给定的检验水平 α，查表确定临界值 $\mu_{\alpha/2}$ 使得

$$P(|U|>\mu_{\alpha/2})=\alpha.$$

如 $\alpha=0.05,\Phi(\mu_{\alpha/2})=1-\frac{\alpha}{2}=0.975,\mu_{\alpha/2}=1.96$.

(4)根据样本观测值统计量 U 的值.

若 $|U|>\mu_{\alpha/2}$，则否定 H_0；

若 $|U|\leqslant\mu_{\alpha/2}$，则接受 H_0.

例 2 已知滚珠直径服从正态分布，现随机从一批滚珠中抽取 6 个，测得它们的直径(单位：mm)为 14.50，15.20，14.80，14.85，15.40，15.12. 假设滚珠直径总体分布的方差为 0.05，问这一批滚珠的平均值是否为 15.20mm($\alpha=0.05$)?

解 设滚珠的直径为 X，则 $X\sim N(\mu,\sigma^2)$，且由条件可知 $\sigma^2=0.05$. 在 $\alpha=0.05$ 的情况下，检验假设 $H_0:\mu=\mu_0=15.20$. 如果 H_0 成立，则总体期望 $\mu=\mu_0=15.20$，这时由抽样得到的样本平均值 $\overline{x}$ 和 μ 应相差不大，于是构造一个小概率事件，对给定的 $\alpha=0.05$，求 $x(x>0)$，使得

$$P(|\overline{x}-\mu_0|>x)=\alpha.$$

因为

$$U=\frac{(\bar{x}-\mu_0)\sqrt{n}}{\sigma}\sim N(0,1),$$

令

$$\lambda=\frac{x\sqrt{n}}{\sigma},$$

则

$$P(|U|>\lambda)=\alpha.$$

由 $P(|U|>\lambda)=1-P(|U|\leqslant\lambda)=2(1-\Phi(\lambda))=\alpha=0.05$,

得 $\Phi(\lambda)=1-\frac{\alpha}{2}=0.975$,

故 $\lambda=1.96$.

$P\left(\left|\frac{(x-\mu)\sqrt{n}}{\sigma}\right|>1.96\right)=0.05$.

由 $\mu_0=15.20$, $\sigma^2=0.05$, $n=6$，得拒绝域为 $W=\{\bar{x}<15.02$ 或 $\bar{x}>15.38\}$.

因为

$$\bar{x}=\frac{1}{n}\sum_{i=1}^{n}x_i=\frac{1}{6}\sum_{i=1}^{6}x_i=14.98\in W.$$

说明小概率事件发生了，因此拒绝假设 H_0.

例 3　假定某厂生产的一种钢索的断裂强度 $X\sim N(\mu,15^2)$ (kg/cm²)，从中选取一个容量为 6 的样本，经计算得 $\overline{X}=790$ kg/cm²，能否据此样本，认为这批钢索的断裂强度为 800 kg/cm² ($\alpha=0.05$)?

解　根据例题中所给的条件，可知这是一个正态总体方差已知的假设检验问题，对总体均值 μ 是否等于 800 进行检验，所以采用 U 检验法.

(1) $H_0:\mu=800$.

(2)作统计量

$$U=\frac{\overline{X}-800}{15/\sqrt{6}}\sim N(0,1).$$

(3)由 $\alpha=0.05$，查表得 $\mu_{\alpha/2}=1.96$，使得

$$P(|U|>1.96)=0.05.$$

(4)根据样本值，计算得到 $\overline{X}=790$，故

$$|U|=\left|\frac{790-800}{15/\sqrt{6}}\right|=1.63<1.96.$$

故接受 H_0，即认为这批铁索的平均断裂强度为 800 kg/cm² ($\alpha=0.05$).

例 4　某一化肥厂采用自动流水生产线，装袋记录表明，实际每包重量 X 服从正态分布 $N(100,5)$. 打包机必须定期进行检查，确定机器是否需要调整，以确保所打的包不致过

轻或过重.现随机抽取 10 包,测得平均包重为 102(单位:kg),若要求完好率为 95%,问机器是否需要调整?

解 假设 $H_0:\mu=100$.

作统计量

$$U=\frac{\overline{X}-100}{\sqrt{5}/\sqrt{10}}\sim N(0,1).$$

由 $\alpha=0.05$,得 $\mu_{\alpha/2}=1.96$,于是

$$|U|=\left|\frac{102-100}{\sqrt{5}/\sqrt{10}}\right|=2.82>1.96,$$

因而拒绝 H_0,即认为机器工作不正常,需要调整.

2. *t* 检验法

设 $X_1,X_2,\cdots,X_n$ 是来自正态总体 $X\sim N(\mu,\sigma^2)$ 的一个样本,其中 σ^2 未知,用样本方差 $S^2=\frac{1}{n-1}\sum_{i=1}^{n}(X_i-\overline{X})^2$ 代替 σ^2,则有

$$\frac{\overline{X}-\mu_0}{S/\sqrt{n}}\sim t(n-1).$$

所以,关于未知方差的一个正态总体期望值 μ 的假设检验步骤为:

(1)建立待检假设 $H_0:\mu=\mu_0$.

(2)选取样本 $X_1,X_2,\cdots,X_n$ 的统计量

$$t=\frac{\overline{X}-\mu_0}{S/\sqrt{n}}$$

在 H_0 成立的条件下 t 为具有 $n-1$ 自由度的 t 分布.

(3)对于给定的检验水平 α,查 t 分布表确定临界值 $t_{\alpha/2}$,使得

$$P(|t|>t_{\alpha/2})=\alpha.$$

(4)根据样本观测值计算统计量 t 的值.

若 $|t|>t_{\alpha/2}$,则拒绝假设 H_0;

若 $|t|\leqslant t_{\alpha/2}$,则接受假设 H_0.

例 5 由于工业排水引起附近水质污染,测得鱼的蛋白质中含汞的浓度为(单位:mg/m³):

0.382 0.268 0.145 0.095 0.100 0.546 0.265 0.08 0.050 0.124

从过去大量的资料判断,鱼的蛋白质中含汞的浓度服从正态分布,并且从工艺过程分析科研推算出理论上的浓度应为 0.1,问从这组数据来看,实测值和理论值是否符合?

解 假设 $H_0:\mu=0.1$.

由于总体方差 σ^2 未知,故选择统计量 $T=\frac{\overline{x}-\mu_0}{s/\sqrt{n}}$.

由已知条件可知 $\mu_0=0.1$，$n=10$，通过计算可知样本的均值是 $\bar{x}=0.2055$，方差是 $s^2=\frac{1}{n-1}\sum_{i=1}^{n}(x_i-\bar{x})^2=0.025$.

计算检验量

$$t=\frac{\bar{x}-\mu_0}{s/\sqrt{n}}=\frac{0.2055-0.1}{\sqrt{0.025}/\sqrt{10}}=2.11.$$

在显著性水平 $\alpha=0.05$ 下，查得临界值 $t_{0.05}=2.262$. 因为 $|t|=2.11<t_{0.05}$，所以应接受 $H_0:\mu=0.1$，即实测值和理论值相符.

▶▶▶▶ 习题 10.3 ◀◀◀◀

1. 要使犯两类错误的概率同时减少，只有________.

2. 设 $X_1,X_2,\cdots,X_n$ 来自正态总体 $N(\mu,\sigma^2)$ 的简单随机样本，已知 σ^2 为常数，要检验假设 $H_0:\mu=\mu_0$ 时，选用的统计量为________；当 H_0 成立时，该统计量服从________分布.

3. 在假设检验中，H_0 表示原假设，则称犯第二类错误的是________.

4. 已知某炼铁厂铁水含碳量服从正态分布 $N(4.55,0.108^2)$，现在测定了 9 桶铁水，其平均含碳量为 4.84. 若估计方差没有变化，可否认为现在生产的铁水平均含碳量仍为 4.55($\alpha=0.05$)?

5. 按规定，每 100g 的罐头，番茄汁中维生素 C 的含量不得少于 21mg，现从某厂生产的一批罐头中抽取 17 个，测得维生素 C 的含量(单位：mg)为 16 22 21 20 23 21 19 15 13 23 17 20 29 18 22 16 25. 已知维生素 C 的含量服从正态分布，试以 0.025 的检验水平检验该批罐头的维生素 C 含量是否合格.

第 10 章自测题

(总分 100 分，时间 90 分钟)

一、选择题(每小题 4 分，共 20 分)

1. 下面关于统计量的说法不正确的是(　　).

A. 统计量与总体同分布　　B. 统计量是随机变量

C. 统计量是样本的函数　　D. 统计量不含未知参数

2.已知 $X_1,\cdots,X_n$ 是来自总体 $X\sim N(\mu,\sigma^2)$ 的样本,则下列关系中正确的是(　　).

A. $E(\overline{X})=n\mu$　　B. $D(\overline{X})=\sigma^2$

C. $E(S^2)=\sigma^2$　　D. $E(B_2)=\sigma^2$

3.设总体 X 的均值 μ 与方差 σ^2 都存在但未知,而 $X_1,X_2,\cdots,X_n$ 为来自 X 的样本,则均值 μ 与方差 σ^2 的矩估计量分别是(　　).

A. $\overline{X}$ 和 S^2　　B. $\overline{X}$ 和 $\frac{1}{n}\sum\limits_{i=1}^{n}(X_i-\mu)^2$

C. μ 和 σ^2　　D. $\overline{X}$ 和 $\frac{1}{n}\sum\limits_{i=1}^{n}(X_i-\overline{X})^2$

4.设总体 X 的均值 μ 与方差 σ^2 都存在但未知,而 $X_1,X_2,\cdots,X_n$ 为 X 的样本,则无论总体 X 服从什么分布,(　　)是 μ 和 σ^2 的无偏估计量.

A. $\frac{1}{n}\sum\limits_{i=1}^{n}X_i$ 和 $\frac{1}{n}\sum\limits_{i=1}^{n}(X_i-\overline{X})^2$　　B. $\frac{1}{n}\sum\limits_{i=1}^{n}X_i$ 和 $\frac{1}{n-1}\sum\limits_{i=1}^{n}(X_i-\overline{X})^2$

C. $\frac{1}{n-1}\sum\limits_{i=1}^{n}X_i$ 和 $\frac{1}{n-1}\sum\limits_{i=1}^{n}(X_i-\mu)^2$　　D. $\frac{1}{n}\sum\limits_{i=1}^{n}X_i$ 和 $\frac{1}{n}\sum\limits_{i=1}^{n}(X_i-\mu)^2$

5.设 X 服从正态分布且 $E(X)=1,E(X^2)=4$, $\overline{X}=\sum\limits_{i=1}^{n}X_i$ 服从的分布是(　　).

A. $N\left(1,\frac{3}{n}\right)$　　B. $N\left(1,\frac{4}{n}\right)$　　C. $N\left(\frac{1}{n},4\right)$　　D. $N\left(\frac{1}{n},\frac{3}{n}\right)$

二、填空题(每小题 4 分,共 20 分)

1.设总体 $X\sim N(2,25)$, $X_1,X_2,\cdots,X_{100}$ 是从该总体中抽取的容量为 100 的样本,则 $E(\overline{X})=$________;$D(\overline{X})=$________.

2.设总体 X 服从正态分布 $N(\mu,\sigma^2)$, $X_1,X_2,\cdots,X_n$ 是来自 X 的简单随机样本,则统计量 $\frac{\overline{X}-\mu}{\sigma/\sqrt{n}}$ 服从________分布;$\frac{\overline{X}-\mu}{S/\sqrt{n}}$ 服从________分布.

3.设有一组观测值 4,6,4,3,5,8,2,6,4,5,则样本均值为________,样本方差为________.

4.设有来自正态总体 $X\sim N(\mu,0.9^2)$ 容量为 9 的简单随机样本,样本均值 $\overline{X}=5$,则未知参数 μ 的置信度为 0.95 的置信区间是________.

5.从一批电子元件中随机抽取 10 只做工作时间测试,其正常工作时间(单位:小时)为 1498,1499,1501,1503,1500,1499,1499,1498,1500,1503,设工作时间服从正态分布,试求其平均工作时间的 95%置信下限________.

三、解答题（每小题 10 分，共 60 分）

1. 盒中有 3 件产品，其中 1 件次品，2 件正品，每次从中任取 1 件，记正品的件数是随机变量 X，有放回地抽取 10 次，得到容量为 10 的样本 $X_1,\cdots,X_{10}$，试求：

(1)样本均值的数学期望；

(2)样本均值的方差；

(3) $\sum_{i=1}^{10} X_i$ 的概率分布.

2. 设总体 X 服从正态分布 $N(\mu,1)$，X_1、X_2 是总体 X 的两个样本，试验证 $\hat{\mu}_1=\frac{2}{3}X_1+\frac{1}{3}X_2$ 和 $\hat{\mu}_2=\frac{1}{2}X_1+\frac{1}{2}X_2$ 都是 μ 的无偏估计量，并判断哪一个估计量更有效.

3. 设总体 $X\sim\chi^2(n)$，$X_1,\cdots,X_{10}$ 是来自 X 的样本，求 $E(\overline{X})$，$D(\overline{X})$，$E(S^2)$.

4. 设总体 X 的概率分布为

X	-2	1	5
P	3θ	$1-4\theta$	θ

其中 $0<\theta<0.25$ 为未知参数，$X_1,\cdots,X_n$ 为来自总体 X 的样本，求 θ 的矩估计量.

5. 为调查某地旅游者的平均消费水平，随机访问了 40 名旅游者，算得平均消费额为 $\bar{x}=105$ 元，样本标准差 $s=28$ 元. 假设消费额服从正态分布，取置信水平为 0.95，求该地旅游者的平均消费额的置信区间.

6. 统计资料表明某市人均月收入服从 $\mu=2150$ 元的正态分布. 对该市从事某种职业的职工调查 30 人，算得人均月收入为 $\overline{X}=2280$ 元，样本标准差 $S=476$ 元. 取显著性水平 $\alpha=0.05$，试检验该种职业家庭人均月收入是否高于该市人均月收入.

本章课程思政

毛泽东同志曾经指出，“没有调查就没有发言权”，“不做正确的调查同样没有发言权”. 统计学是理论与实践紧密结合的学科，是在正确理论指导下的正确调查方法. 它在实际生活中有广泛的应用，且统计的研究内容与社会经济发展的实际问题密切相关，学生应该具备关注社会、关注国计民生的意识，学好统计方法，为社会做出贡献. 统计关键方法中的大数定律和中心极限定理告诉我们，只有经过长期的实践和积累，才能获得稳定可靠的成果. 正如党的二十大报告所指出的：“党的百年奋斗成功道路是党领导人民独立自主探索开辟出来的，马克思主义的中国篇章是中国共产党人依靠自身力量实践出来的，贯穿其中的一个基本点就是中国的问题必须从中国基本国情出发，由中国人自己来解答.”①

拓展阅读

数学家谷超豪

谷超豪，男，1926 年 5 月出生于浙江温州，1948 年毕业于浙江大学，1959 年获苏联莫斯科大学物理一数学科学博士学位. 1980 年当选为中国科学院学部委员(院士). 曾任复旦大学副校长、中国科技大学校长. 2012 年 6 月 24 日逝世.

谷超豪是著名的数学家，在当今核心数学前沿最活跃的三个分支——微分几何、偏微分方程和数学物理及其交汇点上做出了重要贡献.

谷超豪早期从事微分几何的研究，是苏步青教授所领导的中国微分几何学派的中坚，在一般空间微分几何学的研究中取得了系统和重要的研究成果. 他的博士论文《无限连续变换拟群》被认为是继 20 世纪伟大几何学家 E. 嘉当之后，第一个对这一领域做出的重要推进.

20 世纪 50 年代后期，谷超豪敏锐地注意到与高速飞行器设计相关的数学理论研究既是国防建设的需要，也是数学发展的重要方向. 他将主要精力转向偏微分方程的研究，为解决超音速空气动力学中的若干重要数学问题做了先驱性的工作，所提出的方法和技巧为后续的研究提供了重要途径.

在混合型方程研究中，他首先发展了 K. O. 弗里得里斯所提出的正对称方程组的高阶可微分解的理论，并将其应用于多个自变数的混合型方程，发现了一系列重要的新现象，深刻地揭示了混合型方程的本质，把多元混合型方程的理论推进到一个崭新的阶段.

杨振宁和 R. 米尔斯提出的规范场理论是物理学中一项极为重要的成果. 1974 年，谷超豪在与杨振宁合作时，他最早得到经典规范场初始值问题解的存在性，对经典规范场的数学理论做出了突出贡献. 后来谷超豪又给出了所有可能的球对称的规范场的表示；首次将纤维丛上的和乐群的理论应用于闭环路位相因子的研究，揭示了规范场的数学本质，并应邀在著名数学物理杂志《物理报告》上发表专辑.

刻画规范场及基本粒子的一模型是闵科夫斯基空间到黎曼流形的调和映照. 1980

---

① 习近平. 高举中国特色社会主义伟大旗帜 为全面建设社会主义现代化国家而团结奋斗——在中国共产党第二十次全国代表大会上的报告[M]. 北京：人民出版社，2022.

年，谷超豪用独特的微分几何的技巧，证明了 1+1 维调和映照整体解的存在性. 揭示了：若 1+1 维一模型在某一时刻没有奇性，则在过去和未来均不会有奇性. 他的这一突破性的工作引发了众多国际顶尖数学家的关注和后续研究，形成了被国际学术界称为“波映照”的研究方向.

谷超豪发表数学论文 130 篇(其中独立发表 100 篇)，在国际著名出版社 Springer 合作出版专著两部. 曾获国家自然科学奖 2 项和何梁何利基金科技成就奖. 在 2002 年国际数学家大会上，国际数学家联盟主席帕利斯教授把谷超豪列为培育中国现代数学之树的极少数数学家之一.

谷超豪一贯坚持教学与科研相结合，在教书育人方面也做出了重要贡献. 几十年来，他为我国培养了一批数学人才，其中有 3 位先后当选中国科学院院士.

本章参考答案

参考文献

[1] 陈君.高等数学应用基础[M].杭州:浙江大学出版社,2015.

[2] 陈志国.工程数学[M].杭州:浙江大学出版社,2013.

[3] 代鸿,张玮,刘玉锋,等.工程数学[M].北京:清华大学出版社,2019.

[4] 胡桐春.应用高等数学[M].北京:航空工业出版社,2018.

[5] 胡秀平,魏俊领,齐晓东.高职应用数学[M].上海:上海交通大学出版社,2017.

[6] 梁显丽.工程数学基础[M].北京:北京师范大学出版社,2018.

[7] 刘严.新编高等数学(理工类)[M].8版.大连:大连理工大学出版社,2017.

[8] 史明霞,刘颖华.新编工程数学[M].6版.大连:大连理工大学出版社,2018.

[9] 同济大学数学系.工程数学(线性代数)[M].6版.北京:高等教育出版社,2014.

[10] 王桂云.应用高等数学(上册)[M].杭州:浙江大学出版社,2015.

[11] 王勇,邵文凯.工程数学[M].北京:化学工业出版社,2016.

[12] 张有方,黄柏琴,张继昌.工程数学[M].3版.杭州:浙江大学出版社,2014.